食用香料香精制备与分析技术

王赵改　蒋鹏飞　主编

U0293322

河南科学技术出版社
·郑州·

图书在版编目（CIP）数据

食用香料香精制备与分析技术/王赵改，蒋鹏飞主编 . --郑州：河南科学技术出版社，2025.1.
ISBN 978-7-5725-1788-4

Ⅰ. TS264.3

中国国家版本馆 CIP 数据核字第 2024HE0065 号

出版发行：河南科学技术出版社
　　　　　地址：郑州市郑东新区祥盛街 27 号　　　邮编：450016
　　　　　电话：（0371）65737028　65788613
　　　　　网址：www. hnstp. cn
策划编辑：李义坤
责任编辑：司　芳
责任校对：刘逸群
封面设计：张德琛
责任印制：徐海东
印　　刷：河南新华印刷集团有限公司
经　　销：全国新华书店
开　　本：720 mm×1 020 mm　1/16　　印张：15.5　　字数：360 千字
版　　次：2025 年 1 月第 1 版　　2025 年 1 月第 1 次印刷
定　　价：98.00 元

如发现印、装质量问题，影响阅读，请与出版社联系并调换。

本书编写人员

主　编　王赵改　蒋鹏飞

副主编　赵丽丽　史冠莹　李　鹏　张　乐

前　言

　　食用香料香精在当今人们生活中的许多方面都得到了广泛应用，在食品、日化、烟草等消费品的风味、风格塑造与创新中发挥着灵魂作用，食用香料香精产业也随之成为相关工业领域的重要配套产业。尽管食用香料香精产业经济规模不大，全球约300亿美元，但所服务的下游产业规模巨大，并且下游产业的产品创新高度依赖食用香料香精产业。食用香料香精产业作为食品工业的核心支撑产业，是食品工业创新的主要源泉，是食品工业绿色发展的重要环节，积极推动食用香料香精产业发展对我国食品工业的高质量发展乃至经济的持续健康发展具有重要意义。仅中国市场而言，以食用香料香精产业作为配套产业的食品制造业规模近2万亿元，日化制造业规模超0.4万亿元，烟草制造业约2万亿元。由此可见，食用香料香精产业在国民经济的整体发展中发挥着重要作用。

　　香料香精工业在中国是市场广、用量大的产业，被称为朝阳工业。中国具有得天独厚的天然香料资源，是世界最大的天然香料生产国，具有原料成本低的优势。经过多年发展，我国食用香料香精产业取得了长足进步，行业整体运行势头向好，产业聚集程度不断强化，年产值亿元以上的企业、上市公司数量持续增加。"十三五"期间，我国食用香料香精市场规模约占全球市场规模的五分之一，我国已成为全球最主要的香料供应国和香精消费国及生产基地。"十四五"规划指出，我国食用香料香精产业正处于产业结构转型升级、转变发展方式、由追求速度增长向追求高质量增长转变的关键时期。但由于我国食用香料香精工业起步较晚，基础薄弱，工业技术落后，仍处于产业发展的初级阶段，研发投入及人才培养严重不足，技术创新能力不强，同国际先进水平有较大差距。因此，加强对食用香料香精的呈香呈味机制、制备和检测技术、安全性评价及产业发展格局等的系统研究，对推动食用香料香精产业发展具有重要意义。

本书共七章。第一章为食用香料香精概述，对食用香料香精的定义和分类、发展历程、工业现状及应用等进行了全面阐述。第二章为香料香精的呈香呈味机制，主要介绍了嗅觉系统和味觉系统的组成和产生机制，香气和滋味物质的呈香呈味机制及互作现象，总结了影响呈香呈味的因素。第三章和第四章为食用香料香精的制备与应用，重点介绍了香料制备技术、香精调配理论与技术，以及天然香料、合成香料和食用香精的生产及应用，内容全面，实用性和实践性强。虽然所列香料香精配方经过了筛选，但仅供参考，读者采用时需根据实际情况进行试验验证和改进。第五章和第六章为食用香料香精的检测分析技术和安全性评价，较全面系统地介绍了感官评价、理化检测、化学分析、仪器分析等各种检测方法的原理、优缺点及应用局限，香料香精的安全性评价及配套的法规标准，为其制备和品质控制提供了参考依据。第七章为食用香料香精产业发展环境及发展趋势，分析了国内外产业发展格局、产业发展制约因素及发展趋势等。

本书资料来源广泛、内容丰富、技术先进、实用性强，既是一本香料香精专业的入门教材，也可作为调香师及从事香料香精、食品加工等行业研发人员的工具书和参考书，对加香产品生产厂家的技术人员、管理人员及决策者极具参考价值。

本书涉及香料化学、有机化学、食品化学、生物化学、分析化学等多个学科，由于编者水平和经验有限，书中难免出现不妥或错误之处，恳切希望各位同行专家和读者批评指正，以便修改。

编　者
2023 年 10 月

目　录

第一章 食用香料香精概述

国以民为本，民以食为天，食以味为先，风味是食品感官质量的重要指标，是食品能否被消费者接受的主要因素之一，良好的风味是食品企业占领市场、创造高利润的关键。香乃食品之神，味乃食品之魂，食用香料香精具有香和味的双重属性，作为改善食品品质、增香提味、促进食品工业化生产所必需的原料，在国民经济的整体发展中发挥着重要作用。

第一节 食用香料香精的定义及分类

食用香料香精是为了赋予或强化食品风味而添加的香味物质，对于食品风味的塑造与创新发挥着灵魂作用。食用香料香精一般是经配制后用于食品加香，部分也可直接用于食品加香。根据《食品安全国家标准 食品添加剂使用标准》（GB 2760—2014）的规定，食用香料香精包括许可名单中的 393 种天然香料、1477 种合成香料，以及用物理方法、酶法或微生物法从食品中制得的具有香味特性的物质或天然香味复合物，不包括只产生甜味、酸味、咸味或鲜味的物质。

一、食用香料

食用香料是为了提高食品风味而添加的具有香味和滋味的物质，大多是用来生产和制作香精所需的原材料，部分香料可直接用于食品的调香。此外，某些其他类型的香料如牙膏香料、烟草香料、口腔清洁剂、内服药香料等入口的加香产品，在广义上也可看作食用香料。目前我国允许使用的食用香料有 534种，包括天然香料 137 种，人工合成香料 397 种；暂时允许使用的香料有 157种。食用香料种类繁多，依据不同的目的有不同的分类方法，一般常根据来源和制造方法的差异分为食用天然香料和食用合成香料两大类。

（一）食用天然香料

食用天然香料是通过物理方法或酶法或微生物法工艺，从动植物来源材料中获得的香味物质的制剂或化学结构明确的具有香味特性的物质，包括食用天然复合香料和食用天然单体香料。

食用天然复合香料存在于自然界中，可分为动物性香料和植物性香料，植物性天然香料占比很大。动物性香料一直都是较珍贵的天然香料，在调香中除了具有调和、增强香气等作用外，还有使香气持久的定香作用，主要包含麝香、灵猫香、海狸香和龙涎香四种。植物性香料品种繁多，从芳香植物的花、果、叶、皮、根、茎、种子等部位，通过蒸馏提取、压榨、溶剂萃取、分子蒸馏、超临界萃取等方法，可生产出浸膏、净油、精油、压榨油、单离香料、酊液和香树脂等。例如，用萃取法得到香草提取物、可可提取物、草莓提取物等，用蒸馏法得到薄荷油、茴香油、肉桂油、桉树油等，用精馏法得到橙油、柠檬油、柑橘油等，用浓缩法得到苹果汁浓缩物、芒果浓缩物、橙汁浓缩物等。

食用天然单离香料是使用物理或化学方法，从天然香料中分离出来的化学结构明确的具有香味特征的物质，使用时要注明来源。例如，薄荷醇（单离自薄荷油）、柠檬醛（单离自山苍子油）、丁（子）香酚［单离自丁（子）香油］、鸢尾酮（单离自鸢尾根油），具有玫瑰香气的香叶醇（单离自香茅油）和香茅醇（单离自香茅油）等。从天然精油中分离出来的单离香料，绝大多数可以用有机合成的方法获得，因此单离香料和合成香料除来源不同外，并无结构上的不同。

（二）食用合成香料

食用合成香料是指采用各种化工原料，通过化学或生物合成的途径制备出来的香料品种。食用合成香料是单一的化合物，按照官能团进行分类，有酯类、醇类、醛类、酮类、内酯类、醚类、腈类以及其他香料；按照原子骨架进行分类，有萜烯类、芳香类、脂肪族类、含氮类、含硫类、杂环类以及合成麝香类。此外，分子结构稍有不同往往会导致香气的差异，如顺式−3−己烯醇（叶醇）要比它的反式异构体更为清香，左旋香芹酮有留兰香的特征香气，而右旋体为葛缕子香，因此用途也不一样。

二、食用香精

食用香精是由多种香料（有时也含有一定量的溶剂）调配出来的、具有一定香型的、可直接用于食品或其他加香产品（如药品、牙膏等）的混合物，是现代食品工业中不可缺少的加工辅料。香精是香料工业应用于加香产品的最终产品，香精的发展带动了香料的发展。香料品种的日趋增多和调香技艺的提高，又推动了香精工业的快速发展。目前，人们在加香产品中使用的大多是香精，食用香精用途广泛，种类繁多，依据不同的目的有不同的分类方法。

（一）按来源分类

食用香精按香味物质来源分类，主要有热反应型（如美拉德反应）、调和型、脂肪氧化型、发酵型（如酸奶、葡萄酒、酱油等发酵的香味）和酶解型香精等。

（1）热反应型香精，指香味前体物质通过热反应后再与各种原料混合而成的食品香精，如热反应牛肉香精、热反应猪肉香精等，通常应用于方便面、火腿肠等食品中。

（2）调和型香精，指用各种食品香料、溶剂和载体等原料混合而成的食用香精。此类香精常作为热反应型香精的头香使用，如牛肉调和香精通常加到牛肉热反应香精中，然后应用于各种肉制品中。

（3）脂肪氧化型香精，指先将动物油脂或植物油氧化后参与热反应，最后再与香料、乳化剂、稳定剂等各种原料混合而成的食品香精。

（4）发酵型香精，指香味前体物质通过微生物发酵后，再加入一些乳化剂、稳定剂和食品香料混合后制成的食品香精。

（5）酶解型香精，指香味前体物质通过酶解后，再加入一些乳化剂、稳定剂和食品香料混合后制成的食品香精。

（二）按剂型分类

食用香精按剂型分类主要有液体香精、膏状香精和粉末香精，其中液体香精又可分为水溶性香精、油溶性香精和乳化香精三种。通常粉末香精和液体香精的头香好、留香较差，而膏状香精的留香好、头香稍差，因而液体香精和膏状香精通常调配使用，使产品的香味更协调丰满。

1. 液体香精

（1）水溶性香精，是将各种天然香料或合成香料调和而成的香基，用40%～60%的乙醇水溶液（或丙二醇、甘油等其他水溶性溶剂）溶解而制成，主要用于饮料、果酱、冰激凌中。其优点是在水中有较好的透明度，且具有轻快的头香；缺点是耐热性较差。

（2）油溶性香精，是将天然香料和合成香料溶解在油性溶剂中或者直接用天然香料和合成香料调配而制成。常用的油性溶剂为天然油脂，如花生油、菜籽油、芝麻油、橄榄油、茶油等。以植物油脂作为溶剂调配而成的油溶性香精，具有香味浓度高、耐热性好、留香时间较长的优点，但在水相中不易分散，主要用于饼干、糕点、糖果、巧克力、口香糖等热加工食品中。

（3）乳化香精，是在油溶性香精中加入适当的乳化剂和稳定剂，使其在水中分散成微粒而制成。在这类香精中，只有少量的香料、乳化剂和稳定剂，大部分是蒸馏水。由于乳化效果不同，乳化后产品的形态也不同（表1-1）。乳化香精中常用的起乳化作用的表面活性剂有单硬脂酸甘油酯、大豆磷脂、聚氧乙烯木糖醇酐硬脂酸酯等。另外，果胶、明胶、阿拉伯胶、琼胶、淀粉、羧甲基纤维素钠等在乳化香精中主要起稳定剂和增稠剂的作用。乳化香精主要应用于软饮料、冷饮和糖果等食品中。

表1-1　乳化后产品形态

乳化粒滴直径/m	外观	稳定性
>10^{-6}	乳白色乳状液	小
$10^{-7} \sim 10^{-6}$	亮白色乳状液	↓
$5 \times 10^{-8} \sim 10^{-7}$	灰色半透明液	
<5×10^{-8}	淡蓝色透明液	大

2. 膏状香精

膏状香精分为咸味的和甜味的两类。咸味的一般是肉类提取物，如用氨基酸等作为原料通过美拉德反应制成的香精；甜味的一般用于烘焙类，如巧克力软膏等。膏状香精在热反应型香精中较多，尤其是肉味香精。近年来，咸味香精发展迅猛，膏状香精的种类也越来越多。其特征是香气厚实但头香不足，同时兼有味觉的特征。

3. 粉末香精

粉末香精分为固体香料磨碎混合制成的粉末香精、粉末状单体吸收香精制成的粉末香精和由赋形剂包覆而形成的微胶囊粉末香精三种类型。其中，微胶囊粉末香精有防止香味成分氧化和挥发损失的特点，主要用于固体饮料、调味料等的加香。粉末香精发展较快，在固体饮料、焙烤食品中有较广泛的应用。

（三）按香型分类

食用香精的香型丰富多样，每一种食品都有自己独特的香型。因此，食用香精按香型可分为很多类型，很难罗列，概括起来主要分为水果香型、坚果香型、肉香型、辛香型、花香型、蔬菜香型、乳香型、酒香型、烟草香型等，其中每一类又可细分为很多具体香型。如花香型香精可分为玫瑰、茉莉花、玉兰、丁香、水仙、葵花、栀子、风信子、金合欢、薰衣草、刺槐花、香竹石、桂花、紫罗兰、菊花等香精；水果香型香精可分为苹果、桃子、杏子、樱桃、草莓、香蕉、西瓜等香精。同一种水果香精可分为若干种，如苹果香精可分为青苹果香精、香蕉苹果香精、红富士苹果香精等。

（四）按用途分类

食用香精按用途可分为很多种，主要包括食品用香精、酒用香精、烟用香精、药用香精、牙膏用香精、饲料用香精等。其中食品用香精是食用香精中最主要的一类，可以具体分为糖果香精、软饮料香精、乳制品香精、调味品香精、肉制品香精、焙烤食品香精和快餐食品香精等。每一类还可以细分，如肉制品香精可分为牛肉香精、猪肉香精和鸡肉香精等，乳制品香精可分为牛奶香精、酸奶香精、奶油香精、黄油香精、奶酪香精等。

（五）按主体风味分类

食用香精按照主体风味可分为两大类，即甜味香精和咸味香精。咸味香精也称为调味香精、调理香精，是由热反应香料、食品香料化合物、香辛料（或其提取物）等香味成分中的一种或多种，与食用载体和/或其他食品添加剂构成的混合物，品种主要有猪肉香精、牛肉香精、鸡肉香精、羊肉香精、各种海鲜香精、菜肴香精等，主要应用于方便面、调味品、膨化食品和肉制品等行业。关于甜味香精的范围，我国倾向于将咸味香精以外的食品香精都归为甜味香精，主要应用在饮料、雪糕和果冻等行业；国外倾向于将咸味香精、甜味香精、乳制品香精、烘焙食品香精、饮料类香精并列。

食用香精的品种是不断增加的，传统厨房食品实现工业化生产后就会出现相应的食用香精，如榨菜香精、泡菜香精、粽子香精、水饺香精、臭豆腐香精等，都是近几年问世的品种。新发明的食品也需要配套的香精，如果茶香精、茶饮料香精、八宝粥香精等。随着食品工业、餐饮业和香料工业的发展，食用香精的品种会越来越多。

第二节　国内外香料香精发展历程

食用香料是指能赋予食品香气为主的物质，个别食用香料兼有赋予食品特殊滋味的能力。香精是由多种香料（有时加有一定量的溶剂和其他添加剂）调配出来的，具有一定的香型、可直接用于产品加香的混合物。无论是国内还是国外，香料香精都有着非常悠久的历史，长期以来丰富着人们的生活，陶冶着人们的情操。

一、国外香料香精发展简史

香料是最古老的诱惑，在人类文明史上记录了绚丽的一页。早在5000多年前，神农氏尝遍百草，用草根、树枝、香花等来医病治疗，驱疫避秽，所以自古就有香药同源之说。中国、埃及和印度是最早应用香料的国家。公元前3500年左右的埃及，僧侣们对香原料进行采集和制造，供皇室成员使用。有文献记载，埃及人在公元前1350年沐浴时会使用香油或香膏，认为有益于肌肤，当时用的可能是百里香、牛至、没药、乳香等，以芝麻油、杏仁油、橄榄油为介质制作而成。公元前370年就开始著述，记载了好多至今仍在使用的香料植物。混合的香料植物有玫瑰、铃兰，还有薄荷、百里香，更有甘松、鸢尾、甘牛至、岩兰草以及月桂、没药、桂皮等。当时从事香料工作的多限于宗教、医药界的上流人士。公元 7 世纪，埃及文化流传到希腊、罗马等地，香料成为风靡一时的贵重物品、奢侈品和贵族阶级彰显身份的嗜好品。与此同时，人们对香料的极大需求推动了香料的传播和运输。商人在世界各地寻求香料及香辛料，进一步推动了远洋航海，促进了新大陆的发现，对人类交通史产生了重大贡献。至 10 世纪，阿拉伯人 Avicerma 开始使用蒸馏法从玫瑰花中提取玫瑰油、玫瑰水，这是香料制造业的一大进步——从使用固态的香料植物颗粒、粉末到液态的香料精油。之后，玫瑰油传入欧洲，欧洲人对香料的兴趣，很大程度上是受到阿拉伯人的影响。

1370 年，第一次以乙醇为溶剂制得的香水出现了，开始只是从迷迭香中蒸馏制得，其后才逐渐从薰衣草和甘牛至等植物中制得。随着欧洲文艺复兴的发展，伴随着东西方文化的发达和商业贸易的兴旺，香料的需求和使用量不断增加，香料的制造技术和工艺也有了长足的进步。自 1420 年，在蒸馏中采用蛇形冷凝器后，精油生产发展迅速，法国格拉斯生产花油和香水，从此成为世界著名的天然香料生产基地，此后各地也逐步采用蒸馏提取精油。同时，从柑橘树的花、果实及叶子中提取精油，这样就从香料植物固体转变成液体香料，这是划时代的进展。那时的调香比以前采用纯粹的天然香料植物来调香前进了一大步，已有辛香、花香、果香、木香等精油和其他香料植物的精油、香膏等，可供调香者使用，香气或香韵也渐趋复杂。1670 年，马里谢尔都蒙制造了含香粉。1710 年，著名的古龙香水问世，这是一种极为成功的调香作品。18 世纪起，由于有机化学的发展，人们开始对天然香料的成分分析与产品结构进行探索，逐渐用化学合成法来仿制天然香料，采用冷吸法提取鲜花净油，废弃了加热易使鲜花精油变质的提取方法，使精油提取技术又迈进了一步。19世纪，合成香料在单离香料出现之后陆续问世，这样就在动植物香料外，增加了以煤焦油等为起始香料的合成香料品种，大大增加了调香用香料的来源，降低了香料价格，促进了香料行业发展。

在合成香料问世之前，调香所能用的只能是大自然所提供的天然动植物香料，全部用天然香料来调制香水和香精，虽然比原始的固态颗粒、粉末调香进步了一大截，但也有其局限性，是以花配花、以果配果。合成香料的发明，解决了天然香料的供应不足问题，某些独特的合成香料又补充了天然香料经加工后气息上的某些缺陷，合成香料与天然香料调和的整体香气更接近天然植物的香气，使调和的香气效果更具有真实性。

二、中国香料香精发展简史

中国饮食文化源远流长，是中华文化的重要组成部分。食用香料香精在中国传统烹饪、酿酒、制茶中的应用历史悠久，对中国饮食文化鲜明民族特色的形成发挥了重要作用。我国在天然香料使用方面最早可追溯到黄帝神农时代，百姓以采集香料植物作为医药用品来驱疫避秽。当时，人们对植物中挥发出的香气就很重视，嗅闻百花盛开芳香，享受香气美感快感，同时用花、果实、树汁等芳香物质祭祀神灵，后来逐渐用于饮食、装饰和美容上。

3000 多年前的殷商时期，甲骨文"鬯其酒"一语，班固解释说是"以百草之香，郁金合而酿之为鬯"。屈原以香草比喻贤能，他在《离骚》《九歌》中提到的香草有白芷、花椒、佩兰、杜衡、菊花、桂、泽兰、辛夷、蓬荷、菖蒲等几十种之多，可见当时的人们已经开始种植和采集香料。《神农本草经》里提到 365 种药物，其中 252 种是香料植物或与香料有关。春秋战国时期人们对香料植物有了直接的利用，如焚烧（艾蒿）、佩戴（兰），还有煮汤（兰、蕙）、熬膏（兰膏），并以香料（郁金）入酒。秦汉时期，张骞出使西域，丝绸之路的畅通使阿拉伯等地的香料如沉香、青木香、苏合香、鸡舌香等陆续进入中国，大大丰富了中华香文化的内涵和外延，中国香文化发展史上的第一个高潮期随之而来。魏晋南北朝时期，由于道教的蓬勃发展和佛教的兴起，熏香在上层贵族阶层更为普遍，这在一定程度上助推了用香风气的扩展，促进了域外香料的传入。隋唐时期，国力强盛，民力富庶，为香文化的发展提供了优越的社会基础。香品用量远超同时代其他国家，不仅广泛用于佩戴、含服、熏烧，更出现了用香涂刷墙面、构建楼阁等奢侈之举。彼时，用香、品香之习渐从王公贵族阶层传入民间。由于香料贸易的繁荣，隋唐时期出现了专门经营香材香料的商家，采取了专香专用的分类方法，合香的配方也层出不穷，对香的研究和利用进入了一个系统化的阶段。宋代是中国香文化发展史上的鼎盛时期，这一时期"海上丝绸之路"因运送大量香料，又被称作"香料之路"，有专事海外香料运输贸易的"香舶"，主要运送龙涎香、降真香、檀香、沉香、乳香、胡椒等各类香料。明清时期，中国香文化得到了普及。

1950 年至 1956 年是我国香料香精行业的恢复调整时期。当时，我国的香料香精商业部门采取统购包销政策，将香料香精产品的产供销纳入计划，并组织生产新产品，以抗衡美国禁运造成的影响。1956 年，香料行业也开始了公私合营和改组改造，同时着手在上海筹建中国香料工业科学研究室和香料设计室。1956 年至 1965 年是行业的基础建设与发展时期，自 1956 年食品工业部确定了"以发展天然香料为主，在有条件的地区积极发展合成香料"的方针后，以上海、天津、沈阳、广州四地为主逐渐成为中国合成香料香精工业生产基地。到 1965 年，全国天然香料年产量已达 529 吨，合成香料已达 1400 余吨；香精年产量已达 800 余吨，年出口贸易额达 600 余万美元，行业成绩较新中国成立初期实现成倍的增长。1966 年至 1976 年是我国香料香精行业备受摧残的十年。自 1976 年开始，国内从党中央到地方政府都开始对发展香料工业给予了应有重视，提出对主要天然香料产区调研，恢复生产条件；起草"六五"香料香精计划；研究筹备召开全国大型香料会议；酝酿筹建全国性香料工业公司等。因此，1976 年至 1985 年是行业重新起飞的九年。1986 年至 1995 年期间，香料香精行业更是进入高速发展时期，中国香料香精化妆品工业协会受政府委托主要进行了生产计划与规划的编写，组织产品质量检测、质量标准的修订，组织科技与设备的引进，组织专业人才培训出国考察，促进企业改组改造、引进外资等。1990 年以来，我国相继在上海、浙江、广东、江苏、河南、云南、四川等地，建立了 12 家合资和独资香料香精生产企业，引进外资大约在 2 亿美元。1996 年至 1998 年，我国香料香精行业继续推进改革开放，并进行企业结构调整。随着改革深入，市场经济竞争日益激烈，香料香精企业出现了以龙头企业为主，在地区内进行兼并、部分合资企业中方股份转让、化整为零拆散承包、部分国有企业改为股份制、外资企业不断发展等现象，与此同时私营香料香精企业遍地开花。1999 年至今则是行业走向世界的时期。我国地大物博，蕴藏着多种香料资源，为世人所瞩目，这些丰富的资源为生产香料提供了良好条件。另外，我国人口众多，为发展香料工业提供了世界上最大的消费市场。因此，自 2001 年我国正式加入世界贸易组织之后，伴随着全国经济的快速发展，香料香精行业更是逐渐走向世界，保持一定速度的健康发展。

从上述发展历程可以看出，我国香料香精行业已经逐步实现快速而稳定的发展，并成为一个独立的工业体系，有力推动了我国现代化建设。

第三节　食用香料香精工业现状及应用

香料香精行业是国民经济中科技含量高、配套性强、与其他行业关联度高的行业。食用香料香精作为香料香精的一个大类，广泛应用于食品、日化、医药等下游行业。食用香料香精是食品工业生产食品香味的主要来源，在食品工业生产发展中具有重要的作用。功能食品、方便食品、速冻食品及微波食品的兴起与推广，也为食用香料香精开辟了更为广阔的市场前景。而且，食用香料香精在食品工业中的应用极大地提升了人们对食品的品质追求，促进了现代食品工业的发展。

一、食用香料香精工业现状

香料香精工业起源于欧洲，法国的巴黎和格拉斯生产的香料，荷兰的食用香精，英国生产的调味香精，声誉都很高。第二次世界大战以后，美国和日本联合经营香料香精，以惊人的速度追赶欧洲。近年来，国际香料香精贸易销售额呈不断增长的趋势，全球平均增长率在 4%~8%，香料香精行业已呈全球化发展态势。目前，美国、英国、瑞士、荷兰、法国和日本已构成世界上先进的香料香精工业中心，并且以香精为龙头产品带动天然香料和合成香料的发展。美国香料香精公司有 120 多家，最大的公司是国际香料香精公司（IFF），它在世界多个国家和地区设有工厂、实验室和办事处，2023 年销售额 114.8 亿美元。瑞士知名的香料香精企业有两家，其中奇华顿公司仅次于美国 IFF，名列世界第二。瑞士的另一家芬美意公司，已连续多年销售额呈增长趋势。德国香料香精年销售额占世界总额的 10% 左右。法国是天然香料生产较发达的国家，生产线主要集中在法国东部地中海的山区城市格拉斯，该地区有几十家天然香料企业。另外，日本长谷川香料株式会社也是世界十大香料公司之一。日本香料公司以生产合成香料为主，每年需要从国外进口大量的天然香料。

中国的香料香精工业起步较迟，新中国成立后，香料香精工业体系才逐步形成。目前我国食用香料香精行业正处于一个非常年轻且快速增长的阶段，已有 1000 余家香料香精生产企业，呈现外资企业和民营企业两强争霸的激烈竞争态势。排名世界前十位的香料香精企业在中国均有投资，如美国 IFF，瑞士奇华顿公司和芬美意公司，法国曼氏香料香精公司，德国德威龙公司、哈门及雷默公司，英国奎斯特公司，以及日本高砂香料株式会社和长谷川香料株式会社等，它们凭借良好的品牌、先进的技术、大规模的投入和规范的经营理念，稳扎稳打，占据了大部分中高档市场。我国民营企业经过这些年来的发展、竞争，强势企业已经初露头角，理性经营为企业打下了扎实的经济和技术基础。其品牌知名度不断提高，产品质量稳定、价格合理、周到的技术服务赢得了国内中低端用户好评，市场份额不断扩大，发展势头十分迅猛。而国有企业由于基础研究薄弱，技术含量偏低，经营手段不灵活，服务意识不强，导致发展速度缓慢，有的甚至消亡。随着国民经济的发展，人民生活水平的提高，轻工加香产品范围的扩大，促使着我国的香料香精工业迈入了新的发展阶段。

我国食用香料香精行业较欧美国家起步晚，经过了十几年的发展，在产品数量、技术创新、生产规模和管理体制方面都取得了长足的进步，但同国际先进水平相比仍然存在较大差距。相对而言，我国香料香精企业规模较小，但是总体发展势头还不错，许多品种如香兰素、乙基麦芽酚等产品销量已经处于世界第一。现阶段国内多主打"仿制型"的香料产品研究模式，创新能力不足，很难与国外先进企业相竞争，尤其是合成香料，几乎没有具有自主知识产权的品种。天然香料存在生产力成本高等问题，且天然香料的品种选育未获得重视，很多品种退化现象严重。此外，我国香料香精标准滞后，尤其是国家安全标准和产品质量标准。

二、食用香料香精在食品工业中的应用

食用香料香精在食品配料中所占的比例虽然很小，但却对食品风味起着举足轻重的作用。它可以给食品原料赋香，矫正食品中的不良气味，也可以补充食品中原有香气的不足，稳定和辅助食品中的固有香气。香料香精的这些功能极大地影响着食品的销售，同时，技术的发展和工程化食品的出现，为食用香料香精的发展提供了良好的发展机遇。食用香料香精已经广泛应用到食品生产的各个领域，不仅改善了食品质量，同时也促进了食品工业的快速发展。

（一）在乳制品中的应用

乳制品具有丰富的蛋白质，长期饮用有强身健体的作用，因此提高乳制品的质量和口味对我国乳制品行业的发展有着重要的意义。由于个人喜好上的区别，人们在购买乳制品时选择的口味有很大的差别，在乳制品的生产过程中，需要添加不同的食用香料香精，使乳制品具有独特的口味，吸引顾客购买品尝。香料香精主要应用于酸乳酪、乳酸菌饮料和人造黄油中。奶香、柑橘类和果味香精是食用香精中传统流行的口味，而芒果、芦荟、葡萄、西番莲、番石榴、木瓜和葡萄柚等在酸乳中的应用日渐广泛。

（二）在肉制品中的应用

在肉制品中，最常使用的是辛香味香料、肉味香料和其他辅助类型的香料香精，具有去除、掩盖生肉腥膻味，赋予和增加肉制品风味的作用。如高温肉制品经高温杀菌后，口感比低温肉制品差，肉感不强，有蒸煮味，而添加香精能够改善高温肉制品的风味。高温肉制品应选用耐热性能好的油质香精或热反应型香精。在低温肉制品中，由于采用冷藏方式，大多数在食用时不加热，因此宜选用香气浓郁、低温挥发性强、留香时间长的香精。目前，西式肉制品仍为香精应用的主要领域，中式肉制品逐渐在接受使用香精，而应用于速冻方便肉制品的食用香精将成为香精生产企业新的研发方向。

（三）在饮料中的应用

在饮料中，香味成分在加工过程中很容易失去，而添加香料香精不仅可以补充因加工而损失的香味，维持和稳定产品的自然口味，还可以覆盖产品中的不良风味。如一般的白酒有苦涩等不良味感，为了掩盖这些异味，需要加入一定量的香料香精，同时也可突出白酒特有的香气。饮料中水质香精或乳化香精的应用更加广泛，但添加量一般较小。

（四）在糖果中的应用

由于糖果生产需要经过热加工，香味的损失很大，所以需要添加香精来弥补香味缺失。香精在糖果生产中应用很广，如硬糖、充气糖果、焦香糖果、果汁糖、凝胶糖果、口香糖、泡泡糖、粉糖等的生产，食用香精都是不可缺少的

添加剂。虽然香精在糖果中的使用量很小，但对产品的香气风味起着决定性的作用，它能使糖果香味可人，变化无穷。在糖果生产中一般采用热稳定性高的油溶性香精。目前已有微胶囊香精用于糖果尤其是口香糖的生产，可以减少加工过程中香精的损失，而且在咀嚼过程中香味能够保持长久。

（五）在烘焙食品中的应用

在烘焙食品中尤其是饼干中香精使用最为广泛，它不仅可以掩盖某些原料带来的不良气味，还可以烘托原料的香味，增加人们的食欲。由于焙烤过程中要经受 180～200 ℃的表面高温，焙烤食品在焙烤过程中，由于水分的蒸发会带走部分香料，同时香料在高温下会过度逸散或发生变化，使焙烤食品在货架期内风味或口感不足，因此要求使用耐高温的优质香精，一般添加量为 0.1%～0.3%。另外，在焙烤食品中添加油溶性香精和微胶囊香精，可以减少加工过程中的损失，使其在货架期内有浓郁的风味，消费者食用时产品仍具有香味，增添消费者在食用过程中的享受程度。目前在葱香饼干、茶风味饼干等不同风味的饼干，以及面包、膨化食品的加工中，很多都已采用微胶囊化的调味香料。

（六）在调味品中的应用

在调味品中，香精的应用非常广泛，包括肉制品和膨化类调味料、饼干类调味料和方便面等方便食品调味包用调味料等。在调味料的生产中，由于受到各种不同原料或化学反应时不同温度和控制条件的影响，产品的特征性风味并不明显，即缺少头香，而适当添加食用香精可以弥补这个缺陷。调味料所用的香精一般为咸味香精，包括猪、牛、羊、鸡等肉类香精，以及海鲜类、蔬菜类和香辛料类等香精，且多为耐高温的油溶性香精。食用香精在调味料中的添加量需依不同的工艺、配方和客户的要求而定。目前，已有不少关于微胶囊香精研制和应用的报道。采用微胶囊香精既可避免风味物质在储藏过程中损失，又可使香料的风味迅速释放。

参考文献

[1] 张承增，汪清如．日用调香术［M］．北京：中国轻工业出版社，1989：13-16.

[2] 肖作兵，牛云蔚．香精制备技术［M］．北京：中国轻工业出版社，2019：2-24.

[3] 蔡培钿，白卫东，钱敏．我国食用香精香料工业的发展现状及对策［J］．中国调味品，2010，35（2）：35-41.

[4] 王婷婷．刍议食用香精香料的现状及发展趋势［J］．科技创新导报，2013（8）：227.

［5］赖军丽. 中国香精香料行业出口竞争力与发展对策研究 ［D］. 杭州：浙江大学, 2013.

［6］刘艳芬, 潘志民, 陈建旭, 等. 刍议食用香精香料在食品工业中的应用 ［J］. 食品安全导刊, 2019（21）：140.

［7］杨波, 施云灯, 蒋虎, 等. 食用香精香料在食品工业中的应用 ［J］. 食品安全导刊, 2017（11）：25.

第二章　香料香精的呈香呈味机制

随着生活品质的提高以及食品市场的扩大，人们对于食品的需求和选择不仅拘泥于单纯的果腹，"风味、卫生、便利"是现代食品行业发展的新趋势和新要求。在所有要素中，风味是消费者选择食品的第一要素，研发"色、香、味、形"俱佳的产品，也是所有食品企业共同追求的目标。香料香精是食品中风味的主要来源，能够提高食品的品质。食品的风味主要包括香气和滋味两个方面，香气是指食品中产生各种挥发性的香味物质，滋味是人们进食时口腔味觉对食品风味的一种感觉和体验，它们主要通过人的嗅觉和味觉感觉体现。风味感知的形成受嗅觉、味觉等多种感官的共同影响，香气物质之间、滋味物质之间以及香气物质和滋味物质之间相互作用复杂。因此，为了满足人们对美好生活的追求，生产出令消费者更加满意的产品，对食品风味的形成机制研究意义重大且迫在眉睫。

第一节　香气物质产生机制及相互作用

自然界中存在成千上万种不同的香气成分，生物嗅觉系统可以识别这些香气分子，以获得对外界环境的直观感觉联系。香气分子通过对嗅觉器官的刺激或者激活作用，产生了各种各样的香气。天然产物中香气成分繁多，包含了酯类、醛类、内酯类、萜类、醇类、羰基化合物，以及含硫、含氮等化合物，这些香气成分能客观地反映天然产物的风味特点，是食品特性中与健康和营养关系最密切的品质。天然产物香气不是各个化合物气味的简单加和，而是由这些化合物相互作用最终形成的。由于不同香韵香气成分之间关联的复杂性和作用的多样性，很难客观、快速有效地确定香气协调的天然产物香精的组成与配方结构，目前只能借助于传统调香师对香气成分之间的感性经验，经过不断的实验而得到优化。因此，明确嗅觉感知机制、香气化合物呈香机制及其相互作用，已经成为天然产物香精特征香气调控技术从实验室走向产业化、制约香精行业发展的关键瓶颈问题。

一、嗅觉产生机制

嗅觉的产生机制，即刺激物渗透进入鼻黏膜，经嗅上皮的嗅觉感受器（又称嗅觉受体）传导进入大脑而产生嗅觉的。每个气味感受器能识别多种气味，每种气味也能被多个气味感受器识别。因此，气味感受器是通过一种复杂的合作方式一起识别气味的。每个嗅觉受体细胞只含有一种嗅觉受体，而且每个嗅觉受体细胞都只表达某一种特定气味受体基因，每个受体可以探测到数量有限的气味，最终使我们的嗅觉受体细胞对某些气味很敏感。每个气味受体细胞会对有限的几种相关香气分子做出反应。绝大多数气味都是由多种气体分子组成的，其中每种气体分子会激活相应的多个气味受体，并会通过嗅小球和大脑其他区域的信号传递而组合成一定的气味模式。尽管气味受体只有约 1000 种，但它们可以产生大量的组合，形成大量的气味模式，再通过前鼻腔路径或者后鼻腔路径传输，这也就是人们能够辨别和记忆约 1 万种不同气味的原因。

（一）嗅觉感受器

嗅觉感受器（olfactory receptor, OR）位于鼻腔顶部内外侧壁的嗅上皮中，是一群原始的、特化的双极神经元，其细胞核位于上皮的基底部（图 2-1）。当嗅细胞受到某些挥发性物质的刺激，就会产生神经冲动，神经冲动继而传入大脑皮层，引起嗅觉。通过大脑这些感受器能够把各种气味翻译成让人愉悦的香味或是令人不快的臭味。嗅觉感受器主要接受来自外界的化学刺激，并由基因控制，而基因有多种变化，因此即使是同一种气体，不同的人闻到的气味也不一样。

人类嗅觉感受器的嗅细胞存在于鼻腔的最上端、淡黄色的嗅上皮内，它们所处的位置不是呼吸气体流通的通路，而是为鼻甲的隆起掩护着。在人体嗅黏膜中约有总数 1000 万个嗅细胞，每个嗅细胞有纤毛 1000 条之多，纤毛增加了受纳器的感受面，因而使 5 cm² 的表面面积实际上增加到了 600 cm²，有助于嗅觉的敏感性。嗅细胞的另一端（近颅腔处）是纤细的轴突纤维，并由此与嗅神经相连。嗅觉系统中每个二级的神经元上有数千嗅细胞的聚合和累积作用（嗅细胞的轴突与神经元的树突相连）。

气味分子与感受器的相互作用十分复杂，往往需要气味分子结合蛋白携带气味分子穿过黏膜。嗅细胞对气味分子的刺激发生反应的部位是嗅纤毛，嗅纤毛膜上存在着嗅觉受体，嗅觉受体与嗅质相互作用，是对气味识别过程的开始。嗅觉受体分子决定嗅觉信号传导的特异性。研究证实，每个受体可以探测数量有限的气味。嗅觉受体被嗅质分子激活后，就会产生电信号，从而沿着嗅觉传导通路，传向嗅觉中枢，引起嗅觉。

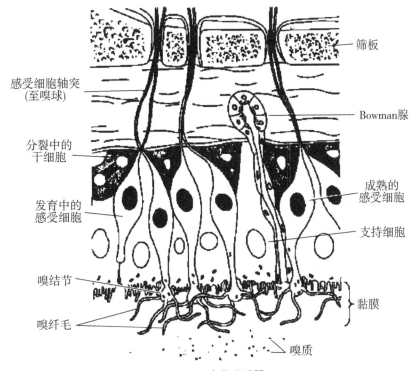

图 2-1   嗅觉感受器

标注（从上到下、左右）：
筛板
感受细胞轴突（至嗅球）
Bowman 腺
分裂中的干细胞
成熟的感受细胞
发育中的感受细胞
支持细胞
嗅结节
黏膜
嗅纤毛
嗅质

人类 OR 基因家族有 500~1000 个基因，所有 OR 基因定位在除 20 号和 Y 染色体之外的所有染色体上，这可能是具有 Y 染色体的男性的嗅觉不如只具有 X 染色体的女性的缘故。人类的 11 号染色体，似乎是人的嗅觉识别和记忆的"基因库"，这个染色体含有人的所有 OR 的 42%，并且是唯一含 I 类受体的染色体；还聚集了 13 个 OR 家族中的 9 个；同时拥有基因组中两个最大的基因簇，每个都超过 100 个 OR。因此，人类的 11 号染色体表达最丰富多彩的嗅觉受体和功能。

研究发现，每一个嗅细胞只对 1 种或 2 种特殊的气味起反应，而且嗅球中不同部位的细胞，也只对某种特殊的气味起反应。嗅觉系统与其他感觉系统类似，不同性质的气味刺激有其专用的感受位点和传输线路，各种基本气味是由于它们在不同的传输线路上引起不同数量神经冲动的组合（神经编码），在中枢引起特有的主观感受。

（二）嗅信号的转导机制

嗅信号在感受器的转导过程发生在纤毛处，气味分子与纤毛外表面的受体分子结合。这种结合可以直接进行，也可以在经过黏液中蛋白质分子"扣留后"，再分送到受体分子间接结合。气体分子与受体结合后，经过若干中间步骤，最终引起感受器细胞膜离子通道打开，产生感受器电位。

现在已知至少两种第二信使介导这种胞内转导过程。第一种途径是经由环腺苷酸（cyclic adenosine monophosphate，cAMP）门控通道的第二信使转导过程。结合后的受体激活嗅觉 G 蛋白，后者再激活腺苷酸环化酶，结果引起胞内 cAMP 大量增加，从而使得通道打开，Na^+ 和 Ca^{2+} 从细胞外涌入，引起细胞去极化。纤毛部位去极化紧张电位扩散到轴丘部位，触发动作电位产生，将嗅信号传至嗅球。此过程不经过膜蛋白磷酸化。第二种途径是气体分子与受体结合，激活另一种 G 蛋白，然后依次激活磷酸酯酶 C，再引起胞内另一种第二信使——肌醇三磷酸（inositol trisphosphate，IP3）的增加，导致膜 Ca^{2+} 通道的打开，Ca^{2+} 大量流入胞内，引起感受器电位。不同性质的气体分子激活不同的第二信使转导系统，产生感受器电位，但尚不清楚 cAMP 和 IP3 转导途径是否存在于同一嗅觉感受器细胞内。分子生物学方法已从嗅上皮 cDNA 文库中鉴定出 1000~2000 个基因与可能的嗅受体分子有关，而嗅上皮能鉴定的气体分子大约有 2000 种。感受器对气味的敏感性由少数气味受体决定。

（三）嗅觉感知路径

香气是重要的食品感官品质之一，决定了消费者的接受度。嗅觉感知是人对香气化合物的化学刺激、生理反应以及心理作用的总和，是人与食品相互作用的结果。嗅觉感知主要通过前鼻腔路径（正交感神经传导）和后鼻腔路径

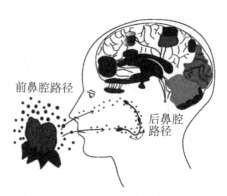

图 2-2 嗅觉感知中前鼻腔路径与后鼻腔路径之间的关系

（不同于正交感神经通路的感觉）进行呈现，两种路径互不干扰（图 2-2）。前鼻腔路径通过鼻孔将外界环境中的香气分子吸入鼻腔，运输至嗅觉上皮后与嗅觉受体结合，此时受体细胞产生的电信号传输到大脑嗅球，进而传输至大脑其他区域，结合成特定模式，唤醒与此相同的气味记忆，从而产生前鼻腔嗅觉感知。后鼻腔嗅觉感知主要源于食品口腔加工过程中释放的香气，通过呼吸气

流将口腔中的香气分子运输至口腔后部，再经口咽部和鼻咽传输到后鼻腔区域，与嗅觉上皮的嗅觉受体结合，最终形成后鼻腔嗅觉感知。前鼻腔路径指通过鼻孔感知环境中的香气，提供对外界环境预警信号和食品可食用性信息；后鼻腔路径强调食品在咀嚼过程（口腔加工）中所感知的食品香气，提供了对食品接受度、感官享受的信息，也体现了人类的行为学特征。

当气味化合物通过前鼻腔和后鼻腔路径到达嗅觉上皮细胞后，被嗅觉神经元（olfactory sensory neuron，OSN）接收，然后传输到嗅觉系统的主要嗅球（main olfactory bulb，MOB），再投射到初级嗅觉皮层的梨状皮质（piriform cortex，PC），该区域不仅能将气味转换为记忆，且能将记忆长期保留。最终，经PC处理后的嗅觉信息被传送到更高级的嗅觉关联区域，如杏仁核（amygdala，Amy）和眼窝前额皮质（orbitofrontal cortex，OFC）。PC被认为是编码气味识别的主要皮层区域，PC神经元群能对环境中的气味和空间位置进行表征，在更高级的大脑区域OFC指导下，PC能够完成对气味信息的辨别和分类任务，并将其存储为长期的嗅觉记忆。此外，PC对海马体的信息储存过程也会产生直接影响，表明其对大脑嗅觉记忆的形成具有重要作用，这也解释了为什么人类会产生食物气味的相关记忆。

嗅觉感知存在路径依赖，由于前鼻和后鼻气流方向的差异和口腔环境的影响，嗅觉上皮中的嗅觉受体被不同程度地激活形成感知差异，这种嗅觉感知的差异现象也被称为嗅觉二元性。对于常见且较为熟悉的香气，前鼻腔和后鼻腔嗅觉感知无明显差异，而将不熟悉或类似的香气与测试香气匹配则差异较大，且后鼻腔对陌生香气的感知则更为灵敏，表明这两种途径存在感知差异。与前鼻腔嗅觉感知相比，后鼻腔嗅觉感知路径较长，因此感知速度更慢。香气从鼻孔沿着鼻黏膜迁移至嗅觉上皮过程中受鼻黏膜的吸附影响，Mozell通过比较不同香气化合物刺激青蛙的嗅觉神经电信号放电比例，发现其与化合物在色谱柱上的保留指数存在一致性，因此提出口咽、鼻咽、鼻甲等器官以及鼻腔中的黏膜对香气传递与感知存在"色谱分离"效果，该结果说明了后鼻腔嗅觉感知相比于前鼻腔所需时间更长。利用核磁成像技术，也证实了前/后鼻腔嗅觉感知差异源于香气认知、香气传递途径以及大脑的奖赏机制差异。通过比较男性和女性的前鼻腔和后鼻腔嗅觉感知差异性得知，在女性受试者中表现明显，但在男性受试者中无显著差异，说明了男性的后鼻腔嗅觉比女性具有更强的适应能力。对于阈上水平的同种香气刺激，在大多数情况下前鼻腔感知的强度高于后鼻腔，但也有少部分例外，如2,3-丁二酮和肉桂酸甲酯的后鼻腔感知阈值则低于前鼻腔。

后鼻腔嗅觉感知发生在食品口腔加工过程中，通常与同时发生的味觉刺激有关，导致嗅觉呈现类似味觉的特性，因此嗅觉缺失会影响味觉感知。此外，后鼻腔嗅觉感知需要味觉皮质参与并受多种皮质协同作用，可与味觉、口腔触觉等多种感官存在跨模交互作用。当香气特征与滋味特征表现出一致性时两种刺激具有增效作用，如3-甲硫基丙醛、1-辛烯-3-醇和2,5-二甲基吡嗪可显著增强氯化钠溶液的咸味感知强度，香兰素能够增强蔗糖溶液的甜味感知强度。因此，明确后鼻腔嗅觉感知机制，对利用多感官的跨模交互规律实现低盐和低糖健康食品的配方设计和优化具有重要意义。此外，嗅觉与味觉间的跨模态感知交互作用在改善葡萄酒、奶酪、果汁和肉制品等食品的风味感知中也得到广泛应用。

二、特征香气形成理论

一种食品的香气成分非常繁杂，在被嗅觉器官确认后，给人的感觉并非简单的各个成分之间的加和，而是通过复杂的协同作用后最终形成。香气化合物在食品中的贡献取决于多个因素，包括化合物的浓度、阈值、食品的基质以及不同化合物之间的相互作用。目前，对香气成分的协同作用研究作为特征香气调控技术的核心，已经成为国内外食品风味的研究热点。虽然嗅觉产生机制已经明晰，但是并没有进一步阐明天然产物中不同特征香气形成的原因。直到21世纪初，嗅觉受体基因超家族被发现，使得人们对嗅觉神经的探究和香气如何产生并被大脑感知有了更科学的认识。因此，人们以香气成分的形状结构、官能团、立体构象、电子特性等方面为出发点，提出了重要的香气形成理论，目前公认的理论主要有两个，即分子振动理论和识别理论，其中识别理论主要包括立体结构理论和电子拓扑学理论。

（一）分子振动理论

Wright 等人在 *Journal of Applied Mechanics* 期刊上首次提出了分子振动理论，认为香气分子的振动光谱影响了其香气特征。研究结果表明，类似气味的成分，具有接近的红外振动能量。但该理论不能合理解释立体异构体的香气差异。如左旋芳樟醇、右旋芳樟醇为异构体，具有相同的红外特征谱图，但前者具有木香，而后者具有优雅的花香。因此，该理论具有一定的局限性。

1996 年，英国伦敦大学的 Turin 博士在总结旧理论的基础上，在 *Chemical Senses* 期刊发表题为 "A Spectroscopic Mechanism for Primary Olfactory Reception" 的文章，提出了新的分子振动理论。分子振动理论认为，嗅觉受体对分子的形状结构、官能团、立体构象没有反应，而是对分子的振动有反应。该理论是基于非弹性电子隧道光谱（IEsT）发展起来的一种生物光谱理论，是振动光谱的非光学形式。该理论认为香气分子与气味接收器中蛋白质结合，可使气味接收器处于激活或空置两种状态（图2-3）。

这两种状态之间具有一定的能量差，当香气分子的振动能量等于上述的能量差时会被激活。气味分子进入气味接收器与之结合，使气味接收器失去一个电子。双硫键断开，G蛋白产生嗅觉信号传至大脑。谷胱甘肽还原酶的辅酶（NADPH）在此过程中充当可溶性电子捐赠器的作用。分子振动理论根据大量的实验数据，一定程度上阐述了各种香气的产生，特别是有效地解释了结构差异明显却具有类似香气的问题；通过实验得出了形状非常相似但振动形式频率不同的分子闻起来不同的结论，并且认为嗅觉与视觉、听觉一样是一种光谱感觉。但依然存在几个难以解释的问题，如该理论并不能解释各种香气成分的强度，以及同一种香气成分其香气强度随浓度变化的问题。

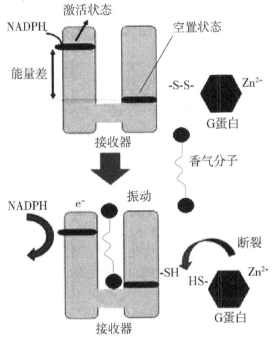

图2-3 分子振动理论中香气分子与气味接收器作用

（二）识别理论

1. 立体结构理论

1971年，Amoore教授提出了香气成分立体结构理论，该理论认为一种化合物的特殊香气是由其分子形状和大小来决定的，只有当香气分子的立体结构能够进入嗅觉器官中的气味接收器内，香气才能被感知（图2-4）。该理论很好地解释了一些具有相同官能团的分子立体结构相近的化合物香气相近的问题，但该理论很难解释化学结构差异明显但香气接近的香气成分，且同样没有解决不同浓度香气成分呈现不同香气和同一个人在不同心理状态下会产生不同嗅觉香气的问题。根据近些年来的研究表明，嗅神经元纤毛上存在多个嗅觉受体，人们大脑感知到的气味来源于香气物质与嗅觉受体的作用。不同香气物质与受体活性位点的结合能力不同，有些香气成分之间会竞争特定活性位点，从而使某种气味被感知到的强度减弱，这就是掩盖作用；有些香气物质之间相互协作与活性受体结合，因此表现出协同作用。

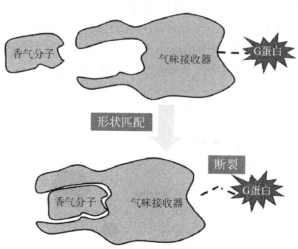

图2-4 立体结构理论中香气分子与气味接收器作用

2. 电子拓扑学理论

电子拓扑学理论（electron-topological，ET）主要是以龙涎香成分为例子进行研究，是第一个将分子的电子特性和构象一起进行研究而提出来的电子拓扑学理论，开拓了一种新的研究方法，具有一定的理论价值。通过对龙涎香成分研究，提出了龙涎香"三直立键"规则，对于龙涎的合成具有重要作用。Vlad等人发现了一类新型的龙涎香分子——环己基四氢呋喃系列，与原先的理论相互矛盾。他们基于电子拓扑学原理，提出了"龙涎三角"理论。该理论核心是龙涎香分子中都具有由氧原子和氢原子构成的三角结构，并且这三个原子还必须是构成分子最低空轨道（lowest unoccupied molecular orbital，LUMO）或与其相近的空轨道的主要组分。程利平等人通过量子力学方法研究降龙涎香醚结构参数与香气阈值之间的关系，结果表明，最低空轨道能量关系到降龙涎香醚的香气强度值，最低空轨道能量的能级越低，香气分子的阈值就越小。从这个理论可以看出，化合物香气可能与电子分布、构成分子的轨道等物理参数，特别是最低空轨道和最高占有轨道有一定关系。

三、香气物质感知相互作用

如果仅仅了解挥发性成分和浓度，则无法完全了解样品的整体风味。而挥发性香气物质之间的相互作用与平衡、香气物质与基质之间的相互作用都可能影响样品香气成分的挥发性、香气释放以及整体感知的香气强度与质量。因此，对香气感知相互作用的分析是研究食品复杂香气物质的重要组成部分。

（一）香气物质间的相互作用

香气化合物对天然产品总体香气的贡献并不等于各个化合物简单的加和。影响整体香气的不仅是气味活度值（odor activity value，OAV）大于 1 的化合物，也不能忽略 OAV 值小于 1 的挥发性化合物对整体香气和化合物之间相互作用的贡献。有研究表明，香气化合物对总香气的贡献取决于其 OAV 值，但应用 OAV 值评估香气化合物的作用是基于香气化合物之间没有相互作用的假设。实际上，混合物中的香气化合物之间存在复杂的感知相互作用，无法从每种挥发物的比例和浓度中预先确定系统的总体香气。目前常见的各香气物质间的相互作用主要包括以下四种：加成作用、协同作用、融合作用、掩盖作用。

1. 加成作用

一些呈香物质的气味强度可以相互叠加，它们构成的混合物气味比其单独存在时的气味更强。实验表明，将几种呈香物质以低于它们各自的嗅觉阈值的浓度（在该浓度下，这些物质的单一溶液没有明显气味）配成混合溶液后，这一混合液具有明显的气味。

2. 协同作用

一些呈香物质的气味可以相互促进，不同气味物质溶液混合后，则可促进各自气味的强度。如 A、B 溶液加在一起，A 被加强，B 也被加强。麝香型品种的萜烯类物质，是协同作用较好的例子。

3. 融合作用

不同的具有相似浓度的气味相互混合后，不可以再分辨出单一的气味，它们融为一体，而成为一个新的总体。A+B 产生了一种全新的气味，A、B 本身气味不存在。当数种气味和谐地混合形成一个整体，产生一种出乎意料的、很难分辨其构成成分的新的香气时，这些能够相互融合的气味则为可融合气味；而不同的气味混合后，可以单个地被辨认出来，这些气味则相互为非融合气味。

4. 掩盖作用

它是指一些呈香物质的气味可以相互掩盖，即一些气味可以掩盖另一些气味，这通常与呈香物质的浓度及气味强度有关。在混合体中，某一种呈香物质的浓度较高，或浓度相同但气味强度较高时，则该呈香物质的气味会掩盖另一种呈香物质的气味。

（二）香气物质间的平衡

气味物质之间的相互作用比呈味物质之间的相互作用更复杂。香气成分间的平衡，即各呈香物质按一定浓度、强度及一定的相互作用方式达到令人舒适、给人愉快享受的程度。当香气物质间不能达到平衡时，其构成的香气质量也不好。这种香气物质间的不平衡可通过人的嗅觉感觉，即在气味上也存在如视觉上、口感上所能感受到的不平衡现象。例如，当人为调整酒精度达40度以上，由于人为提高酒精度过高，则酒精的掩盖作用使人的嗅觉只感到酒精的刺激感，酒的香气明显降低，一些花香、果香被掩盖。

（三）香气物质与基质的相互作用

香气物质间的相互作用研究解决了忽略OAV值<1的挥发性香气物质对整体香气的贡献问题，香气物质与基质相互作用研究是为了检验OAV值>1的化合物是否对整体香气有贡献。食品基质是由挥发性和非挥发性物质组成的复杂的多组分系统，除了香气物质之间的相互作用，香气物质与非挥发性基质组分的相互作用也会改变食品上方顶空的挥发度和浓度，这些顶空浓度的变化会导致感知香气强度的差异。食物基质的组成会通过影响风味化合物的释放，进而影响阈值。人们在嗅闻食物时，香气物质必须从食物基质中释放到空气中，然后穿过鼻腔到达嗅觉黏膜，香气物质从食物基质中的释放是鼻前和鼻后感知的起点。

虽然OAV值考虑了香气物质与基质的相互作用，但目前OAV值的计算依赖于使用香气物质在水基质中的阈值，原因在于测量阈值的工作量较大，且缺乏在其他食品基质中气味阈值的测定结果参考。此外，水是无味的基质，而大部分食品基质中都含有气味，会影响阈值的测量，而测量水中的气味阈值并没有考虑到食物基质中挥发性和非挥发性化合物之间可能发生的复杂相互作用。对于大多数食品中的挥发性物质，已经在水溶液中确定了气味阈值，而在真实基质中气味阈值的测定结果报道很少。不同类型食品的香气活性物质不同，并且香气物质的阈值在不同基质中存在差异。因此，不应将一种食物基质中确定的阈值转化到另一种食物系统中使用。当将某香气物质的浓度与不适当的阈值进行比较时，可能导致食品中香气物质的实际效力被低估或高估。

食物基质主要是由大分子组成的，如脂质、蛋白质、碳水化合物和多酚等。这些大分子与芳香化合物（小分子）发生特定的、有选择性的相互作用而影响人们对芳香的感知。而对于另一部分较小的分子，例如单糖等，对某些挥发性化合物吸附或有"盐析"作用。非挥发性化合物根据其相对分子质量或特定的化学性质，可以改变芳香化合物在基质和气相之间的分配，从而影响芳香化合物在鼻腔中的释放，进而影响消费者对食品的接受度。为了被感知，芳香化合物必须从食物基质转移到气相，且高度依赖它们与食物基质中存在的非挥发性化合物的相互作用。利用嗅觉对味觉的协同增效作用降低糖或盐的添加量，并增加食品的鲜味，已成为当前食品领域实现"减糖不减甜、减盐不减咸、增鲜减盐"的新型方式。例如，草莓和柠檬香气的添加，均能显著增强蔗糖溶液的甜味感知强度；添加酱油香气化合物的盐可以在降低盐添加量的情况下，保持油炸花生咸味感知不变；采用酵母提取物或从食用菌、贝类、蔬菜等天然食材中提取风味物质研发新型鲜味剂产品，实现营养与调味双重功能的结合。

不同程度的相互作用影响，受香气物质固有的理化性质（疏水性、亲水性和挥发性）、基质的组成（性质、含量）、流变学性质以及最终的环境条件（温度、pH）的影响。不同挥发性化合物及其浓度之间的平衡决定了产品的整体风味，而食用香料香精在加工过程中会改变特征挥发性物质和质构，质构的改变对整体香气会有影响。

四、香气物质协同作用研究

自然界中存在大量的香气成分，通过对嗅觉器官的刺激或激活作用，产生了各种各样的香气。天然产物整体香气不是各个香气成分简单的加和，而是通过复杂的协同作用最终形成的。香气成分之间的协同作用，总体上分为宏观和微观两个层面。宏观层面表现为香气分子混合后化学或物理作用；微观层面发生在鼻腔神经末梢嗅觉感受器上，通过特定神经元细胞的电生理作用，使来自不同受体的信号相互作用。

（一）宏观层面协同作用

宏观层面协同作用研究方法主要有四种，分别为阈值法、S型曲线法、OAV法和$\sigma-\tau$图法，这些方法主要通过香气成分组合前后的阈值、OAV值、香韵强度值的变化，来判定成分之间的相互作用。

1. 阈值法

香气阈值是指人们开始嗅闻到香气时香料成分的最低浓度值。香气协同中阈值法指的是将混合物中各组分按照阈值浓度1∶1进行混合，并通过三点选配法（3-AFC）进行阈值判定。即将配制完的一定浓度的样品连同2个参比样一同提供给评价员并要求其识别，并将样品配成不同浓度进行重复试验。将评价员提交的二元结果（或是测试样正确，或是参比样错误）进行在某一浓度下做出正确选择次数是否服从二项分布的统计模型，从而得到阈值。最后将实际测定混合物阈值与理论计算所得的混合物阈值进行比较，进而判断香气组分之间的协同程度。根据香气成分单独和混合后实验阈值和理论阈值之间的比值（Y）为指标，将香气成分之间的相互作用划分为4种类型。当$Y<0.5$时，香气成分发生协同作用；当$0.5<Y<1$时，香气成分发生加成作用；当$Y=1$时，香气成分之间无作用；当$Y>1$时，香气成分发生掩盖作用。

阈值法的研究表明，香气成分之间的作用与成分的结构、香气特征有一定关系。结构或香气相似的香气成分具有协同或加成作用，而结构或香气不同的成分往往具有掩蔽作用或者无作用。2017年，Xiao等人对乌龙茶中24种香气物质阈值浓度进行协同研究。结果表明，2-甲基丁醛和3-甲基丁醛、反-2-庚烯醛和反-2-辛烯醛等结构或香气相似的成分具有协同或加成作用，而乙酸乙酯与乙酸、2-甲基丁醛与乙酸丁酯等结构或香气差异明显的成分具有掩蔽、抑制作用。Toshio Miyazawa 考察了亚阈值水平的香气成分（乙酸、丁酸）对超阈值水平成分（甲基环戊烯醇酮、糠硫醇、3-巯基-3-甲基丁酸乙酯）的影响。结果表明，不同稀释倍数的香气成分对超阈值的香气成分影响程度有差异；对于乙酸，稀释倍数大小和相互作用成反比例关系；对于丁酸，不同的稀释倍数对甲基环戊烯醇酮、糠硫醇、3-巯基-3-甲基丁酸乙酯的作用不明显。阈值法需将香气成分稀释到阈值水平，只能研究阈值浓度下香气成分之间的相互作用，并没有考虑到浓度因素对相互作用影响，因此该方法在指导香精配方的设计方面具有局限性。

2. S 型曲线法

通过三点选配法（3-AFC）测得一系列不同浓度混合香气成分的正确检测比例 P，绘制浓度-响应概率曲线，采用 S 型曲线 $P = 1/(1+e^{-(x-t)/D})$ 进行拟合，其中 P 为各个浓度下香气化合物被检测到的概率；x 和 t 分别为浓度和阈值的对数值，$1/D$ 为斜率。定义纵坐标 $P = 0.5$ 时，对应的横坐标为混合物的实验阈值。通过计算感官小组嗅闻到的正确识别概率 p，进一步校正。校正公式为 $P = (3 \times p - 1)/2$（其中，P 为正确识别概率的校正值，p 为实际测得的正确识别概率值）。利用 Feller 加合模型公式拟合、计算混合物的理论 $P(AB)$、$P(ABC)$，如：$P(AB) = P(A) + P(B) - P(A) \times P(B)$；$P(ABC) = P(A) + P(B) + P(C) - P(A) \times P(B) - P(A) \times P(C) - P(B) \times P(C) + P(ABC)$ 等。根据实验阈值与理论阈值之间的比值，判断香气成分之间的相互作用（图 2-5），若混合物实测阈值高于理论值，则发生掩盖现象；若低于理论阈值，则发生协同作用。图中 OT 为阈值，R 为相关系数。

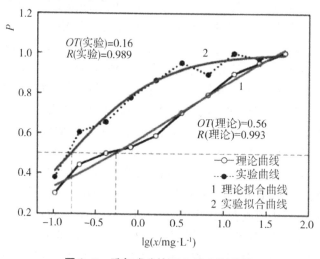

图 2-5　香气成分协同作用 S 型曲线

法国波尔多大学 Lytra georgia 团队在这方面做了大量的工作。他们采用 S 型曲线法对红酒中香气物质之间的相互作用进行了研究，发现亚阈浓度 2-羟基-4-甲基戊酸乙酯、（2S）-2-甲基丁酸乙酯、二甲基三硫醚能增强红酒果香香韵强度，降低果香香韵的阈值，这些成分与果香香韵成分发生了协同作用；而添加 5 种实测浓度的高级醇与果香韵（13 种乙酸酯类和乙酯类香气物质）时，果香韵的强度值下降，阈值变大，即高级醇对果香韵具有抑制作用。从上面的研究内容可以看出，S 型曲线法综合了香气成分的阈值、浓度等因素的相互作用，弥补了阈值法的局限性。采用数学拟合的方式计算阈值，使得阈值准确性大大提高。此外，该方法扩展了体系范围，除研究二元体系，还可以研究香韵多元成分之间的相互作用，并以图形形式直观表现。因此，在研究香气成分相互协同作用时，S 型曲线法具有明显的优势。

3. OAV 法

OAV 即气味活性值，为化合物的质量浓度与该化合物的香气阈值的比值，可用于评价香气物质对样品风味呈现的贡献程度。OAV 值>1 表示该物质对总体香气有贡献，OAV 值<1 表示该物质对总体香气无实质性贡献，一般来说，OAV 值越大则说明该物质对总体香气贡献越大。通过将理论 OAV 值与实际测得的 OAV 值进行比较，来判断香气成分之间的作用关系。其中，理论 OAV 值指的是香气混合物中各组分 OAV 值之和，实测 OAV 值指的是香气混合物各组分浓度之和与混合物实测阈值的比值。若实测 OAV 值与理论 OAV 值相等，则为加成作用；若实测 OAV 值与理论 OAV 值的比值大于 1，则为协同作用，反之则为掩盖作用。通过公式（2-1）可表示为

$$实测OAV/理论OAV=\frac{\sum_{1}^{n}浓度/实测阈值}{\sum_{1}^{n}OAV} \tag{2-1}$$

OAV 法对于多元混合物体系的协同作用研究有较好的效果。Laska 等采用 OAV 法对三元混合物、六元混合物和十二元混合物体系进行研究，结果表明随着混合物体系复杂度增加，混合物的理论与实际 OAV 比值下降，香气成分之间以掩盖作用为主。该方法表明，香气成分之间相互作用以加成为主，协同和掩盖作用较少。与 S 型曲线法类似，OAV 法同样综合了香气成分的阈值、浓度等因素的相互作用，弥补了阈值法的局限性，适用于近阈值浓度香气成分之间的作用。但此方法测定的阈值，其准确性有所欠缺。

4. σ-τ 图法

文献报道，Enrique 教授团队于 1979 年在 Miyazawa 等的"矢量模型"基础上，提出了一种更为准确的代替二元混合物中嗅觉定量相互作用的 $\sigma=F(\tau)$ 模型，并通过该模型得到的实验数据吻合了"矢量模型"的结果。以二元混合物 A 与 B 为例，其表达式为 $\tau_A=I_A/(I_A+I_B)$ 或者 $\tau_B=I_B/(I_A+I_B)$，τ 是指 A（或 B）

的香气强度与两者的香气强度之间的比值；σ 代表混合物的香气强度与各成分（在混合之前）的香气强度之间的比值，$\sigma = I_{mix}/(I_A + I_B)$，反映相互作用程度；$I$ 代表各自香气强度。通过上述公式得到结果后，在 $\sigma - \tau$ 图上进行绘制（图 2-6）。根据相互作用级别将该图划分为若干部分，实验点的位置反映相互作用水平，当混合物的香气强度与未混合之前各组分香气强度之和相等时，为完全加成作用（$\sigma = 1$）；当混合物的香气强度比其各组成部分的总和更为强烈时，则为协同作用（$\sigma > 1$）；当混合物的香气强度比其各组成部分的总和要弱时，则为部分加成、折中或者掩盖作用（$\sigma < 1$）。$\sigma - \tau$ 图法以香气成分强度值为考察指标，适用于近阈值或超阈值浓度下香气成分之间的相互作用。该方法综合考虑 σ、τ 值，并以图的形式展示，不仅可以直观清晰地体现数据结果，而且明确了各种作用之间的边界，更加全面揭示了香气成分相互作用。

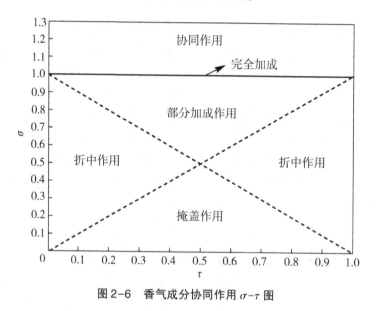

图 2-6　香气成分协同作用 $\sigma - \tau$ 图

$\sigma - \tau$ 图法，表明香气成分之间的相互协同作用与浓度有关。低浓度或者中等浓度时，香气成分之间更容易表现为协同或者加成作用；高浓度时，香气成分之间往往具有掩盖、抑制作用。Cameleyre 等采用 $\sigma - \tau$ 图的方法研究葡萄酒中 5 种高级醇对 13 种酯类化合物重组溶液香气的影响。实验结果表明，不同浓度高级醇对重组溶液的协同作用存在明显的差异，浓度适中时表现协同作用，而浓度高时表现为掩盖作用。Ferreira 采用 $\sigma - \tau$ 图法总结之前文献报道的混合物数据，结果表明在超阈值水平下，混合物香气强度与组分香气强度之和的比值基本小于 1，即表现为掩盖作用。因此，香气成分之间相互作用的强弱与浓度有关。

(二) 微观层面协同作用

微观法的建立来源于 Buck 等所发现的气味受体的多基因家族表达，嗅觉系统能识别和分辨大量不同的气味分子，起始于嗅神经元纤毛上的嗅觉受体与气味分子的相互作用。香气的识别是一个或者多个嗅觉受体作用的结果，嗅觉受体具有一定数量的活性位点。因此，香气物质须采用竞争或者非竞争方式占据作用位点，而不同香气成分与受体活性位点的结合能力存在差异。当不同香气成分之间存在竞争活性位点时，往往表现为掩盖作用；不同香气成分之间存在相互协作或者非竞争活性位点时，往往表现为协同作用。直接研究香气成分与活性位点的作用比较困难，但是可通过研究嗅觉受体神经元对香气成分刺激的响应特性，监测细胞钙离子和电生理变化等手段，间接研究香气成分之间的相互作用。

香气成分之间的相互作用模式与成分浓度有关。低浓度或者中等浓度时，香气成分之间更容易表现为协同或者加成作用；高浓度时，香气成分之间往往具有掩盖、抑制作用。法国弗朗什孔泰大学 Fouzia El Mountassir 等采用神经元钙离子成像技术，研究不同浓度单一和混合香气成分（辛醛、3-甲硫基丙醛、香茅醛）对 4 种嗅觉受体蛋白（OR1G1、OR52D1、OR1A1、OR2W1）的激活效果，监测钙离子的浓度变化，计算刺激条件下细胞的响应个数，并以 $\sigma-\tau$ 图形式判定香气成分之间相互作用。结果表明，含有 4 种受体蛋白的细胞对辛醛与高浓度香茅醛混合的刺激，钙离子浓度发生改变，且细胞响应个数低于单个成分刺激反应的总和，即发生了掩盖或加成作用。

当不同香气成分相互协作或者互不干扰占据位点时，更容易发生协同作用；不同香气成分相互竞争活性位点时，更容易发生掩盖作用。而当神经元去极化作用达到最大化、受体蛋白饱和时，香气成分之间协同作用向加成或者掩盖作用转化。这就解释了香气成分在低浓度下为协同作用、高浓度下为加成或掩盖作用的原因。

第二节　滋味物质产生机制及相互作用

味觉一般是指食物在人的口腔内对味觉器官化学感受系统的刺激并产生的一种感觉，不同地域、不同喜好的人对味觉的分类存在一定的差异。世界各国对味觉的分类并不一致，如日本分为 5 种即咸、酸、甜、苦、辣，在欧美各国分为 6 种即酸、甜、咸、苦、辣、金属味，在印度分为酸、甜、咸、苦、辣、淡、涩、不正常味等 8 味。我国除酸、甜、苦、辣、咸 5 味外，还有鲜味和涩味，共分 7 味。辣是刺激口腔黏膜、鼻腔黏膜、皮肤和三叉神经而引起的一种神经热感，并不能作为味觉来评价；涩味是使蛋白质凝固而产生的一种收敛感觉，和辣感一样都不能列入基本味觉中。因此公认的味觉只有 5 种，即酸、甜、苦、咸、鲜。其中前 4 种是较为传统的基本味觉，而鲜味则是随着食品工业的发展，作为复合风味和滋味的第 5 种味觉。

味觉有四种属性来表明其独特性，分别为味觉类型、味觉强度、味觉持续时间和空间拓扑结构。"味觉类型"是描述性名词，其中公认的描述滋味类型的名词有 5 个：甜味、咸味、酸味、苦味和鲜味。味觉类型对于定义滋味特点非常重要，且每一种滋味类型下还可以分为不同的次等类型，比如糖和葡萄糖的滋味类型都是甜味，但是两者又属于不同的甜味层次类型。"味觉强度"是对滋味物质味觉大小的一个量度。"味觉持续时间"是有关滋味强度的时间过程。不同的滋味物质水溶性不同，由于唾液的冲刷，水溶性大的物质比水溶性小的物质与受体作用时间短，例如蔗糖比新橙皮苷二氢查耳酮糖精钠的滋味作用时间短。空间拓扑结构与味觉在舌头和口腔的定位有关。味觉对于生命具有重要作用，因为动物在一定程度上通过味觉系统来评价食物的营养价值，同时防止对机体不利的物质的摄入。

一、味觉产生机制

（一）味觉感受器

食品的滋味虽然多种多样，但都是食品中可溶性呈味物质溶于唾液或食品的溶液刺激口腔内的味觉感受器，再通过一个收集和传递信息的味神经感觉系统传导到大脑的味觉中枢，最后通过大脑的综合神经中枢系统的分析，从而产生味感或味觉。

人类的味觉感受器是味蕾，主要分布在舌头、上腭和咽部黏膜处。哺乳动物的味蕾多呈球形，其顶端在口腔的上皮表面有个开口，称为味孔。味蕾由 50~150 个味蕾细胞组成，这些细胞根据其超微结构分为 4 类，即暗细胞（Ⅰ型）、亮细胞（Ⅱ型）、基细胞及干细胞。不同类型的味细胞具有不同的功能。感受味觉的主要是前两类细胞。暗细胞呈细长梭形，从味蕾基部一直延伸到顶部，顶部末端有许多细小的绒毛，因其对嗜碱性染料有高亲和性而称为暗细胞；相反，亮细胞对嗜碱性染料有低的亲和性，同样也是长梭形细胞，但在其顶端有单根大的球棒状的绒毛。微绒毛从味孔伸出，浸润在口腔上皮表面的唾液层内，当溶解于唾液中的化学物质（味质）与微绒毛上的味觉受体结合时，味觉受体蛋白被激活，引发味觉信号转导的级联放大，引起分布于味觉感受细胞基底部的感觉神经纤维兴奋，并逐级经脑干向上传递至味觉中枢进行信号处理，最终引起味觉的适应性反应。

1. 舌

舌是品尝风味的重要器官，表面分布了很多的凸起部位，医学上根据其形状不同，分别将其称为丝状乳头、菌状乳头、叶状乳头和轮廓乳头（图2-7）。丝状乳头最小、数量最多，主要分布在舌前三分之二处，因不具备味蕾而没有味感。菌状乳头、轮廓乳头及叶状乳头上有味蕾，能够识别不同的味道。菌状乳头呈蘑菇状，主要分布在舌尖和舌侧部。成人的叶状乳头不太发达，主要分布在舌的后部。轮廓乳头是最大的乳头，直径1.0~1.5 mm，高约2 mm，呈V字形分布在舌根部位。

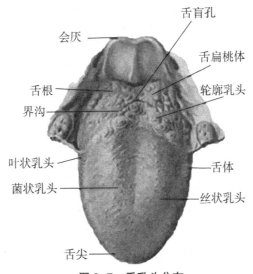

图2-7 舌乳头分布

由于乳头分布不均匀，因而舌头各部位对酸、甜、苦、咸、鲜五种基本味觉呈现出不同的敏感性。一般来说，人的舌前部对甜味最敏感，舌尖和边缘对咸味比较敏感，靠腮两侧对酸敏感，舌根部对苦味最为敏感（图2-8）。

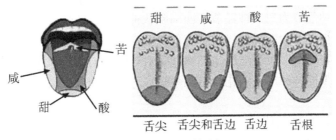

图2-8 舌味觉敏感区

2. 味蕾

味蕾是具有味觉功能的细胞群，由30~100个扁长的敏感细胞被一些非敏感性细胞包合而成，如同橘子中橘瓣的排列，是味觉感受器和呈味物质相互作用的部位。味蕾深度为 $50\sim60\ \mu m$，宽 $30\sim70\ \mu m$，嵌入舌面的乳突中，顶部有味觉孔。敏感细胞连接着神经末梢，呈味物质刺激敏感细胞，产生兴奋作用，由味觉神经传入神经中枢，进入大脑皮质从而产生味觉，一般在 $1.5\sim4.0$ ms 完成。味蕾在舌尖和舌侧的乳头上分布较多，一般味觉很敏感的人舌尖部位味蕾分布大致为 165 个/cm^2，味觉敏感性一般的人为 127 个/cm^2，味觉很差的人为 117 个/cm^2。舌中部较少，因而舌中部对味道较迟钝。

敏感细胞是味觉感应的主体，是目前已知的在人体内存活期最短的细胞，大致寿命为 150 h±50 h。敏感细胞的更新换代由相连的神经控制，若失去神经联系，敏感细胞不再生成，但当恢复神经联系后可以再生。味觉敏感细胞有两个特化部位：一是和口腔接触的微绒毛，二是与神经纤维形成的突触。微绒毛上镶嵌有味觉感受分子（味感受器），以分子天线的形式探测口腔中的化学变化，它们和味感物质结合可产生味转导级联。味感受器都是膜蛋白，包括非门控离子通道、配基门控离子通道和 G 蛋白偶联受体（G protein-coupled receptor，GPCRs）等。味觉敏感细胞虽然是上皮细胞，但它有很多特点和神经元相似，即通过电压门控 Na^+、K^+ 和 Ca^{2+} 通道可产生动作电位。味蕾中存在大量神经递质，但确定哪种是味觉细胞释放的却很困难。现在已经确定去甲肾上腺素和乙酰胆碱是神经纤维释放的，它们对味觉细胞的兴奋性起调控作用。五羟色胺可能是味觉细胞间的一种旁分泌，它由某种味觉细胞分泌，调节相邻味觉细胞的活动，从而调控味蕾局部的信号加工。大量的研究结果表明，谷氨酸最可能是味觉细胞分泌的神经递质。

3. 自由神经末端

自由神经末端是指可以在光学显微镜下区分出来，且不具有辨别受体或囊状物包裹的神经末端，分布在整个口腔内，也是一种能识别不同化学物质的微接受器。口腔内提供化学受体的末梢感觉神经系统位于四种不同的头部神经节内，这四种神经节为三叉神经节、面部膝状神经节、颞骨岩部神经节和迷走神经节。三叉神经节含有提供口腔所有部位的自由神经末端的感觉神经，另三个神经节支配着味蕾。生理学和生理物理学对这些不同神经和神经节的功能性研究表明，在不同神经节上的化学感觉系统，对化学物质不同的化学性能有选择性的反应。

（二）味觉产生机制

舌前三分之二味觉感受器所接受的刺激，经面神经鼓索支传递；舌后三分之一的味觉由舌咽神经传递；舌后三分之一的中部和软腭，咽和会厌味觉感受器接受的刺激由迷走神经传递。味觉经面神经、舌咽神经和迷走神经的轴突进入脑干后终于孤束核，更换神经元，再经丘脑到达岛盖部的味觉区。

产生味觉的化学物质（也称刺激物）刺激变体元素（味蕾及自由神经末

端），由末端感觉神经系统转导至中枢神经系统。传至大脑的信息经分析、辨别便产生了味的概念，这可认为是味觉。

二、滋味物质呈味机制

（一）甜味

甜味是一种令人愉悦的感觉，是最受人类和哺乳动物欢迎的味道，从纯粹的意义上来说，是只具有糖和蜜滋味的呈味物质。甜味化合物在成分上是多种多样的，比如包括简单的碳水化合物（单糖和双糖）、D 型和 L 型氨基酸（大多数 D 型氨基酸具有甜味，而 L 型氨基酸只有部分具有甜味）、人工甜味剂（糖精、甜蜜素、安赛蜜等）、植物蛋白（莫内林和索马甜）和三氯甲烷。甜味物质不仅能够用于改进食品的可口性和某些食品的加工和食用性质，并且具有一定的营养和供能等功能，如能为人体提供必要的碳水化合物等。

自文明伊始，人类就开始了对甜味物质的发掘以及甜味机制的探索。1967年，Shallenberger 和 Acree 等在总结前人对糖和氨基酸的研究成果的基础上，提出了产生甜味物质的甜味和其结构之间的 AH/B 理论。这种理论认为，有甜味的化合物都具有一个电负性原子 A（通常是 N、O）并以共价键连接氢，故 AH 可以是羟基（—OH）、亚氨基（—NH）或氨基（—NH$_2$），它们为质子供给基；在距离 AH 基团 0.25~0.4 nm 处同时还具有另外一个电负性原子 B（通常是 N、O、S、Cl），为质子接受基；而在人体的甜味感受器内，也存在着类似的 AH/B 结构单元（图 2-9），其两类基团的距离约为 0.3 nm。当甜味化合物的 AH/B 结构单位通过氢键与味觉感受器中的 AH/B 单位结合时，便对味觉神经产生刺激，从而产生了甜味。

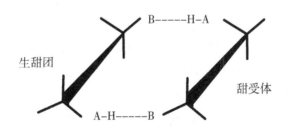

图 2-9　甜味分子与甜受体之间的 AH/B 结构

AH/B 理论虽然从分子化学结构的特征上可以解释一个物质是否有甜味，但却解释不了同样具有 AH/B 结构的化合物，它们的甜味强度相差许多倍的内在原因。因而，科尔（Kier）等对 AH/B 理论进行了补充和发展。他们认为在强甜味化合物中除存在 AH/B 结构以外，分子还具有一个亲脂区域 γ，γ 一般是亚甲基（—CH₂—）、甲基（—CH₃）或苯基（—C₆H₅）等疏水性基团，γ区域与 AH、B 两个基团的关系在空间位置上有一定的要求（即距 AH 基团质子约 0.314 nm，距 B 基团 0.525 nm），它的存在可以增强甜味剂的甜度。AH-B-X 甜味三角理论在揭示已知甜味分子的作用机制上取得了较为满意的结果，但在直接利用其理论探究未知甜味分子方面仍然存在一定差距。在后续研究中，AH-B-X 生甜团中的 AH、B 基团扩展为路易斯（Lewis）酸碱概念中的 A 和 B，从而使得甜味三角理论中 AH、B 基团的适用范围大大扩宽；疏水部位 X 并非一成不变，而是一种多点接触的诱导适应。同时，合适的分子内氢键扮演着协调整体效果的角色，通过影响甜味分子疏水部位 X 与甜味受体间的疏水键合对增强甜味分子的甜度起到间接有效的作用，此理论大大提高了体系的完整性和精准性（图 2-10）。

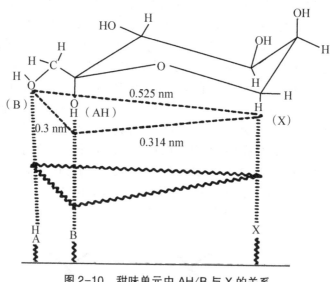

图 2-10　甜味单元中 AH/B 与 X 的关系

随着越来越多的甜味物质被发现（包括能为机体供能的糖类、氨基酸、多肽等，以及不能为机体供能的甜味剂如糖精、阿巴斯甜、安赛蜜等），甜味机制也逐步被揭示：从最初简陋的 AH/B 配体理论，到如今被学界广泛采纳的甜味物质受体 G 蛋白偶联机制。

首先甜味物质会与甜味物质受体相结合。甜味主要由味觉细胞的 GPCRs 家族第 3 亚型所介导，即味觉受体第 1 家族（taste receptor family 1 members，T1Rs）。该家族由 T1R1、T1R2 和 T1R3 共 3 个成员组成，它们像 GPCRs 家族第 3 亚型的其他成员一样，具有很大的胞外氨基末端结构域，用于配体结合。味觉受体和配体相互作用机制研究表明，T1R 受体之间以异二聚体的形式发挥功能，在细胞中 3 种 T1R 受体相应的基因有 3 种表达组合，即共表达 T1R1 和 T1R3 细胞，共表达 T1R2 和 T1R3 细胞，以及仅表达 T1R3 的细胞。研究发现，T1R 基因仅与甜、鲜味识别有关，敲除后并不影响苦、酸、咸的感受。T1R3 对应的 Sac 基因是其感受糖和人工甜味剂的主要遗传位点。敲除 T1R2 或 T1R3 基因中的任何一个都会导致小鼠对各种人工甜味剂的反应消失，说明这两种受体是识别人工甜味剂所必需的；但小鼠对糖溶液的反应并没有完全消失，对低浓度糖液的反应强烈降低，但对较高浓度的糖液的反应则是部分降低。而 T1R2+T1R3 基因的双敲除使小鼠对所有测试的不同浓度糖液的行为学与电生理学反应均消失，这表明 T1R2 和 T1R3 是人工甜味剂的功能性受体与糖的高亲和力受体，而 T1R2 和 T1R3 是糖的低亲和力受体。T1R2 和 T1R3 在与甜味剂的结合中发挥着不同的作用。T1R2 虽然在人体的呈味细胞内不能单独表达，主要介导某些甜味剂的感知。T1R2 胞外 N 端区是阿斯巴甜、莫内林等的重要结合位点，它的 C 端与 G 蛋白偶联；而目前至少有一种甜味剂 cyclamate 是与 T1R3 的 7 次跨膜区相结合的，此区域某些氨基酸残基的差异导致人和小鼠对 cyclamate 具有不同的甜味感受。另外，推测认为，T1R3 的跨膜区可能在受体从基态向激发态的转变中发挥着关键作用。目前已经证实，甜味受体 T1R2+ T1R3 具有多个结合位点，从而对应识别结构各异的甜味刺激物。在细胞尚未接触甜味物质时，甜味物质受体（T1R2/T1R3）会与 G 蛋白（由 β3γ13 亚基和 α 亚基组成）偶联在一起。

当甜味物质与甜味物质受体（T1R2/T1R3）结合后，G 蛋白会与甜味物质受体（T1R2/T1R3）相分离，从而触发两条不同但又相互依赖的甜味信号转导模式转导不同性质的甜味刺激，以蔗糖为代表的天然糖类利用的是 cAMP 途径，而合成的人工甜味剂利用的是 IP3（肌醇三磷酸）和 DAG（二酰甘油）途径。

（1）GPCR-Gs-cNMP 途径。蔗糖等糖类与甜味受体（比如 T1R2/T1R3）结合，使 G 蛋白 α 亚基活化，从而激活胞内的腺苷酸环化酶（adenylate cyclase，AC），产生 cAMP，导致胞内的 cAMP 浓度上升，而 cAMP 可能直接通过 cNMP-门控通道（cNMP-gated channels）引起 Ca^{2+} 内流；也可能激活了蛋白激酶 A（protein kinase A，PKA），引起味细胞基部外侧 K^+ 通道的磷酸化，导致离子通道关闭，抑制了 K^+ 外流，引起味细胞膜去极化，电压依赖性 Ca^{2+} 流入，神经递质释放。

（2）GPCR-Gα/Gβγ-IP3 途径。甜蜜素等人工甜味剂结合甜味受体（比如 T1R2/T1R3），活化的 Gα 或 Gβγ 使磷脂酶 C-β2（phospholipase C-β2，PLC-β2）发生异构化，激活磷脂酰肌醇，产生 IP3 和 DAG，增多的 IP3 和 DAG 导致胞内钙库（如内质网）膜上 IP3 门控 Ca^{2+} 通道开放，使钙库内部储

备的 Ca^{2+} 释放，胞质内游离 Ca^{2+} 浓度上升，激活蛋白激酶 C（protein kinase C，PKC），PKC 通过磷酸化修饰 K^+ 通道，从而关闭 K^+ 通道，引起味细胞膜去极化和神经递质释放。尽管以上两种途径有许多不同之处，但两者均能引起细胞内游离钙离子浓度上升和细胞膜去极化（plasma membrane depolarization）。

细胞去极化后，释放的神经递质 ATP（腺苷三磷酸）会刺激传入神经（afferent nerves），产生与甜感相对应的跨膜电位，即电信号。这些电信号沿着传入神经传入脑区，经过孤束核（nucleus of the solitary tract，NTS）、丘脑（thalamus）最终传入主味觉皮层［即岛叶（insula）］以及眶额叶皮层（orbitofrontal cortex）。自此，人体感知到了甜味，并触发针对甜味刺激的一系列生理生化反应和行为反馈。

甜味及其衍生制品在饮食和食品加工中具有重要的作用，良好的甜味剂需要满足三个特点，分别是甜味纯正、能够快速达到最高甜度、甜味能够迅速消失。蔗糖作为一种天然存在的双糖，满足以上良好甜味剂的所有特点，是一种非常好的天然甜味剂，存在广泛，甜味醇正。我们对蔗糖的甜味很熟悉，故常用它与人工合成甜味剂进行比较，以判断人工甜味剂的品质。甜味的强弱可以用相对甜度来表示，它是甜味剂的重要指标，通常以 5% 或 10% 的蔗糖水溶液（蔗糖是非还原糖，其水溶液比较稳定）为标准，在 20 ℃、同浓度的其他甜味剂溶液与之比较而得到相对甜度。人工甜味剂作为低热量或无热量的高强度蔗糖替代物，其甜度极高，能够达到天然蔗糖的几百倍甚至上千倍，在饮品食品中仅需少量添加便能获得与蔗糖同样的口感，这样的性质使得人工甜味剂的使用极为广泛。人工甜味剂的种类很多，按照各国的不同标准，批准在当地使用的甜味剂各国存在差异。

糖精、甜蜜素、安赛蜜、阿斯巴甜、三氯蔗糖等是在我国获得批准允许使用的主要几类人工甜味剂。其中糖精和甜蜜素是两种有很长一段时间使用历史的甜味剂。邻苯甲酰磺酰亚胺俗称糖精，它的甜度是蔗糖的 300～500 倍。环己基氨基磺酸钠俗名甜蜜素，相较糖精它的甜度较差，是蔗糖的 30～40 倍。糖精和甜蜜素对人体均无任何营养价值，只起提供甜味的作用，并且其呈味特性不算好，两者若使用量控制不好都会有明显的苦味。20 世纪 70 年代，美国科学家发现糖精可能会导致膀胱癌，随后美国 FDA（美国食品药品监督管理局）便提出了禁用糖精法案。随后，糖精被认为是致癌物，且研究中发现过量的摄入会造成生命危险。我国的相关法律规定禁止糖精在婴幼儿食品中使用，因为婴幼儿的排毒代谢能力较差，长期食用会造成不可逆转的伤害。甜蜜素在大量的实验中同样被证实对人体有严重的危害性。两者虽已被证实对人体健康的危害性，但其使用仍旧广泛，主要归因于其低廉的价格，我国已有严格的规定限制两者在生产中的用量。糖精和甜蜜素的生产历史悠久，其生产工艺已十分成熟，我国每年的产量达到几万吨，常被应用在一些成本较低的食品中，典型的如白酒。我们常饮用的蒸馏酒中便有人工甜味剂的使用，蒸馏酒中常用的人工甜味剂有甜蜜素、糖精、安赛蜜、阿斯巴甜等。再比如受到广泛应用的人工合成甜味剂三氯蔗糖，我们喝的咖啡、无糖饮料常用的代糖中主要产生甜味的物质便是三氯蔗糖，酱腌菜中也有三氯蔗糖的身影。三氯蔗糖也常被应用到一些快速消费类产品如饮料、乳制品和罐头的生产中，以赋予产品目标甜味。

（二）酸味

酸味是常见的一种基本味，自然界中含有酸味成分的物质很多，大多存在于植物中，主要有醋、醋精、制作泡菜用的乳酸、制作腌渍菜用的醋糖等多种有机酸。酸味能给人以爽快、刺激的感觉，具有增强食欲的作用。在食品加工中使用酸味剂，除具有一定的防腐效果外，还有助于溶解纤维素及钙、磷等物质，既可帮助消化，增强营养素的吸收，又具有一定的杀菌解毒功效。此外，酸在维持人体体液的酸碱平衡方面起着显著的作用。

酸味主要是由于酸味的物质解离出的 H^+ 在口腔中刺激舌黏膜而引起的味感，AH 酸中质子 H^+ 是定味剂，酸根负离子 A^- 是助味剂。PKD1L3 和 PKD2L1 是瞬时受体电位多囊蛋白（transient receptor potential polycystin，TRPP）通道家族的成员，是酸味受体。PKD1L3 和 PKD2L1 在舌的轮廓乳头和叶状乳头的 TRC 中共表达，它们的相互作用有助于在人胚肾 HEK293 细胞表面形成功能性通道。值得注意的是，在舌的菌状乳头和腭中可能含有其他的 PKD2L1 配体，因为 PKD1L3 在舌的菌状乳头和腭中并不表达。表达 PKD1L3 和 PKD2L1 的 HEK293 细胞在移除酸味刺激物后，产生了应答反应，这种反应被称为关闭反应。PKD1L3-PKD2L1 通道活性是依赖于 pH 的，当周围环境中的 pH 低于 3.0 时通道活性才表现出来。

酸味信号转导可能涉及三种机制：①通过阿米洛利（amiloride）敏感性 Na^+ 通道的质子渗透来转导酸味；②盐和质子还可通过味孔旁细胞通路作用于细胞基底膜上相同或不同的离子通道（包括一些对 amiloride 不敏感的通道）；③质子门控通道，质子使 K^+ 通道关闭而去极化。otopetrin-1（编码基因为 OTOP1）是一个质子通道，研究发现这个离子通道与酸味检测有关。当我们吃到那些有酸味的食物时，舌头和大脑之间的味觉感应回路会立即做出反应，在舌头上分布的每个味蕾中，都包含着一群由味觉神经网络支配的味觉感受细胞。这些细胞的顶端具有各种各样捕获味觉分子的蛋白质，一类被称为质子通道的蛋白质可以检测出食物的 pH，完成对酸味的检测。科学家在小鼠基因敲除的研究中确认了舌头酸味受体中的 otopetrin-1 质子通道，是负责小鼠酸味感知的结构之一。氢离子（带一个正电荷）穿过 otopetrin-1 质子通道，进入味觉细胞内，引起细胞膜电位的变化。原本带负电的细胞质趋向正电位，当电位的积累超过阈值以后，发生一次去极化的电信号，电信号传递至味觉神经进而反馈给大脑，形成对酸味的感知。

既然酸味是由高浓度氢离子引起的，感受酸味的本质也就是机体存在对于pH的感受器。一般来说，各有机酸在其 H^+ 浓度为 2.54×10^{-3} mol/L 时，一元酸的酸味随着其烃链的增长而减少。二元酸的酸味随碳链延长而增强，主要是由于其阴离子 A^- 能形成吸附于膜的内氢键环状螯合物或金属螯合物，减少了膜表面的正电荷密度。但是二元酸强度不及相应的一元酸，这是因为羧基和其他亲水取代基一样，将减少酸的负离子 A^- 的亲脂性。在 A^- 结构上增加疏水性不饱和键则相反，A^- 在脂膜上的吸附性加强，味细胞膜对质子的引力增强，酸味相应增强。A^- 不仅是助味基，而且能使不同酸各具特色。当某种酸的结构上具备其他定味基时，则这种酸还有助于其他受体竞争吸附，产生其他味感。一般无机酸的阈值为 pH 4.2~4.6，若在其中加入3%砂糖或者甜度等同于其他甜味剂的物质时，其 pH 不变而酸味强度将降低15%；同时，加盐也能降低酸味的强度。味觉器官（酸受体）适应原味之后，也将降低对酸味的感觉敏感度。在酸味强度和酸味敏感度方面，用等量分子浓度的各种酸做对比时可以看出，人们对强酸的酸味感觉大于弱酸，pKa 值大于 10 的酸没有酸味，在等量分子离子浓度的情况下（即 pH 相等），各种酸的酸味强度取决于其助味基负离子。酸的负离子能对味细胞膜显示不同的作用，但它的作用并不是影响味细胞膜的离子通过问题，而是酸对于膜的吸附方式的问题，此时有机酸的酸味强度一般大于无机酸。例如，相比较而言，醋酸的酸度强于盐酸，这是因为有机酸及其负离子在磷脂的组成方面，味感受器表面具有较强的吸附性，它们能减少膜表面正电荷的密度（吸附于膜上的有机酸的负离子能将膜中的正电荷中和），即减少了味细胞膜对质子的排斥力。所以凭味觉来比较，相同 pH 下，各种酸味物质的酸度顺序一般为丁酸>丙酸>醋酸>甲酸>乳酸>草酸>盐酸。相对于羧酸而言，并不是碳链越长越好，丁酸以上的羧酸负离子对酸味出现抑制性，C_{10} 以上的羧酸无酸味。

食品中的酸度通常用总酸度（滴定酸度）、有效酸度、挥发酸度来表示。总酸度是指食品中所有酸性物质的总量，包括已离解的酸浓度和未离解的酸浓度，采用标准碱液来滴定，并以样品中主要代表酸的百分含量表示。有效酸度指样品中呈离子状态的氢离子的浓度（严格地讲是活度）用 pH 计进行测定，用 pH 表示。挥发性酸度指食品中易挥发部分的有机酸，如乙酸、甲酸等，可用直接或间接法进行测定。例如：总酸度的测定（滴定法）方法中，食品中的有机酸（弱酸）用标准碱液滴定时，被中和生成盐类。用酚酞作指示剂，当滴定到终点（pH = 8.2，指示剂显红色）时，根据消耗的标准碱液体积，计算出样品总酸的含量。其反应式为 $RCOOH + NaOH \longrightarrow RCOONa + H_2O$。食品中酸度的测定，对于果蔬成熟程度及食品新鲜程度的判断、食品质量指标的评价都具有重要意义。

酸味在食品加工中具有重要的作用和地位，酸味料是食品的重要调味料。食品加工和日常饮食中最常接触和使用的酸是醋酸，其次是柠檬酸、乳酸、酒石酸、葡萄糖酸、苹果酸、富马酸、磷酸等。醋酸是日常生活中食醋的主要成分；柠檬酸为食品加工中使用量最大的酸味剂；苹果酸与人工合成的甜味剂共同使用时，可以很好地掩盖苦味；葡萄糖酸-δ-内酯是葡萄糖酸的脱水产物，在加热条件下可以生成葡萄糖酸，这一特性使其成为迟效性酸味剂，在需要时受热产生酸，可用于豆腐生产中作凝固剂，饼干、面包中作疏松剂；磷酸酸味温和爽快，略带涩味，主要用于可乐型饮料的生产中，不仅可以增进饮料风味，还能起到防腐作用，是饮料生产中十分重要的原料。某些酸味剂还具有多种功能作用，如食品酸味剂中的苹果酸具有保健作用，是目前世界食品工业中用量最大、发展前景好的有机酸之一。

此外，食品酸味剂与其他食品添加剂混合使用在食品工业的应用也十分广泛，不仅使食品的感官特点更为突出，还能达到更好的抑菌防腐效果。酸味剂与甜味剂之间有拮抗作用，在饮料、糖果等食品的生产加工中，常常将酸味剂与甜味剂搭配使用，控制好一定的甜酸比，可以获得风味更佳的产品。在食醋中添加少量的食盐后，会觉得酸味减弱，但是在食盐溶液中添加少量的食醋则咸味会增强。在食醋溶液中添加高浓度的鲜汤后，则可使鲜味有所增强。因此，在食品或者饮料中，酸味与其他口味的调和更具有挑战性。

（三）咸味

咸味在食品调味中颇为重要。咸味一般来说是指人的味蕾受氯化钠中的氯离子作用而产生的感觉。咸味是中性盐显示的味，是由盐类离解出的正负离子共同作用的结果，阳离子易被味觉感受器的蛋白质的羧基或磷酸基吸附而产生咸味，阴离子则影响咸味的强度和副味，也就是说阳离子是盐的定位基，阴离子是助味基。无机盐类的咸味或所具有的苦味与阳离子、阴离子的离子直径有关，在直径之和小于 0.65 nm 时，盐类一般为咸味，超出此范围则出现苦味，例如 $MgCl_2$（离子直径之和约 0.85 nm）苦味相当明显。只有 NaCl 才产生纯正的咸味，其他盐多带有苦味或其他不愉快味。食品调味料中，专用食盐产生咸味，其阈值一般在 0.2%，在液态食品中的最适浓度为 0.8% ~ 1.2%。目前作为食盐替代物的化合物主要有 KCl，如 20% 的 KCl 与 80% 的 NaCl 混合所组成的低钠盐，苹果酸钠的咸度约为 NaCl 咸度的 1/3，可以部分替代食盐。

感觉咸味的是味受体细胞（taste-receptor cell，TRC）。由于膜内外离子浓度和电势的波动，TRC 的电位改变，细胞电位变化使得 Ca^{2+} 通道打开，Ca^{2+} 内流使得神经递质释放，激活下一级神经元。神经信号传递到中枢，产生感觉。

实验中可以通过细胞内 Ca^{2+} 浓度来判断味受体细胞是否被激活。有的 TRC 只接受 NaCl 的刺激，而有的 TRC 也接受 KCl 的刺激。一般研究咸味，都是围绕 NaCl 进行的。钠离子通道（epithelial sodium channel，ENaC）是一种对 Na^+ 高度特异的通道蛋白，由三个亚基——α、β 和 γ 组成，这三个亚基主要在舌的轮廓乳头、叶状乳头和菌状乳头的 TRC 中表达。在舌的轮廓乳头和叶状乳头的 TRC 中，β 和 γ 亚基的表达量很少，所以 ENaC 主要定位在舌的菌状乳头的 TRC 中。ENaC 在 Na^+ 引发的咸味信号转导中发挥重要作用，对阿米洛利有很高的敏感性，在小鼠中起到 Na^+ 开关的作用。Na^+ 在口腔内积累到一定浓度时，ENaC 打开，使 Na^+ 流入味觉细胞。但是，人感知 Na^+ 味道的通道蛋白是什么，现在还没有定论，可能包括 ENaC 以外的蛋白。另外，咸味的产生，也可能有感知 Cl^- 浓度的机制。

从味觉感知机制方面来说，咸味的感知在食物口腔加工中主要包括三个阶段。第一阶段基质中钠的释放，钠从食物向周围环境的迁移；第二阶段口腔中钠的传递，钠从食物基质中释放在口腔中移动，并到达舌头；第三阶段咸味的感知，钠从舌头表面转移到味蕾，最终引起咸味的产生。

（1）第一阶段钠的释放。在日常进食时，通过口腔咀嚼和唾液混合，钠从食物基质中部分释放。钠的释放程度与食品基质中钠聚合物的性质、食物基质的形变程度，以及口腔加工与食物基质的相互作用等有关。首先，食物基质中钠聚合物的性质影响钠的释放。氯化钠在食品中的应用主要是用于调节食品的质地和风味，其机制主要是基于钠与基质之间的相互作用，这通常会降低 Na^+ 的有效利用程度。在含蛋白的食物基质中，这种相互作用体现在阳离子（Na^+）与蛋白羧基残基、磷酸丝氨酸残基之间的静电吸附，并且受蛋白质性质（蛋白质的类型、电荷）、阳离子（电荷、大小）和环境（pH、离子强度、温度）等因素的影响。以奶酪为模型测定其中钠向周围水的释放情况，得到氯化钠的分配系数均低于 1，由于酪蛋白与氯化钠相互作用，使奶酪中保留大量的氯化钠，Na^+ 的有效利用率低。其次，食物基质的形变程度通过影响与液体环境的接触面积和扩散速率影响钠的释放。有关人员研究质地对凝胶中钠释放的影响时发现，当样品的脆性增加，在压缩后极易断裂，因而产生与液体更大的接触面积，在一定时间内释放出更多的钠。最后，基质与口腔加工之间的相互作用影响钠释放。在口腔加工过程中，咀嚼和唾液特性是影响释放的两个重要因素，相同情况下，高硬度食品则需要更多的咀嚼和唾液分泌，由于充分的咀嚼及唾液混合使得食物充分分解，钠释放量更高。从食物进入口腔后第一阶段的研究可知，可以通过调节食物成分、充分咀嚼、增大食物形变后与环境的接触面积等方法促进钠的释放。

（2）第二阶段钠的传递。在口腔加工食物过程中，固态和半固态食物受到咀嚼作用与唾液混合形成食糜团，食品原有结构被破坏，食品中的钠得到释放，而液体食物直接与唾液混合，钠离子重新分配。在这个过程中，钠的传递受钠与其他物质的相互作用、食物的流变特性和唾液本身性质的影响。一方面，钠的传递受到钠与物质的相互作用影响。离子增稠剂和钠之间的静电相互作用限制钠的迁移，阳离子（如钾离子等）的竞争性结合加快钠的迁移，进而影响咸味。如通过向 NaCl 溶液中添加离子型多糖（黄原胶或卡拉胶）发现，加入离子型多糖的溶液相比非离子型多糖具有更低的咸味分数和较低的钠离子迁移率。另一方面，钠的传递也受到食物的流变特性影响。黏度的增加有时会造成咸味感知的下降，而在高剪切速率下，咸味不受黏度影响，其他流变性质对钠传递的影响尚未有详细的研究结果。另外，唾液的性质（包括流速和唾液组成等）也影响钠的传递和咸味的感知。在咀嚼颗粒状淀粉制品时，唾液中的淀粉酶会将颗粒结构转变成分子链，不利于淀粉溶液与唾液的混合，从而降低咸味。由第二阶段钠的传递对咸味感知的影响可知，通过添加相应的竞争性离子，促进 Na^+ 的释放，调节相关食品成分以及流变特性，加快刺激口腔唾液释放等方法，可以相应地加快钠的传递，进而增强咸味感知。

（3）第三阶段咸味的感知。口腔中咸味的感知是由舌头两侧的味蕾接触食物带来的不同刺激而产生的感知信号。目前研究认为，咸味的产生主要是靠 Na^+ 刺激上皮细胞的 Na^+ 通道（ENaC），进而引发咸味信号转导，通过信号传递最终产生咸味感知。咸味感知的主要影响因素包括多感觉的交互感知作用、钠在食品基质亲水性成分中的浓度，以及基质的物理涂覆对感受器感知的阻滞等。首先，多感觉交互作用会影响咸味的感知。例如嗅觉和味觉的相互作用会影响咸味感知，已有研究表明，对氯化钠溶液中的咸味感知因添加沙丁鱼香精而显著增强，充分说明气味可以引起咸味味感的增强。其他多种感知交互的类型，如质地-味觉，以及来自视觉、声音或语言线索的干扰也可能影响咸味。其次，基质成分的浓度也影响咸味感知。当食物混合物中存在高浓度疏水相时，Na^+ 在水相中有较高的浓度分配，由于味觉系统可以检测到的物质是水溶性的化学物质，因而导致 Na^+ 在水相中表现出较强的感知。另外，Na^+ 进入感受器的离子通道途径可能会由于油脂等食物涂覆而被物理阻滞，有研究探究了在舌头上涂覆油层对明胶凝胶咸度感知的影响，从咸味时间强度曲线可知，最大咸味强度随着油层的涂覆而降低。由第三阶段咸味感知过程影响因素的研究可知，适当减少盐的用量，借助多感官交互作用改善咸味感知，提高食品在水相的 Na^+ 浓度，减少疏水性成分对味觉感受器的涂覆作用，也是减盐不减咸可采取的几种有效手段感知。通过摄入人工唾液评估几种溶液的味道发现，唾液流速增加会降低咸味。

咸味在食品上的应用可谓是历经人类的食物发展史。咸味来源于盐，盐不仅是基本味的主味和各种复合味的基础味，而且它又是对人具有生理作用的基本味。人要是缺了盐，身体就要出大问题。因而烹饪时，均应在咸味的基础上，根据菜肴原材料的特点、菜肴的风味，再加上甜、酸、辣、麻、鲜、香等基本味，从而调制出各种菜肴的味道。

随着食盐在食品加工中的普遍应用，人均食盐摄入量随之提高。《中国居民膳食指南（2022）》建议，成年人每天摄入食盐不超过 5 g，而我国实际人均每天食盐摄入量为 10.5 g（2012 年调查），北方地区人均食盐摄入量更高。高盐饮食引起的诸多疾病，如脑卒中、肾病及蛋白尿等疾病严重影响着儿童与成人的健康，长期高盐饮食也可能是导致人类高血压和心血管疾病频繁发生的主要因素。因此，减少食盐摄入刻不容缓。倡导减盐也是《健康中国行动（2019—2030 年）》的重要内容。为了降低患高血压、心血管等疾病的风险，在国家提倡全民减盐低钠的同时，许多非钠盐类替代物、咸味肽、咸味增强肽、风味改良剂等食盐替代物不断涌现在市场上。非钠盐类替代物与食盐的性质最为接近，但只能降低一部分食品中的含钠量，使其在市场上的应用存在一定的限制。风味改良剂在市场上的应用较为广泛，能起到减盐不减咸、减盐不减鲜、修饰异味和增加风味的作用，但在营养方面存在一定的局限性。而咸味肽是一种可以通过酶水解或氨基酸合成得到的呈咸味的低聚肽，通常分子质量在 200~1500 Da，大部分咸味肽与谷氨酸、天冬氨酸片段有关，不仅能提供咸味，而且能补充人体所需氨基酸，不失为一种健康营养的食盐替代物。前期研究发现，Ala-Arg、Arg-Ala、Arg-Pro 等含精氨酸的二肽可以通过上皮细胞的钠离子通道 α 和 δ 亚基增加氯化钠诱导反应的频率，从而增强大脑的咸味认知。因此，咸味肽的开发具有很大的市场价值，且对于需低钠食品的特殊群体来说，咸味肽产品更是有着巨大的潜在利用价值。

（四）苦味

苦味是食品中很普遍的味感，许多无机物和有机物都具有苦味。单纯的苦味虽不令人愉悦，但在食品的丰厚感和层次感中起着重要的作用。苦味物质大多都具有药理作用，可调节生理机能，如一些消化活动障碍、味觉出现减弱或衰退的人，常需要强烈的刺激感受器来恢复正常。

为了探究苦味产生的机制，有学者先后提出过各种苦味分子识别的学说和理论：①空间位阻学说。Shallen berger 等认为，苦味和甜味一样，也取决于刺激物分子的立体化学，这两种味感都可由类似的分子激发，有些分子既可产生甜味又可产生苦味。②内氢键学说。Kubota 在研究延命草二萜分子结构时发现，凡具有相距 0.15 nm 的内氢键的分子均有苦味。内氢键能增加分子的疏水性，且易和过渡金属离子形成螯合物，合乎一般苦味分子的结构规律。③三点接触学说。Lehmann 发现有几种 D 型氨基酸的甜味强度与其 L 型异构体的苦味强度之间有相对应的直线关系，因此他认为苦味分子与苦味受体之间和甜感类似，也是通过三点接触而产生苦味，仅是苦味剂第三点的空间方向与甜味剂相反。

上述几种苦味学说虽能够在一定程度解释苦味的产生，但大都脱离了味细胞膜结构而只着眼于刺激物分子。因此，有关苦味受体分子的识别理论被提出，该理论认为味觉受体第二家族成员（taste receptor family 2 member, T2R）与苦味识别相关，主要在舌的轮廓乳头、叶状乳头和菌状乳头的 TRC 中表达，同时在腭上表皮的味纹和会厌的 TRC 中，也发现了 T2Rs 基因的表达产物。在轮廓乳头、叶状乳头和会厌中，有 15%~20% 的 TRC 含有 T2Rs；而在菌状乳头中，表达 T2Rs 的 TRC 不到 10%。T2Rs 还在胃肠道和肠内分泌细胞中表达，表明 T2Rs 也可能参与了其他化学物质的传递。

T2Rs 受到苦味刺激，与苦味物质结合后，T2Rs 的构象发生变化，从而引起 G 蛋白激活，以及 α-味蛋白与 G 蛋白的 β、γ 解离。苦味传导的信号通路分为两种途径。途径一，解离的 α-味蛋白使磷酸二酯酶（PDE）异构化，PDE 将环腺苷酸（cAMP）转化为腺苷（AMP），降低细胞内 cAMP 的浓度。cAMP 水平的降低导致蛋白激酶 A（PKA）活性减弱，解除 PKA 对 PLCβ2/IP3 通路的抑制，促进胞内 Ca^{2+} 的释放。途径二，解离的 β3/γ13 复合物激活磷脂酶（PLCβ2），导致 PLCβ2 分解为二酰甘油（DAG）和肌醇三磷酸（IP3），IP3 水平升高，与细胞内的 Ca^{2+} 作用，引起 Ca^{2+} 浓度升高。Ca^{2+} 浓度的升高，一方面使瞬时受体离子通道 M5（TRPM5）开放，细胞产生动作电位，从而释放神经递质 ATP，引发味觉神经兴奋；另一方面，Ca^{2+} 可活化间隙连接半通道蛋白，利于 ATP 的释放。

每个苦味感受细胞虽然能够表达大多数 T2Rs 基因，但是每个苦味受体细胞共同表达的受体数量有很大不同，有的全部表达，有的只表达一定数量的受体。若所有 T2Rs 基因都在受体细胞内表达出来，这将意味着苦味是一种均一、单调的滋味品质。考虑到缺少基因表达的选择性，有学者认为动物能够感受丰富的苦味物质，但不能具体区分某种物质。如果苦味感应细胞表达了不同 T2Rs 的组合，则有可能区分苦味化合物。老鼠味蕾及外围轴突的 Ca^{2+} 成像记录显示，味蕾细胞和神经元实际上区分了几种苦味化合物，如地钠铵、奎宁等。

食物中的天然苦味化合物有植物和动物两个来源，植物来源主要是生物碱、萜类、糖苷类和苦味肽类等，动物性来源主要是苦味酸、甲酰苯胺、甲酰胺、苯基脲和尿素等。常见的苦味物质主要有以下几种：

（1）多酚类。植物多酚是一类多羟基酚类化合物的总称，作为植物次生代谢产物广泛存在于蔬菜、水果和其他衍生产品中，是苦涩味的重要来源。一般将苦味多酚分为类黄酮、酚酸、香豆素和单宁四大类。根据分子质量的不同，酚类的呈味特性略有不同。通常来说，低分子质量的酚类物质如类黄酮单体，往往苦味较强；而高分子质量的酚类物质如单宁，相较于苦味，其涩味更强。酚酸是一类分子中具有羧基和羟基的芳香族化合物，其存在形式复杂，极少量为游离态，大多以结合态存在于液泡中。没食子酸作为活性酚酸，广泛存在于石榴、大黄等植物中，在食品工业中常用于制备抗氧化剂没食子酸丙酯（PG）。香豆素是一类以苯并-α-吡喃酮为基本母核的芳香族化合物，具有类似新鲜的草香，味甜辣，因而可作为香料添加于食品中。单宁是指分子质量在500~3000 Da，能沉淀生物碱、明胶及其他蛋白质的水溶性多酚化合物，是葡萄酒苦涩味的主要来源。单宁常被作为冻奶制品、肉类制品或饮料（如汽水、茶、酒）的配料。在配制酒的加工和发酵过程中，固化单宁作为澄清剂除去混浊状态的蛋白质等悬浮物质。单宁酸具有辛香气味，可作为食品用天然香料。此外，单宁还可作为增涩剂、油脂脱色剂用于食品工业。

（2）皂苷类。皂苷是一类结构比较复杂的糖苷类化合物，普遍存在于植物体内，由糖链与三萜类、甾体或甾体生物碱通过碳氧键相连构成，通常将皂苷分为三萜皂苷和甾体皂苷两类。一般来说，内酯、内缩醛、内氢键、糖苷基等结构是皂苷类物质具有苦味的主要原因。皂苷具有良好的乳化、发泡性能，因而可用作天然香精和其他脂溶性物质的乳化剂，以及奶油、饮料等食品的发泡剂。皂树皮提取物在食品工业中常被用作饮料的乳化剂，如果蔬汁饮料、蛋白饮料、碳酸饮料等，最大添加量为 0.05 g/kg（以皂苷含量计）。此外，皂苷还具有良好的抗菌活性，可作为防腐剂添加于食品中，同时皂苷也是制造甾体激素药物的中间体。

（3）氨基酸及多肽类。氨基酸呈味复杂，多数 L 型氨基酸具有苦味，呈味特性主要与侧链基团的疏水性相关。当侧链基团的疏水性较小时，主要呈甜味，如苏氨酸、丝氨酸；当侧链基团的疏水性较大时，主要呈苦味，如亮氨酸、组氨酸。人体必需氨基酸，除苏氨酸外，均呈现苦味，其中又以苯丙氨酸和色氨酸的苦味最强。

苦味肽分子中均含有一个或多个疏水性氨基酸，这些疏水性氨基酸位于肽链末端。多肽呈现苦味是由于蛋白质经酶水解，其疏水性氨基酸残基暴露，且疏水性氨基酸比例越高多肽苦味越强。多肽呈味以平均疏水值 Q 判断，当 $Q>5.8$ kJ/mol 时呈苦味，$Q<5.44$ kJ/mol 时则无苦味。此外，大豆多肽的苦味强弱还与分子质量的大小相关，当分子质量为 1000~4000 Da 时呈苦味，分子质量小于 1000 Da 时无苦味。呈苦味的多肽，阈值比具有相同游离氨基酸的混合物低，因此蛋白酶解物中苦味主要由多肽贡献。多数非谷物植物蛋白中蛋氨酸为第一限制氨基酸，因而苦味氨基酸可作为营养增补剂强化食品中的氨基酸，以满足人体日常所需。此外，苦味氨基酸还可作为调味剂、增香剂添加于食品中。

（4）生物碱类。生物碱是一类含氮的有机碱性化合物，代表物质主要有吡啶、嘌呤、吲哚、甾体等。所有生物碱都具有味苦的特点，且碱性越强滋味越苦，即使以盐的形式存在也无法掩盖其苦味。随着氮原子杂化程度升高，碱性也增强，因而生物碱苦味可能与氮原子杂化程度相关。咖啡碱、可可碱是茶叶、咖啡豆、可可等植物中的主要生物碱，属嘌呤碱，与腺嘌呤受体存在竞争性关系，因而对中枢神经具有兴奋作用。在饮料工业中，咖啡碱常被作为功能成分添加于可乐型碳酸饮料和能量饮料中，以起到抗疲劳等功效，其最大添加量为 0.15 g/kg。在食品工业中，可可碱常作为苦味剂以增强食品风味。

（5）无机盐类。许多无机盐都具有苦味，且苦味随着阴离子和阳离子直径的增大而逐渐增强，例如碘化物比溴化物苦。一般来说，在中性盐中，盐的正离子和负离子的相对质量越大，苦味越大。植物体中所含的苦味无机盐是含碱金属离子的化合物，如钙盐、镁盐等。在人体中，镁可作酶的激活剂，稳定 DNA 和 RNA 的结构，调节细胞内流通的钙元素。钙能促进骨骼生长发育，维持肌肉的正常兴奋性，能调节镁离子，缓解镁盐中毒时的症状。氯化钙味咸、苦，在食品工业中常被用作豆类制品、水果罐头、奶油等食品的稳定剂和凝固剂，以及调味糖浆、果酱的增稠剂。氯化钙在面包发酵过程中可增强酵母活性，增加二氧化碳释放量，使面包结构更疏松。在啤酒酿造过程中，氯化钙除了增强酵母菌活性、促进发酵外，还起到澄清啤酒、稳定胶体的作用。

（五）鲜味

鲜味是一种复杂的综合味感，具有风味增效的作用。我国将谷氨酸钠、5′-鸟苷酸二钠、天门冬酰胺钠、琥珀酸二钠、谷氨酸-亲水性氨基酸二肽（或三肽）及水解蛋白等的综合味感均归为鲜味。当鲜味剂的用量高于其阈值时，会使食品鲜味增强；但用量小于其阈值时，则仅是增强风味，故欧美常将鲜味剂称为风味增强剂或呈味剂。鲜味及其成分自身具有鲜味特性，其鲜味机制虽没有酸甜苦咸等发现的时间久远，但在人们的味觉和食品加工历史中早已存在且应用广泛。

目前研究已经证实鲜味受体主要是 G 蛋白偶联受体家族中的 C 族，包括异源二聚体 T1R1/T1R3 受体、代谢型谷氨酸受体 mGluR1 和 mGluR4。其中，接受鲜味的关键受体是异源二聚体，T1R1 对于鲜味物质具有识别作用，T1R3 具有辅助功能。异源二聚体的信号介导机制主要发生在舌头前部，主要用于接受各种 L 型氨基酸。T1R1/T1R3 诱导的鲜味反应与人工甜味剂刺激的甜味反应具有相同的信号转导通路。鲜味刺激物与 T1R1/T1R3 结合，激活 PLC-β2，产生 DAG 和 IP3，IP3 与 IP3R3 结合，使胞内储存的 Ca^{2+} 被释放出来，进而激活 TRPM5 通道，Na^+ 流入细胞内，最终导致膜去极化和神经递质释放。此外，mGluR1 和 mGluR4 的信号介导机制主要发生在舌头后部，主要用于接受谷氨酸和其他一些鲜味物质所产生的鲜味。鲜味刺激物与

mGluR4 结合，激活 α-味导素，进而活化磷酸二酯酶（phosphodiesterase, PDE），使胞质内 cAMP 浓度降低，从而解除了环核苷酸（cyclicnucleotide, cNMP）对离子通道的抑制作用，使胞内储存的 Ca^{2+} 被释放出来，最终导致膜去极化和神经递质释放。

已知的鲜味成分主要为有机酸类、有机碱类、游离氨基酸及其盐类、核苷酸及其盐类、肽类等。

（1）有机酸类，如琥珀酸及其钠盐，是贝类鲜味的主要成分。酿造食品如酱、酱油、黄酒等的鲜味与其存在有关。

（2）有机碱类，具有呈鲜作用的有机碱的典型代表是甜菜碱和氧化三甲胺。甜菜碱在动、植物和微生物中存在较为广泛，不仅可以提高饮料的鲜味，还可与谷氨酸钠、谷氨酸联氨、次黄嘌呤核苷酸、琥珀酸等呈味物质共同作用，使海产品呈现特有的鲜味。

（3）游离氨基酸及其盐类，除具有鲜味外还有酸味，如 L-谷氨酸，适当中和成钠盐后酸味消失，鲜味增加，实际使用时多为 L-谷氨酸钠，俗称味精。它在 pH=3.2（等电点）时鲜味最低，pH=6 时鲜味最高，pH>7 时因形成谷氨酸二钠而鲜味消失。此外，谷氨酸或谷氨酸钠水溶液经高温（>120 ℃）长时间加热，分子内脱水，生成焦谷氨酸而失去鲜味。食盐与味精共存可增强鲜味。

（4）核苷酸及其盐类，主要有 IMP，又称肌苷酸（次黄嘌呤核苷酸，机体内主要是 5′-IMP）和鸟苷酸（GMP，机体内主要是 5′-IMP），实际使用时多为它们的二钠盐，鲜味比味精强。5′-GMP 的鲜味比 5′-IMP 更强，若在普通味精中加 5% 左右的 5′-IMP 或 5′-GMP，其鲜味比普通味精强几倍到十几倍，这种味精称为强力味精或特鲜味精。

（5）肽类，如鲜味肽，作为鲜味呈味的基本成分，不仅具有一定的生理活性，还可以从食物中直接提取或者由氨基酸合成。目前已知的制备方法有水解法、化学合成法、微生物发酵法、蛋白质降解法、提取法和生物工程法。鲜味肽具有较高的营养价值，在赋予食品鲜美口感时还可以减弱苦味，对食物的风味具有补充作用，具有显著的增香及增鲜作用。鲜味肽安全、营养、天然、无毒，能够满足特殊人群，如高血压患者的低钠摄入需求，食用后对人体健康可以提供许多益处，因而鲜味肽广泛应用在食品添加剂与补充增强剂中。鲜味通常与其他味感物质具有协同作用，所以目前已有利用酶水解法等制作的复合型鲜味肽基料，将其直接应用于食品的鲜味调味料，而不是简单地从食品中提取单一的鲜味肽。目前对于食品中鲜味肽的提取制备更多的是从海鲜产品中得到，进而对提取到的鲜味成分进行加工，大多数都是制备成鲜味增强剂，用于改善食品鲜味，以满足人们对于鲜味的追求。

为了解释鲜味肽与受体之间的作用模式、呈味机制，目前采用分子模拟研究鲜味受体 T1R1/T1R3 与鲜味物质之间的作用机制。结果表明，鲜味肽必须同时含有正电基团、负电基团和疏水基团，并且 3 种基团要连接到受体上相应的位点或关键性的氨基酸残基，才能感知到鲜味，这些活性位点基本位于 N 末端的捕蝇草结构域。氨基酸残基 Arg151、Asp147 和 Gln52 在鲜味的产生中起关键作用。目前对于鲜味肽，将样品提取纯化鉴定后，会通过分子模拟技术来研究受体 T1R1/T1R3 与鲜味肽之间的作用机制，通过软件来判断受体与配体之间的相互作用，进而判断受体与配体之间的亲和性。在进行分子对接时，往往会涉及对接盒子的判断，大多数研究在这方面只是通过软件粗略筛选或者通过参考类似文献使用相关数据，结果往往缺乏准确性。今后在这方面的研究应该视样品不同而模拟不同的对接盒子，找到适合的对接位点。对于合成的鲜味肽应该对其毒性进行预测，目前鲜有相关报道。

三、滋味物质互作现象

食品是一个混合体系，其中的滋味成分也非单一成分，所以不同的滋味物质间会有相互作用发生，其相互作用理论对食品开发具有重要的指导意义。日常生活的一部分问题，则需要利用滋味间相互作用的关系而做出回答。如白砂糖可以使番茄更适口吗？牛奶可以使咖啡的苦味柔和吗？在煮制的鱼汤中添加食盐可以使鱼汤更加美味吗？当很多化合物混合时，是产生混合滋味，还是滋味感知强度上的增强或抑制？如何降低儿童药剂的苦味强度，从而使药剂更适口？这些问题引起了生理学家、心理物理学家和食品科学研究者的兴趣，如果得到解决，将对滋味传导及其原理在食品工业中的应用具有重要意义。从 20 世纪 60 年代初，人们就开始研究以食物或水为介质的滋味物质间的相互作用，并获得了有效可靠的成果。但是随着人们认知的增加，疑问也愈来愈多。为了更加全面地解释滋味物质间的相互作用原理，其研究涉及了心理物理学、食品科学和心理学等组成的交叉学科，已不是某个学科的独立研究。滋味之间的互作现象主要体现在对比、变调、相乘、消杀、疲劳等五种现象。

（一）对比现象

对比现象也称为对比作用，是指两种或两种以上味感刺激类型不同的呈味物质，对主要呈味物质特有味觉的突出和协调作用。一般分为两种情况：一种是两种味觉同时入口，称为同时对比；另一种是在已有味感基础上再加入新的味道，称为继时对比，也称为先后对比或相继对比。如在味精溶液中加入一定的食盐可使鲜味增强，在 10% 的蔗糖水溶液中加入 1.5% 的食盐可使甜味更甜爽，在 15% 的砂糖溶液中添加 0.001% 的奎宁，其甜味比不添加奎宁更强。

（二）变调现象

变调现象是指两种味感刺激类型不同的呈味物质相互影响，明显改变其中一种呈味物质的感觉，特别是先摄入的味给后摄入的味带来的变味现象。变调现象有可能是协同增强作用，也可能是相互消杀现象。例如，刚吃过中药接着喝白开水，感到水有些甜味；先吃甜食，接着饮酒，感到酒似乎有些苦味。基于变调现象的存在，宴席在安排菜肴的顺序上，总是先清淡，然后再上味重的菜肴，最后上甜点，这种顺序能在大多数情况下让人感受到菜肴的美味。变调现象是味质本身的变化，而对比作用是味的强度发生改变。

（三）相乘现象

某种物质的味感会因另一味感物质的存在而显著加强，这种现象叫作味的相乘现象。如谷氨酸钠（MSG）与5′-肌苷酸（5′-IMP）共用能相互增强鲜味；麦芽酚几乎对任何风味都能协同，在饮料、果汁中加入麦芽酚能增强甜味。食品的成分千差万别，成分之间也会相互影响，因此各种食品之间不能将各个组分的味感简单相加，而必须考虑多种因素。

（四）消杀现象

两种或者多种呈味物质以一定的比例混合，会减弱或完全抹去其中一种物质的味感，这种现象称为味觉的消杀现象。例如，在食盐、砂糖、奎宁、醋酸之间，若将任何两种以适当浓度混合时，都会使其中任何一种单独的味觉减弱。

（五）疲劳现象

当较长时间受到某种味感物质的刺激后，再吃相同的味感物质时，往往会感到味感物质强度下降，这种现象称为味的疲劳现象。味的疲劳现象往往发生在感官的末端神经、感受中心的神经和大脑的中枢神经上，是味觉对刺激感受的灵敏度急剧下降。此外，味的疲劳现象也涉及心理因素，例如，吃第二块糖感觉不如吃第一块糖甜；有的人习惯吃味精，加入量多，反而感到鲜味越来越淡。

四、滋味物质互作理论

人类的味觉提供了有关食品质量及其组成的必要信息。人类可鉴别出食物的五种基本味觉，即甜味、咸味、酸味、苦味和鲜味，但食物是多种滋味化合物组成的混合体系，因此滋味物质间相互作用是不可避免的。

（一）滋味物质间互相影响的三个层次

滋味物质间的相互作用是在指定条件下的研究，条件不同其类型也不同。评价滋味的相互作用时，需考虑三个层次：溶液中各化学物质的相互作用影响味觉感知；混合溶液中的一种物质与味觉感受器的作用影响其他物质的传导机制；人脑对混合物质的综合感知认识。

（1）当化合物混合时，可能会发生化学反应而形成新的物质，从而使滋味物质的滋味强度或类型发生改变。水相溶液中常见的化合物之间的相互作用类型有：酸碱中和生成盐的反应；弱引力作用，例如氢键键合作用引起的化学物质结构的改变；滋味化学物质的沉淀作用，导致味道变淡或无味等。

（2）当两种物质进行混合的时候，一种化学物质对另一种物质的滋味受体细胞或滋味传导机制存在潜在的影响。例如，NaCl 和某种苦味物质接触就会引起周边神经系统相互作用，使得 NaCl 抑制该物质的苦味，这是一种口腔周边神经效应（细胞/上皮细胞水平），而不是认知水平（中央处理过程）的抑制。为了演示外围效应，部分实验利用一分为二的舌头方法论，研究了 NaCl 和一种苦味物质间的相互影响，结果表明混合物中的苦味强度降低。这种滋味物质的周边神经效应存在于一些滋味细胞表面或里面。

（3）混合物在口腔中的滋味刺激效应是通过电信号被神经传入大脑，而大脑通过信号解码表现出对味觉的感知和鉴定。其中研究较多的是滋味物质在第二层面上的相互作用。二元、三元及多元滋味物质之间的关系是复杂的，当滋味化合物低强度/浓度混合时呈现增强效应，中等强度/浓度混合时往往呈现加和作用，高强度/浓度混合时常呈现抑制作用。

（二）滋味物质间相互关系模型

单种物质的浓度–强度心理物理学曲线在 20 世纪中期已经被研究。利用感官评价方法，以滋味物质浓度为横坐标、滋味感知强度为纵坐标作曲线，结果发现曲线呈现 S 型，这与酶的速率方程曲线很相似。单个滋味物质浓度–强度心理物理学理论 S 型曲线主要由独立的三个阶段组成，即拓展阶段、线性阶段和抑制阶段（图 2-11）。曲线的开始阶段即拓展阶段，类似指数加速过程，强度的增长速度大于浓度的增长；中间阶段即线性阶段，遵循线性增长，随着滋味物质/混合物浓度的增加，滋味强度呈直线增强；当滋味受体达到饱和，随着滋味物质浓度增加，滋味强度达到最大值后保持不变，这一阶段称为抑制阶段。

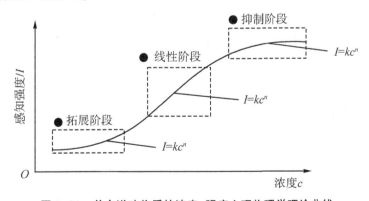

图 2-11　单个滋味物质的浓度–强度心理物理学理论曲线

三个阶段的每个阶段都可以用 Steven 幂次（指数）定律来描述：$I = kc^n$。式中：I 表示感知强度（纵坐标）；k 为常量，决定曲线坡度；c 是滋味物质浓度（横坐标）；n 为指数，与滋味物质在特定阶段的浓度-强度曲线有关。拓展阶段 $n>1$，线性阶段 $n=1$，抑制阶段 $n<1$。此曲线仅体现了单一物质的浓度与感知强度之间的关系，无法说明混合滋味物质的浓度与强度之间复杂的关系。不同的单一物质浓度-强度曲线也不尽相同。

（三）滋味物质间相互作用研究

当两种物质混合时可能有很多方面的相互作用。通过绘制曲线发现，线性和非线性是常见的描述相互作用的表现方式，但这种转换从文献中很难精确鉴定，因此强度的增强或抑制作为一般术语用于参考。"增强"相当于"1+1>2"，"相加"相当于"1+1=2"，"抑制"相当于"1+1<2"。通过观察混合组分的实际强度并与自身的简单相加的强度相比较，精确地描述两种物质的协同作用，图 2-12 阐明了相互作用的类型，抑制作用和协同作用可以联想起当组分 E（对应的心理物理学曲线为 E，下同）与其他组分（D 或者 F）相混合时的心理物理学函数。曲线 E 表示随着单种滋味物质浓度的增加，滋味感知强度也随之增加。曲线 D 的右半部分表明当向物质 D 中添加 E 后，对 D 的感知强度增强为 D'，体现了协同效应。相同浓度的条件下，添加 E 后的 D 的感知强度比单种 D 物质的滋味强度高，这就是通常所说的协同效应。同样的，在 F 中添加 E 后，F 物质的浓度-强度曲线改变为 F'，E 对 F 呈现抑制效应（图 2-12）。一般来说，相同滋味类型物质的相互作用通常用 S 型心理物理学曲线来预计，分为拓展阶段、线性阶段或抑制阶段。

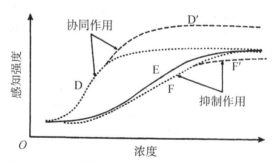

图 2-12　滋味物质相互作用心理物理学函数曲线

当两种不同滋味类型的物质混合时，将发生包括非线性（增强或抑制作用）和非对称强度转变在内的一系列变化。研究表明，具有咸味特征的 $5'$-核苷酸钠盐有增强甜味的效果，在中等浓度时能够提高咸味，抑制酸味和苦味。有研究报道，谷氨酸钠在中等/高浓度时对甜味和苦味有抑制作用，高浓度时能增强 NaCl 的咸味。在低强度/浓度时，相同滋味类型的二元滋味物质强度间的相互影响符合心理物理学函数曲线的拓展阶段；低浓度甜味物质和其他滋味物质的二元混合物的相互影响是不确定的。其他滋味的物质抑制中等和高强度/浓度的甜味物质；高浓度时苦味和甜味、酸味和苦味都是相互抑制的（即对称抑制）。盐和酸混合物相互影响彼此的滋味强度：在低浓度/强度时相互增强；在高浓度/强度时，相互抑制或者没有影响。心理物理学研究显示，某些鲜味物质混合时呈现出协同效应，另外鲜味物质还具有增强咸味、增强甜味、抑制苦味的作用。日本在不同食物中的研究中，发现谷氨酸和5′-核苷酸的钠盐是产生食物特征滋味必不可少的物质，作用包含了咸味、鲜味和甜味的增强和苦味的抑制。综上可知，不同滋味类型的二元物质间的相互影响遵循 S 型曲线的三个阶段，物质在低强度/浓度时相互增强，在中等强度/浓度时为线性影响，而在高强度/浓度时通常会发生抑制作用。酸味、咸味和苦味相同滋味特性的物质间的相互影响研究甚少，而甜味物质是研究最多的一类滋味特性。

三元滋味物质间的相互影响比二元又复杂了一个层次，研究方法是在二元方法基础上的改进。3 种或多种滋味物质的混合体系有固定的主体滋味类型，这也是研究的重点部分。研究发现，检测混合物的阈值（即物质被感知的最低浓度）时发现，当 n 种（$n \geq 3$）滋味物质在阈值左右混合时，其阈值分别减少了 $1/n$，即敏感度增加。当在 NaCl 溶液中分别添加蔗糖和柠檬酸后，NaCl 的阈值计算见式（2-2）和式（2-3）：

$$N = k \ [s]^{1/0.45} \tag{2-2}$$

$$N = k \ [c]^{1/0.36} \tag{2-3}$$

式中：N 表示 NaCl 的阈值浓度；s 和 c 分别表示蔗糖和柠檬酸的浓度。

研究 NaCl、尿素和蔗糖之间的相互关系，结果表明，把 NaCl 加入苦味-甜味混合液中时能够抑制苦味。研究甜味、酸味、咸味和苦味化合物及物质混合后各自的强度感知，结果表明，酸味和添加的滋味物质能够引起滋味强度的减弱，滋味抑制是因为滋味物质处于 S 型曲线的抑制阶段。研究由蔗糖、NaCl、柠檬酸和硫酸奎宁组成的二元、三元和四元混合物间的相互关系表明，在这些混合物中占主导地位的滋味类型是甜味；同时还发现甜味也被其他物质抑制或者强烈抑制其他滋味物质。对苦味物质，即咖啡因、盐酸奎宁和丙硫氧嘧啶的混合溶液的浓度、检测阈值和阈上强度之间的关系进行研究，结果表明，咖啡因和丙硫氧嘧啶在高浓度时的心理物理学曲线具有显著相关性。

第三节　影响呈香呈味的主要因素

食品体系是复杂的体系，同时也存在很多种影响其呈香呈味的因素，主要包括食物基质、呈香呈味物质的结构、浓度和溶解度等内部因素，温度、湿度等环境因素，以及消费者生理、心理等主观因素。对影响因素了解后，可以用来指导生产实践，降低或避免不良风味，且提高呈香呈味物质的感知强度。

一、内部因素

（一）食物基质

食品基质中的一些组分（例如蛋白质、脂肪、碳水化合物、矿物质等）能够对香气的释放及嗅觉感知产生影响。例如，较高的脂肪含量会减缓气味释放速度，导致气味感知达到最大强度的时间更长。尤其是在乳液体系中，脂肪含量较高会显著抑制香气释放，如奶酪中脂肪含量越高，柠檬烯、2-庚酮、丁酸乙酯和己酸乙酯的香气释放率越低，气味感知达到最大强度的时间越长。食品基质本身也可通过其结构变化对香气的释放产生影响，如固体食品颗粒碎化的速率和比表面积增加的速率直接决定香气分子的释放速度和释放程度，硬度或者黏度也可能对香气释放产生影响。一些研究表明，当溶液的黏度或凝胶硬度分别增加时，香气在基质中的扩散及释放降低。

由于呈味物质只有在溶解状态下才能扩散至味觉感受体，进而产生味觉，因此味觉也会受呈味物质所在基质的影响。基质的黏度会影响可溶性呈味物质向味感受器的扩散，在不同的基质中，或会降低呈味物质的可溶性，或会抑制呈味物质有效成分的释放。研究凝胶特性和蔗糖的空间分布对甜味感知的影响发现，不同凝胶层（软质、中等和硬质凝胶）的机械性能和破裂特性不同，软质和易碎的凝胶中的感知甜味强度值较高。因此，凝胶基质在口腔中的破碎状况对层状凝胶的甜味感知强度有很大影响。此外，呈味物质的状态也会影响味感强度。一般呈味物质都有颗粒、粉态、浆状、溶液等形态，如果同一物质以不同的形态品味时，其味感强度是有差异的。如粉态的白糖感觉要比白砂糖甜，因为粉态的糖容易溶解，能迅速刺激味蕾。另外，果糖和蔗糖均为液态时，果糖的相对甜度为1~1.7；在固态时果糖显得更甜，其相对甜度为1.8。

（二）物质结构

人类对气味的感知是由不同的分子结构来决定的，如官能团、分子大小、碳链的长度、共价键类型等特征。如焦糖香味化合物的环酮分子中含有烯醇化的结构单元，烤香香味化合物具有芳香性的含氮杂环分子，葱蒜香味化合物分子结构上具有丙硫基或烯丙硫基基团，肉香味主要是由含硫化合物提供，烟熏香味主要由酚类化合物提供。碳分子个数对香气的影响，在醇、醛、酮、酸等化合物中有明显表现，碳原子个数在3以下的，多为气体或液体，沸点太低，挥发过快，在天然中不易存在，也不易用作香料；当碳原子个数逐渐增加到20左右时，化合物由气体、液体逐渐变成固体，蒸气压减小而特别难于挥发，香气强度大大减弱。当碳原子个数相同时，双键的个数及位置对香气影响较大，通常不饱和度越大，香气强度越大。此外，气味分子中的碳链结构也可以影响嗅觉感知，如碳链越长，挥发性越弱，从而降低香气强度；通常链状优于环状，不饱和度增加，香气强度增加。

呈味物质的结构也是影响味感的内因。一般来说，糖类如葡萄糖、蔗糖等多呈甜味，羧酸如醋酸、柠檬酸等多呈酸味，盐类如氯化钠、氯化钾等多呈咸味，而生物碱、重金属盐等则多呈苦味。但它们也都有例外，如糖精、乙酸铅等非糖有机盐也有甜味，草酸并无酸味而有涩味，碘化钾呈苦味而不显咸味等。总之，物质结构与其味感间的关系非常复杂，有时分子结构上的微小改变也会使其味感发生极大的变化。

（三）浓度和溶解度

嗅感及味感物质在适当浓度时通常会使人有愉悦感，而不适当的浓度则会使人产生不愉快的感觉。浓度对不同嗅觉及味觉感知的影响差别很大。一般来说，甜味在任何浓度下都会给人带来愉快的感觉；单纯的苦味差不多总是令人不快的；而酸味和咸味在低浓度时使人有愉快感，在高浓度时则会使人感到不愉快。

由于呈味物质只有溶解之后才能被感知，显然溶解度大小和溶解速度对味感是有影响的。因此产生味觉的时间就有快有慢，对味觉维持的时间也有长有短。通常呈味物质溶解快的味感产生得就快，但消失得也快。比如蔗糖较容易溶解，味觉的产生、消失都快；较难溶解的糖精与此相反，其甜味感产生慢，而持续的时间则较长。

二、自然环境因素

（一）温度

食物温度的高低对人的嗅觉会产生一定的影响。呈味物质的挥发性随温度升降而升降，可改变到达嗅上皮的气味物质浓度。温度升高会使到达嗅上皮的呈味物质浓度增加，从而使得气味强度加强，温度降低则使气味强度降低。

同一种食物在不同的温度品尝时，其对味的感觉上也是有差异的。这是因为食物中的可溶性呈味成分对味觉神经刺激的强弱与品尝食物时的温度之间存在一定的联系，从而导致人对食物的味感判断上有强弱之分。实验表明，味觉一般在 10~40 ℃ 之间较为敏感，其中又以 30 ℃ 时为最敏感。低于或高于此温度，各种味觉均稍有减弱，50 ℃ 时各种味觉大多变得迟钝。在四种原味中，甜味和酸味的最佳感觉温度在 35~50 ℃，咸味的最适感觉温度为 18~35 ℃，而苦味是 10 ℃。各种食品理想的品尝温度是不同的，以人体正常体温为依据，在±（25~30）℃ 的范围内，热菜的温度最好在 60~65 ℃，冷菜最好在 10 ℃ 左右，冷食则应该在 -4 ℃ 食用为好。如砂糖甜味的阈值在 28 ℃ 左右是 0.1%，而 0 ℃时为 0.4%；冰激凌的适温为-6 ℃，若将冰激凌融化后再品尝，甜度会大于冷冻状态。

（二）气候

从地域方面进行划分，长江以南地区气候温和，相对北方潮湿，人们喜欢清淡微甜的食物；长江以北地区气候干燥寒冷，人们喜欢咸味较重的食物；四川、湖南和重庆等地区平均气温较高，湿度较大，人们喜欢麻辣的食物，可以促进体内多余水分排出，维持正常的酸碱平衡；山西和陕西等地区的人们喜欢酸味，即醋的味道，究其原因，部分是因为西北地区相对缺水，酸在体内可以使细胞紧缩，减少水分的排出。

三、人的主观因素

（一）生理因素

人的生理状况对嗅觉和味觉具有明显影响。不同的人嗅觉差别很大。对气味不敏感的极端情况便是嗅盲，通常是由遗传产生的。此外，有人认为女性的嗅觉比男性敏锐，但也有不同看法。性别对味觉的影响同样也有两种不同看法。一些研究者认为在感觉基本味觉的敏感性上无性别差别。另外一些研究者则认为性别对于苦味物质的敏感性没有差别；而对于咸味和甜味，女性要比男性敏感，对酸味则是男性比女性敏感。

年龄对味觉敏感性是有影响的。不同年龄段的人群，味蕾分布范围和数量都不一样（表2-1）。一般在 20 岁的时候味蕾最为丰富和敏感，随着年龄增长味蕾数逐渐减少，而且每个乳突中的味蕾数量也随之减少，50 岁开始出现迅速衰退的现象。所以老年人的味觉能力普遍都比较弱，而青少年对味觉非常敏感，是零食、饮料、风味餐饮等休闲食品的最大受众群体。但是，由于舌的滋味敏感区不一样，对不同味感的衰退程度也不一样，酸味的敏感性衰退不明显，甜味敏感性最大衰退 50%，苦味敏感性最大衰退 30%，咸味的衰退程度最为明显，最大可达 75%。

表 2-1　不同年龄段人群的单个有廓乳突中的味蕾数

年龄	味蕾数/个	年龄	味蕾数/个
1 岁以下	241	30~45 岁	218
1~3 岁	242	50~70 岁	200
4~20 岁	252	74~85 岁	88

（二）病理因素

当人的身体疲劳或营养不良时，会引起嗅觉和味觉功能降低。例如香水虽芬芳，但久闻也不觉得香，粪便尽管恶臭，但待久也能忍受，这说明嗅觉细胞易产生疲劳而对该气味处于不灵敏状态，但对其他气味并非疲劳。当嗅球中枢神经由于一种气味的长期刺激而陷入负反馈状态时，感觉便受到抑制而产生适应性。另外，当人的注意力分散时会感觉不到气味，时间长些便对该气味形成习惯。疲劳、适应和习惯这三种现象会共同发挥作用，很难区别。同时，人处在饥饿状态下的会提高机体的味觉敏感性，有实验证明，四种基本味的敏感性在上午 11：30 达到最高值，在进食后一小时内敏感性明显下降，降低的程度取决于所食用食物的热量值。人在进食前味觉敏感性很高，证明味觉敏感性与体内生理需求密切相关。而进食后敏感性下降，一方面是所摄入的食物满足了生理需求，另一方面则是饮食过程造成了味觉感受体产生疲劳，味感敏感性降低。饥饿对味觉敏感性有一定影响，但是在喜好性方面不会有太大改变。

人在生病时也会导致嗅觉和味觉异常。例如精神类疾病患者会出现"幻嗅"即嗅到周围根本没有的某种气味；阿尔茨海默病患者会出现明显的嗅觉障碍；新冠肺炎患者也会产生嗅觉丧失的症状。人在患黄疸病的情况下，对苦味的感觉明显下降甚至消失；患糖尿病时，舌头对甜味的刺激显著下降；若长期缺乏抗坏血酸，则对柠檬酸的敏感度明显增加；血糖中糖分升高后，会降低对甜味感的敏感性。这些由于疾病引起的病理性感觉变化有些是暂时性的，疾病治愈后可恢复正常，有些则是永久性的生理变化。

（三）心理因素

不仅人的生理状态会对嗅感和味感产生影响，单独的心理状态也会造成嗅觉和味觉感知的不同。一般来说，处于轻松、愉快、开心的心理状态时，能够很大程度促进食欲，有利于食物的消化吸收；而处于焦虑、恐惧、抑郁、烦躁及过度兴奋等不良或极端情绪的时候，可引起交感神经兴奋，从而抑制摄入食物的欲望，甚至影响消化功能的正常生理作用，使人食欲缺乏，进食减少。

参考文献

[1] MOZELL M M. Evidence for a chromatographic model of olfaction [J]. Gen Physiol Biophys, 1970, 56 (1)：46-63.

[2] VLAD P F, KOLTSA M N, UNGUR N D, et al. Synthesis of stereoisomeric 7, 7, 10a-trimethyl-trans-perhydronaphtho [2, 1-c] pyrans and 6, 6, 9a-trimethyl-trans-perhydronaphtho [2, 1-b] furans [J]. Chemistry of heterocyclic Compounds, 1983, 19 (3)：253-258.

[3] 程利平，诸颖，何慧红. 降龙涎香醚或其同系物定量构香关系的研究 [J]. 计算机与应用化学，2011，28 (1)：57-60.

[4] ZHU J, CHEN F, WANG L, et al. Evaluation of the synergism among volatile

compounds in Oolong tea infusion by odour threshold with sensory analysis and E-nose [J]. Food Chemistry, 2017, 221 (2): 1484-1490.

[5] MIYAZAWA T, GALLAGHER M, PRETI g, et al. The impact of subthreshold carboxylic acids on the odor intensity of suprathreshold flavor compounds [J]. Chemosensory Perception, 2008, 1 (3): 163-167.

[6] LYTRA G, TEMPERE S, LE F A, et al. Study of sensory interactions among red wine fruity esters in a model solution [J]. Journal of Agricultural & Food Chemistry, 2013, 61 (36): 8504-8513.

[7] LASKA M, hUDSON R A. Comparison of the detection thresholds of odour mixtures and their components [J]. Chemical Senses, 1991, 16 (6): 651-662.

[8] CAMELEYRE M, LYTRA G, TEMPERE S, et al. Olfactory impact of higher alcohols on red wine fruity ester aroma expression in model solution [J]. Journal of Agricultural & Food Chemistry, 2016, 63 (44): 9777-9788.

[9] FERREIRA V. Revisiting psychophysical work on the quantitative and qualitative odour properties of simple odour mixtures: a flavour chemistry view. Part 1: intensity and detectability [J]. Flavour & Fragrance Journal, 2012, 27 (2): 124-140.

[10] EL MOUNTASSIR F, BELLOIR C, BRIAND L, et al. Encoding odorant mixtures by human olfactory receptors [J]. Flavour & Fragrance Journal, 2016, 31 (5): 400-407.

[11] SHALLENBERGER R S. Taste chemistry [M]. Cambridge: Chapman and Hall, 1993: 47-109.

[12] 阚建全. 食品化学 [M]. 北京: 中国农业大学出版社, 2008.

[13] 何端生. 味感和化学结构 [J]. 食品与发酵工业, 1980 (3): 39-53.

[14] LINDEMANN B. Receptors and transduction in taste [J]. Nature, 2001, 413 (6852): 219-225.

[15] 陈大志, 叶春, 李萍. 味觉受体分子机制 [J]. 生命的化学, 2010, 30 (5): 810-814.

[16] 赵孟斌, 张琦梦, 宋明月, 等. 味觉感知的人体肠-脑轴信号传导机制研究进展 [J]. 食品科学, 2022, 43 (11): 197-203.

[17] 付娜, 王锡昌. 滋味物质间相互作用的研究进展 [J]. 食品科学, 2014, 35 (3): 269-275.

[18] BARTOSHUK L M. Taste mixtures: is mixture suppression related to compression? [J]. Physiology & Behavior, 1975, 14 (5): 643-649.

[19] 蒲丹丹, 陕怡萌, 史伊格, 等. 后鼻腔香气感知影响因素及其分析方法研究进展 [J]. 食品科学, 2022, 43 (19): 17-27.

[20] 孙宝国, 陈海涛. 食用调香术 [M]. 3版. 北京: 化学工业出版社, 2017.

第三章 食用香料制备技术与应用

民以食为天，香味是食品品质的基本要素之一，通过食品香料可以满足大多数人对于食品香味的要求。食品香料是食品添加剂中重要的组成部分，在食品添加剂市场中扮演着不可或缺的角色。目前，食品香料已经形成相当成熟的工业化体系，为食品工业不可缺少的配套性行业之一。现代食品加工离不开各种食品添加剂，而在全球整个食品添加剂市场中，食品香料占据了四分之一以上的市场份额。因此，食用香料如何制备生产就成为人们最关注的问题。

第一节 天然香料制备技术

天然香料是历史上最早应用的香料。所谓天然香料，是指取自自然界的、保持原有动植物香气特征的香料，通常利用自然界存在的芳香植物的含香器官和泌香动物的腺体分泌物为原料，采用粉碎、发酵、蒸馏、压榨、冷磨、萃取及吸附等物理和生物化学手段进行加工提取而成。天然香料通常包括植物性和动物性两类，动物性天然香料品种较少且价格昂贵，商品化品种有麝香、灵猫香、海狸香和龙涎香等；植物性天然香料主要是以芳香植物的花、叶、根和种子等为原料经简单加工或提取得到的芳香物质，其形态常为精油、浸膏、净油、油树脂、酊剂等，商品化品种有玫瑰油、薄荷油、茉莉浸膏等。

天然香料作为香料香精行业中重要的组成部分，其品种众多，化学成分十分复杂。天然香料及其提取物大多以挥发油（又称精油）的形式存在，其主要成分包括萜类、烷烃、烯烃、醇类、酯类、含羟基类和羧基类物质等。挥发油因其具有抗炎、抗过敏、抗微生物、抗癌、酶抑制等多种生物活性，在医药化学、食品、化妆品等行业广泛应用。

天然香料的基本加工方法主要有蒸馏提取法、溶剂提取法、压榨法、吸附法等，随着提取技术的发展，近年来多种新型提取技术被应用，如超声波辅助提取技术、微波辅助萃取技术、超临界 CO_2 萃取技术、分子蒸馏技术、膜分离技术等。不同提取方法在提取率、挥发油组成上存在一定差异。有研究者采用不同方法对香榧假种皮挥发性物质进行了提取分析，结果显示，超临界 CO_2

萃取法得率最高（22.12%±0.09%），其次为有机溶剂萃取法（18.28%±0.14%），水蒸气蒸馏法最低（2.17%±0.02%）。三种提取方法得到的香榧假种皮提取物中分别鉴定出51、70、86种成分，物质种类也有所不同。因此在生产实践中，提取香料应依据提取材料不同和对香料成分的要求来选择合适的提取方法。

一、蒸馏提取法

蒸馏法（steam distillation methods）是最先被广泛使用的方法之一，是一种利用食品中风味物质在加热时蒸发的性质，将其从食品中分离出来的方法。具体操作方法是将含有芳香物质的植物部分（花朵、叶片、木屑、树脂、根皮等）放入容器（蒸馏器），在容器底部加热燃烧或通入蒸汽。植物内的芳香精油成分随着水蒸气蒸发，并且随着水蒸气通过上方的冷凝管，最后进入冷凝器内。冷凝器是一个螺旋形的管子，周围环绕着冷水，以使蒸汽冷却转化为油水混合液，然后流入油水分离器。密度比水小的油会浮在水面，密度比水大的油就会沉在水底，剩下的水就是纯露，然后进一步把精油和纯露分离开。在使用蒸馏法提取各种芳香植物精油之前，往往还需要对植物原料进行一些处理。如果是草类植物或者采油部位是花、叶、花蕾、花穗等，一般可以直接装入蒸馏器进行加工处理；但如果采油部位是根、茎等，则一般要经过水洗、晒干或阴干、粉碎等步骤，甚至还要经过稀酸浸泡及碱中和；此外有些芳香植物还需要首先经过发酵处理。

根据蒸馏过程中原料放置的位置，可将蒸馏法分为三种形式：水上蒸馏、水中蒸馏和水蒸气蒸馏。根据不同物料的特性选择蒸馏方法。水上蒸馏是把需要蒸馏的物料放在蒸馏锅内的筛板上，筛板下面灌入清水，清水的液位以不接触到物料为适；可以采用火直接加热锅内的水、通入高温水蒸气或用电夹套加热锅中的水等方式，使之产生蒸汽达到蒸馏的目的。水中蒸馏就是把需要蒸馏的物料放入蒸馏锅内，锅里灌入清水，清水与物料的比例因物料不同而有所区别。水蒸气蒸馏则是把需要蒸馏的物料放在蒸馏锅内的筛板上，筛板下面通入饱和水蒸气达到蒸馏的目的。

水蒸气蒸馏法（steam distillation，SD）是各种蒸馏方式中操作简单、有效的一种提取方法，也是目前萃取精油广泛使用的一种提取方法，因其提取纯度较高、成分种类较多而在生产和试验中最为常用，95%的芳香植物的精油均可以通过此方法获得。本法的基本原理是根据道尔顿定律，相互不溶也不起化学作用的液体混合物的蒸汽总压，等于该温度下各组分饱和蒸气压（即分压）之和。因此尽管各组分本身的沸点高于混合液的沸点，但当分压总和等于大气压时，液体混合物即开始沸腾并被蒸馏出来。水蒸气蒸馏法是将含挥发性成分香料的粗粉或碎片，浸泡湿润后，加热蒸馏或通入水蒸气蒸馏，也可在多功能提取罐中对香料边煎煮边蒸馏，香料中的挥发性成分随水蒸气蒸馏而带出，经冷凝后收集馏出液。本方法操作简单，不存在溶剂污染。水蒸气蒸馏法常用装置有挥发油测定器（essential oil distillation apparatus，EODA）和传统水蒸气蒸馏装置（steam distillation apparatus，SDA）。水蒸气蒸馏法提取挥发油主要受料液比、浸泡时间、蒸馏温度和蒸馏时间、无机盐等因素的影响。

（1）料液比。水蒸气蒸馏法提取挥发油时，料液比（质量体积比，g/mg，下同）一般为 1∶3.5~1∶20。有文献通过研究料液比对 EODA 法提取异株百里香挥发油的影响规律，发现料液比为 1∶16 时提取率最高（1.21%）。而使用 SDA 法时，在蒸馏瓶中添加过多的水难以沸腾，由于蒸汽不断地液化补充，很难控制容器中的水分，因此加水量浸没样品即可。

（2）浸泡时间。水蒸气蒸馏法提取挥发油时，适当浸泡有利于提高挥发油取率，但浸泡时间过久，则会破坏其成分，造成流失。浸泡时间在 2~6 h 为较佳范围。有研究者比较不同浸泡时间对 EODA 法提取大蒜挥发油的影响规律，发现浸泡 3 h 后进行提取，其效果最佳。SDA 法相关文献中很少涉及浸泡时间的研究。

（3）蒸馏温度和时间。EODA 法在试验过程中很少研究温度因素，因为当温度太低时，蒸馏水很难气化携带出挥发油，温度设置一般不低于 80 ℃；温度设置也不宜太高，当温度太高时蒸馏水暴沸，不仅样品粉末会溅到挥发油测定器的弯管上端，而且容易破坏一些挥发油成分，影响提取效果。因此，温度设置在 110 ℃以下较适宜。SDA 法的蒸馏温度一般根据样品瓶内的温度设定，保证在样品瓶中产生气体的温度达到 100 ℃左右，让样品瓶中有蒸汽被蒸出即可。水蒸气蒸馏法提取挥发油时，蒸馏时间一般为 2~10 h，其中 5~8 h 较常用。针对不同蒸馏时间对当归挥发油的提取影响研究发现，提取率从 0.2% 呈现波动上升，8 h 后提取率趋近平稳达到 0.4%。研究蒸馏时间对 EODA 法提取鱼腥草挥发性的影响规律发现，提取率随着蒸馏时间的延长而逐渐升高，12 h 达到最高点。有研究采用正交试验优化 SDA 法提取辛夷挥发油的工艺，结果显示较佳提取时间为 8 h，提取率为 1.73%。

（4）无机盐。有研究者采用盐析辅助水蒸气蒸馏法（salt out‐assisted steam distillation，SOSD）制备提取红松壳挥发油，结果显示最佳制备工艺条件为：蒸馏时间 3 h，固液比 1∶9（g/mL），盐析效果最好的无机盐为磷酸氢二钠（浓度为 0.004 g/mL），在此条件下红松壳挥发油提取率为 0.9%，是 SD 法制备红松壳挥发油提取率（0.64%）的 1.4 倍。通过气相色谱‐质谱联用技术对制备得到的红松壳挥发油的主要化合物进行了分析，SOSD 法共分析出 17 种可能的成分，而 SD 法分析出 16 种可能的成分。两种方法检测出共有成分 9 种，其相对百分含量差别不大。结果表明，盐析辅助水蒸气蒸馏提取红松壳挥发油提高了挥发油提取率，挥发油成分有较多的溶出，同时也抑制了部分成分溶出。

EODA 法和 SDA 法提取效果有所不同，有研究比较了 EODA 法与 SDA 法在提取莲子芯挥发油时的效果，并采用气相色谱-质谱联用仪（GC-MS）检测分析挥发性物质成分与含量，发现 SDA 法提取物种类有 29 种成分，占挥发油总成分的 93.56%；而 EODA 法提取物只有 18 种，占挥发油总成分的 77.96%。EODA 法的仪器搭建简单，但原料易焦化、挥发油品质不高；SDA 法仪器搭建烦琐，且易受室温影响，但避免了 EODA 法的易焦化缺点，可以获得纯度较高的挥发性物质。从以上研究可以看出，EODA 法和 SDA 法在挥发油提取中各有优缺点，且提取率受到各因素的影响也不同。在实际生产和实践中，应结合原料特性及实验室设备情况，有针对性地选择提取方法和工艺条件，更有效地提取其中活性成分。除此之外，现有研究表明，超声波辅助提取和微波辅助提取能有效提高挥发油提取率。随着科学研究的发展，多种方法联合使用，在不影响功效成分活性的条件下提高其提取率，为挥发油的深入开发利用提供基础。

近年来，同时蒸馏萃取法在精油生产和试验中也有广泛应用，此方法是将蒸馏法与有机溶剂萃取两种方法相结合，主要用于精油含量低的原料的提取。例如，有研究者利用正己烷-水蒸气蒸馏法提取铁皮石斛花、茎和叶的精油，在花中共分离得到 89 个成分，其中 59 个成分已经鉴定，含量前 5 位的分别为壬醛（9.21%）、桉叶-5,11-二烯-8,12-交酯（5.55%）、反-2-癸烯醛（4.63%）、2,3-脱氢-1,8-叶油素（4.39%）、正二十五烷（4.03%）；茎分离到 24 个成分，已鉴定 14 个成分，占总量的 91.76%，其中台湾三尖杉碱相对含量最高，达 67.29%；叶分离到 20 个成分，已鉴定 18 个成分，相对含量最高的是异丁基邻苯二甲酸酯，占 20.47%。在利用正己烷-水蒸气蒸馏法提取试管苗根、茎和叶中的精油研究中，共鉴定出 54 种成分，十五烷酸、棕榈酸、亚油酸和二十七烷是共有成分，这 4 种成分各占根、茎、叶精油总成分的 66.48%、47.51% 和 95.41%；根、茎、叶含量最高的都是亚油酸，分别占总成分的 29.23%、22.75% 和 45.54%。

二、溶剂提取法

95% 的精油都能采用水蒸气蒸馏法提取制备，但某些香辛植物的香气成分易受热变质或水解，或一部分香气成分基质含量很低且不易挥发，不适用水蒸气或压榨法提取的原料，多采用溶剂提取技术。溶剂提取技术一般指从中草药中提取有效部位的方法，根据中草药中各种成分在溶剂中的溶解性，选用对活性成分溶解度大、对不需要溶出成分溶解度小的溶剂，而将有效成分从药材组织内溶解出来的方法，称为溶剂提取法。当溶剂加到中草药原料中时，溶剂由于扩散渗透作用通过细胞壁透入细胞内，溶解可溶性物质，而造成细胞内外的浓度差，细胞内的浓溶液不断向外扩散，溶剂又不断进入药材组织细胞中，多次往返，直到细胞内外溶液浓度达到动态平衡时，将此饱和溶液滤出，再加入新溶剂，可把所需成分大部分溶出。

在香料工业中，溶剂提取法是指通过溶解、吸着、挥发等方式将香原料样品中的香味化合物分离出来的操作步骤，也常称为萃取。由于各种香料含有的风味和呈味化合物含量不同，不同类型的提取直接影响成分分析结果的准确性。提取方案的选定主要是根据香味化合物的理化特性来定，但也需要考虑样品类型、样品的组分（如极性非极性、水分含量）、化合物在样品中存在的形式、最终的测定方法等因素。用经典的有机溶剂提取时，要求提取溶剂的极性与分析物的极性相近，也即采用相似相溶原理，使分析物能进入溶液而样品中其他物质处于不溶状态。而采用挥发分析物的无溶剂提取法，则要求提取时能有效促使分析物挥发出来，而样品基体不被分解或挥发，提取时要避免使用作用强烈的溶剂、强酸强碱、高温等剧烈操作。溶剂提取技术一般可分为浸提法和萃取法。

（一）浸提法

用适当的溶剂将固体样品中的某种被测组分浸提出来的方法，称为浸提法，也称液固萃取法。该法应用最广泛，如测定固体食品中的脂肪含量时，用乙醚反复浸提样品中的脂肪，而杂质不溶于乙醚，再使乙醚挥发掉，便可称出脂肪的质量。其中，提取剂的选择应根据被提取物的性质来选择，对被测组分的溶解度应最大，对杂质的溶解度应最小，提取效果遵从相似相溶原则。通常对极性较弱的成分（如有机氯农药），用极性小的溶剂（如正己烷、石油醚）提取；对极性强的成分（如黄曲霉毒素 B_1），用极性大的溶剂（如甲醇与水的混合液）提取。所选择的溶剂的沸点应适当，过低易挥发，过高又不易浓缩。

浸提方法主要有振荡浸渍法、捣碎法和索氏抽提法。①振荡浸渍法是将切碎的样品放入选择好的溶剂系统中，浸渍、振荡一定时间，使被测组分被溶剂提取。该法操作简单，但回收率低。②捣碎法是将切碎的样品放入捣碎机中，加入溶剂，捣碎一定时间，被测组分被溶剂提取。该法回收率高，但选择性差，干扰杂质溶出较多。③索氏提取法是将一定量的样品放入索氏提取器中，加入溶剂，加热回流一定时间，被测组分被溶剂提取。该法溶剂用量少，提取完全，回收率高，但操作麻烦，需使用专用索氏提取器。

（二）萃取法

萃取法与浸提法均是利用"相似相溶"的原理，主要用于从溶液中提取某一组分，即利用该组分在两种互不相溶的试剂中分配系数的不同，使其从一种溶剂中转移至另一种溶剂中，从而与其他成分分离，达到分离的目的。通常可用分液漏斗多次提取达到目的。若被转移的成分是有色化合物，可用有机相直接进行比色测定，即采取萃取比色法。萃取比色法具有较高的灵敏度和选择性，如用二硫腙比色法测定食品中的铅含量。该方法具有设备要求简单、易操作、提取温度低等特点，尤其适合于对温度敏感类物质的分离萃取，但是成批试样分析时工作量大。同时，萃取溶剂常易挥发、易燃且有毒性，操作时应加以注意。

萃取剂的选择应遵循对被测组分有最大的溶解度，对杂质有较小的溶解度，且与原溶剂不互溶的准则。两种溶剂易于分层，无泡沫。在分液漏斗中进行操作，一般需萃取 4~5 次才可分离完全。若萃取剂密度比水小，且从水溶液中提取分配系数小或振荡时易乳化的组分时，可采用连续液体萃取器。在食品分析中常用溶剂提取法分离、浓缩样品。浸提法和萃取法既可单独使用，也可联合使用。如测定食品中的黄曲霉毒素 B_1，先将固体样品用甲醇-水溶液浸取，黄曲霉毒素 B_1 和色素等杂质一起被提取；再用氯仿萃取甲醇-水溶液，色素等杂质不被氯仿萃取仍留在甲醇水溶液层，而黄曲霉毒素 B_1 被氯仿萃取，以此将黄曲霉毒素 B_1 分离出来。

植物精油属于油脂类，具有溶于有机溶剂的特点，这种油脂具有较强的挥发性。例如采取有机溶剂法来萃取薰衣草精油时，先将薰衣草全部打碎，然后进行干燥处理，之后使用苯等有机溶剂来浸泡薰衣草碎，将其中的易挥发成分分离出来，之后再将有机溶剂过滤浓缩，就可以得到薰衣草的浸膏。使用酒精将浸膏溶解，经过低温脱蜡处理，就可以获取成分含量较高、品质较好的薰衣草精油。有机溶剂萃取工艺和水蒸气蒸馏法相比，能够提高萃取的效率，并且提高含量。然而，由于在萃取时需要使用大量的有机溶剂，成本相对较高。研究人员发现，使用有机溶剂法进行薰衣草精油萃取时，如果溶剂使用量较少，那么得到的浸膏中就会有一些杂质，后续分离难度较大。所以，想要保证萃取纯度，就需要消耗大量的有机溶剂，进而提高成本。使用有机溶剂萃取工艺获得的精油量明显比水蒸气蒸馏法高，但是获得精油在香型上存在一定的区别，有机溶剂萃取出来的浸膏中，带有一种刺激性的气味，可见其中必定有一些杂质，影响精油的品质。一般可采用溶剂提取法制得浸膏，再针对浸膏进行纯化处理，从而得到比较纯的薰衣草精油。

常见的溶剂萃取法有以下几种：

（1）挥发性溶剂萃取法。挥发性溶剂萃取法是最常用的方法，所用溶剂有石油醚、苯、二氯乙烷或混合溶剂等。所制的浸膏在香气上与原香料植物的香气虽有差别，但尚能满足调香的要求。如玫瑰、茉莉花、白兰、紫罗兰、金合欢、黄水仙、香石竹、金雀花等比较娇嫩的鲜花，可采用此种方法加工。加工过程为：通常在室温下将鲜花和溶剂放入静置或转动的萃取器中，分离得到萃取液，经澄清过滤后，用蒸馏法在较低温度下回收溶剂，最后脱净溶剂制成浸膏，或再经乙醇萃取，脱除蜡质类物质制成精油。使用一般挥发性溶剂时，萃取温度对热敏性香成分有影响，可使用液化的丙烷、丁烷或二氧化碳作溶剂，在特殊的耐压设备中萃取。用液化二氧化碳作溶剂时，还可采用超临界萃取法，在较低温度下无须加热除去溶剂，尤其适合食品香料的加工萃取，其制品香气更加接近天然原料，且无溶剂残留；但因设备投资大，技术要求较高，工业上的应用尚不广泛。

（2）索氏抽提法和加热回流法萃取。索氏抽提法和加热回流法在挥发油提取应用中各有优缺点，且提取率受到不同因素的影响。两种方法虽然原理不同，但是处理方法大同小异，都需要进行加热回流。不同之处在于，索氏抽提法在提取过程中，挥发后的有机溶剂经过冷凝管冷凝后滴入抽筒中，浸泡样品；而加热回流法一般经前期浸泡，原料和有机溶剂一同加热，挥发后的油和有机溶剂的混合物经过冷凝回流再次滴入到烧瓶中继续加热，如此循环。此外，索氏提取器由单个手动提取装置发展到多个全自动提取装置，在溶剂回收、平行操作、减小误差、缩短时间等方面显示出优势。在实际生产和实践中，应结合原料特性，有针对性地选择提取方法和工艺条件，以有效提取其中活性成分。

影响精油萃取效果的因素有溶剂种类、萃取时间、萃取温度、萃取次数等。如制备胡椒木叶片精油，因其精油成分沸点较高，在浸提 3 h 内得率变化不明显，而在 6 h 时达到最佳工艺效果。精油得率虽与萃取时间呈正相关，但是有最佳的萃取时间。如果萃取时间过长，会造成精油的挥发或水解，从而引起得率下降。温度对精油得率的影响也很大，温度过低，不利于精油的萃取；而温度过高，可能引起精油挥发或损失的增加，甚至引起精油成分的分解和破坏，导致精油得率降低。例如，胡椒木叶片精油萃取温度 40 ℃ 时萃取效果较好，得率最高；低于或高于 40 ℃，其得率均有所下降。料液比也可以改变精油浓度，合适的料液比可以增加溶质与溶剂的接触面积，从而提高传质速率。胡椒木叶片精油选择 1∶6.5 的料液比较为理想，此时精油与石油醚的接触面积最大，最有利于精油的萃取。

三、压榨法

压榨法也是从芳香植物原料中提取精油的最常用方法之一，由于在加工过程中不受热，又被称为冷榨法。本方法是利用螺旋压榨机依靠旋转的螺旋体在榨笼中的推进作用，使香料作物不断被压缩，植物细胞中的精油被压榨出来，再经淋洗和油水分离，去除杂质。由于该方法不利用热能，芳香成分几乎不会发生变化，能够保留植物最原始的香味，所以在香料香精生产领域，压榨法一般用来生产柑橘、柠檬、佛手柑、青柠等在水蒸气高温中会变味的植物精油类产品。据资料表明，利用压榨法生产的香精油，色泽为淡黄色液体，出油率较低，为 1.0%~1.6%，但有较佳的气味，其香气更接近于天然鲜橘果香，压榨后的残渣仍可用水蒸气蒸馏法提取再得到部分橘油，因此压榨法适合于工业大规模连续生产柑橘香精油。

压榨法提取柑橘油，有手工法和机械法之分；而根据加工的柑橘果是整果还是散皮，又可分为整果采油法和散皮采油法两种。采取压榨法提取柑橘油一般包括四个步骤。①清洗浸泡：清洗整果和散皮，并用清水浸泡，做好原料准备；②压榨锉磨：根据方法不同，或者压榨，或者锉磨；③油水分离：利用高速离心机，分离经过沉淀、过滤的油水混合液，从而获得粗制柑橘油；④精制：离心分离而得的粗制油，经适当冷冻，再经离心分离、过滤、混合、调配、检验符合一定标准后，正式成为产品精制柑橘油。

根据压榨前物料是否进行热处理，压榨可分为热榨和冷榨。根据残渣是否经浸提后再次压榨，可分为二次压榨和一次压榨。热榨指原料破碎后经过热处理，酶的活性钝化，同时也可抑制微生物的繁殖，保证精油的质量。相对于热榨而言，冷榨是指原料破碎后，不进行热处理作业，在常温或低于常温的条件下榨汁。采用冷榨技术制备精油，就是为了避免对油体的过加热和过多的化学处理，使成品和饼粕的品质得到相应提高，如精油的滋味、外观等保持纯天然特性，避免高温加工时产生有害物质，又尽可能保留精油中的生理活性物质，如维生素 E、γ-亚麻酸等，精油加工后的饼粕蛋白也可得到更充分的利用。据报道，经冷榨所得的油仅含微量的磷和游离脂肪酸，具有色浅、滋味柔和、气味清香等较好的品质特性。

（一）常见的几种压榨提取方法

（1）海绵法。柠檬油和甜橙油的生产仍有采用此法的，具体做法：先将整果切成两半，用锐利的刮匙将果肉刮去。再将半圆形果皮于水中浸泡，使之膨胀变软之后，从水中取出，并将其翻转，使橘皮表面朝里与吸油的海绵相接触，对着海绵用手从外面压榨，这样使油囊破裂，精油放出并吸附在海绵上，当海绵如此反复操作、精油吸附饱和时，将精油挤出流到下面的陶瓷罐中。陶瓷罐盛满油液后，静止澄清使圆形细胞碎屑沉淀。精油浮于上层，下层为植物中的水分，最后将上层精油倾斜滤出。此法较为烦琐，产率低，消耗人工较多，只能回收 50%~70%果皮中的精油。

（2）锉榨法。这一方法又称 Ecuelle 法，起源于法国南部尼斯。欧洲这一方法已不再使用，但在意大利最先采用的机械法生产柑橘油，都是根据这一方法发展起来的。该法是利用具有突出针刺的铜制漏斗状锉榨器，将柑橘的整果在锉榨器的尖刺上旋转锉榨，使油囊破裂精油渗流出来；并通过锉榨器下端的手柄内管，流到盛油和水的容器内，盛油和水的瓷罐放在冷室中，静置分出精油。这一方法的出油率低且需要较多劳动力，生产出的精油质量不如海绵法，意大利南部加拉勃利亚地带分析了锉榨器的结构特点，研制出香柠檬的压榨机，从而成为机械法提取柑橘油的先例。

（3）机械压榨法。海绵法与锉榨法都是手工操作，前者是将整果切成一半后加工，后者是将整果在锉榨器上锉磨。而机械压榨法无论对整果还是散皮均能进行，目前国内柑橘油的生产都已采用机械法。食品厂与香料厂采用磨皮机进行冷磨提油，冷磨法尤其适合广柑一类圆果的提油；而杭州香料厂（现为杭州西湖香料香精有限公司）采用螺旋压榨法针对散皮提油。

（二）影响压榨法提取的几个因素

（1）海绵体影响精油分离。以柑橘精油提取为例，橘皮在中果皮层的内面是比较厚的，有以纤维素为主、内含有果胶的海绵层，而外果皮层油囊分布较多。在水果成熟过程中，中果皮组织内的纤维结构伸长分枝，形成错综复杂内有细胞间隙的网状结构，称为海绵体。通常这一海绵体层较厚，而每个橘果果皮中所含精油为数不多，以柠檬为例，每只柠檬平均重量 $100\sim120$ g，果皮重量约占一半，其中所含精油 $0.5\sim0.7$ g，当油囊破裂时，会有数量较少的精油被海绵体所吸收。在压榨提油过程中，海绵体成为精油从橘皮组织分离的障碍，这一现象在整果提油或散果皮提油中均存在。为了避免这一现象的发生，减少它的阻碍，在手工海绵法提油时，将剥下来的新鲜半果果皮浸泡在清水中，使海绵体部分吸收大量水分，这样可大大减少水分饱和的海绵体吸附精油的现象，这对提取精油极为有利。

（2）前处理对榨取的影响。当清水浸泡橘皮的外果皮层时，油囊周围细胞中的蛋白胶体物质和盐类构成的高渗溶液有吸水作用，使大量水分最后渗透到油囊和油囊的周围，这样油囊的内压增加，当油囊受压破裂时就会使油液射出，这对出油有利。清水浸泡的另一个作用，就是中果皮吸水较外果皮大，吸水后的中果皮海绵体吸收精油能力大大降低，出油率就相应地提高了。新鲜采集下来的柑橘或者不是很成熟的柑橘压榨时出油率高，而采摘下来多时或者树上过熟的柑橘，其皮富有弹性，坚韧不易破伤，压榨或磨锉比较困难，但其果皮如若经适当的清水浸泡使之适度变软，则有利于压榨和冷磨出油。

（3）果胶和果皮碎屑的影响。柑橘果种类不同，其果皮的厚薄也各异，而且油囊在外果皮中的分布有深有浅，油囊也有大有小。因此在磨果机的设计上就要求有不同大小的尖刺或具有不同的转速，或在冷压时要求施以不同的压力，磨果与压榨时橘果受伤过多，或者因压力过大，或者清水浸泡橘皮过软，均会导致产生过多橘皮碎片进入油液中。这样将导致果胶成分溶解在油液，油水分离困难。在采取螺旋压榨散皮提油时，在清水浸泡适度后，再用 $2\%\sim3\%$ 浓度的石灰水浸泡，使果皮中的果胶酸转化为果胶酸钙，而果胶酸钙不溶于水，这样中果皮层的海绵体凝缩变得软硬适度。如果浸泡不透，果胶酸未能充分转化为果胶酸钙，则橘皮过软，压榨时不但易打滑，而且会产生糊状物的混合液，造成过滤和出油困难。相反，如浸泡过度，橘皮变得过硬而脆，在压榨时出来的残渣变成粉状物，它将吸附一部分油分，不利出油。总之，无论手工压榨还是机械压榨，如何减少过高的压力和过多的磨伤，以及避免果皮的过硬和压软，清水（石灰水）的浸泡都是一个重要的环节。

（三）压榨法提取柑橘油的生产工艺

上海轻工业工程设计研究院与杭州香料厂经过不断努力改进，自20世纪70年代开始在生产中采用螺旋压榨柑橘散碎果皮提取冷榨柑橘油的方法。

（1）原料筛选及储藏。冷榨橘油的质量在很大程度上取决于柑橘皮的新鲜程度，以及是否有霉烂变质现象。霉烂变质的柑橘皮，不仅影响精油的质量，而且浸泡时不易使果胶钙化，给压榨过滤等操作带来困难，使得率降低。新鲜柑橘皮的保藏，要用箩筐分装，严防堆放发热，避免雨淋日晒，有条件的能放置在0~4℃冷风库中则更为理想。在保藏中，要注意防止橘皮受压导致油囊破裂，入库的原料应力求先进先出，有秩序地投产。而且要进行比较严格的选料，霉烂皮、杂皮、脏皮等要从原料中筛除，其他原料可采用蒸馏法提油。

（2）加工前处理。浸泡是冷榨柑橘油生产过程中比较重要的一环，处理适当与否直接影响得油率。浸泡一般采用1%~2%的石灰浆液浸泡，通过浸泡使柑橘皮所含的果胶酸转化为果胶酸钙，因果胶酸钙不溶于水，利于油水混合液的过滤及离心分离。浸泡液pH应控制在12左右。根据果皮的品种不同，浸泡液的浓度、浸泡时间略有不同。早橘、本地橘及新鲜橘皮，采用料液比为4:1，浸泡液为浓度1%~1.5%的石灰水，浸泡时间为6~8h。鲜广柑皮料液比为4:1，鲜柚子皮料液比为6:1，浸泡液浓度为2%，浸泡时间根据皮厚薄控制在8~10h。干柑橘皮的浸泡：干柑橘皮压榨之前都先用清水浸泡，待橘皮稍有软化后，再浸入石灰液中；干皮浸泡的料液比为1:8，经清水浸泡2~4h后，捞出再浸入2%~3%的石灰液中，浸泡6~8h。削下散皮的浸泡：蜜饯厂削下的柑橘表皮，俗称云皮，可直接压榨，无须浸泡，压榨可进行两次，如数量少常保藏在5%~8%的盐水中浸泡。浸泡时，为了保证橘子完全淹没在石灰水中，可在最上一层表面果皮上压一顶竹片以防止果皮漂浮。浸泡液的浓度与时间的长短、气温高低、柑橘皮本身干湿度和橘皮品种，在不同条件下都会相互影响引起变化，可根据具体条件，通过实验确定最佳工艺。

浸泡分为静止浸泡和循环浸泡，后者可缩短浸泡时间，并能使橘皮上下一致得到均匀浸泡。浸泡液可反复使用2~3次，但每次使用前要重新测定pH，适当补充石灰。橘皮浸泡要适当，皮子呈黄色、无白芯、稍硬、具有弹性，则油的喷射性强；在压榨时不打滑，残渣为颗粒状，渣中含水、含油量要低，过滤时较顺利，不易糊筛，黏稠度不太高。若浸泡不透，皮子有白芯白点，弹性差，油的喷射力不强；在压榨时易打滑，残渣成块状，渣中含水、含油量较高，过滤时困难，易糊筛，黏稠度高。若浸泡过度，皮子呈深黄或焦黄色，硬而脆易折断，无喷射力；压榨时残渣呈粉末状态，易阻塞机器，渣中含油分高，含水分少，过滤容易，黏稠度低。后两种情况均影响得油率。经过石灰浆浸泡的柑橘皮，经捞出后，将黏附在表面的石灰浆冲洗干净，并降低橘皮的碱性以利过滤和分离。洗净的橘皮用箩筐分装，以备压榨加料之用。

（3）压榨。经过清洗后的橘皮进行加料，在加料时应注意调节出渣口的闷头，使排榨均匀而畅通，同时注意适当开放喷淋水。喷淋水有两条：一条是在加料斗的上方，随原料进入榨螺时一起带入；另一条是装在多孔榨笼外壳的上方，将压榨时由榨笼喷出的油分用水冲洗下来然后进入接料斗。喷淋水的数量保证榨笼外壳上的流量应大于加料斗出的流量，其量应与橘皮加料量和分离机分离量相适应。喷淋水是循环使用的，第一次配制时，可用清水 400～500 kg，按水量加入硫酸钠 0.2%～0.3%，充分搅和，以提高油水分离效果。喷淋液在循环使用时，时常因橘皮中石灰液未洗净致 pH 逐渐增高，为利于油水分离，pH 应调整在 7～8。喷淋水循环使用一定时间之后，水质中会含有大量果胶或沉淀物，从而变得混浊黏稠，这对油水分离极为不利。此时应放弃一部分喷淋水，补充新水。放弃的喷淋水可转入蒸馏锅中以回收其精油。

（4）沉淀过滤。经过压榨后的榨汁，往往会有细微的渣滓和黏稠的糊状物，故必须经过沉淀过滤，以减轻橘油分离机的负荷。过滤后的残渣仍含有大量的橘油，需将油水液及时挤干，残渣可通过蒸馏回收精油。

（5）离心分离。沉淀过滤的油水混合液采用高速橘油分离机（转速约 6000 r/min）将油水分离，分离后得到粗制柑橘油。

四、吸附法

某些固体吸附剂如常见的活性炭、硅胶等，可以吸附香势较强的鲜花所释放的气体芳香成分，利用这一性质，人们开发了固体吸附剂吸附法，以制取高品质的天然植物精油，并在 20 世纪 60 年代实现了工业应用。

经典的吸附法包括吸附、脱附和脱附液蒸馏分离三个主要步骤，所用的脱附剂一般为石油醚，蒸馏分离一般亦包含常压蒸馏和减压蒸馏两步。吸附是用空气吹过花室内的花层，再与吸附器内的吸附剂接触进行气相吸附，空气进入花室之前要分别经过过滤和增湿处理，避免吸附剂被污染，并提高空气的芳香能力。吸附法设备包括空气过滤器、增温室、鼓风机、花室及活性炭吸附器，所加工的原料为香势很强的、比较鲜嫩的花朵。由于吸附法加工温度不高，没有外加的化学作用和机械损伤，香气的保真效果极佳，产品中的杂质极少，所以产品多为天然香料中的名贵佳品。需要注意的是，受吸附机制的限制，该方法只适用于芳香成分易于释放的花种，如橙花、兰花、茉莉花、水仙等，而且最好使用新采摘的鲜花。

吸附法是在挥发性有机溶剂萃取法发明之前采用的传统方法，最早应用的吸附法为冷吸附法。将采摘下来仍有生命力的鲜花，如茉莉花和晚香玉等花朵放在涂有精制油脂的花框上，然后将花框叠起置放在低温室中。每经过一段时间更换花朵，多次更换后油脂吸附鲜花的香成分达到饱和，然后用乙醇进行萃取，制成的产品称为香脂净油。此外，利用活性炭吸附的原理，将上述类型鲜花采摘后放入顶端置有活性炭床层的吸附室中，通入一定温度和流量的纯净空气，空气通过花层将鲜花释出的头香成分带入活性炭床层中被吸附。经过一定时间后，将饱和的活性炭用溶剂脱附，制成精油。近来不断开发出了多种新的多孔聚合物吸附剂，吸附技术也得到不断的发展，并发展了使用液化二氧化碳为脱附的溶剂，使精油质量和得率有显著的提高。

五、超声波辅助提取技术

超声波（频率介于 20 kHz~1 MHz）是一种机械波，需要能量载体作为介质来进行传播。超声波辅助提取是利用超声波具有的空化效应、机械效应和热效应，通过增大介质分子的运动速度、增大介质的穿透力以提取样品中的化学成分。其工作原理具体如下：

（1）空化效应。通常介质内部或多或少地溶解了一些微气泡，这些气泡在超声波的作用下产生振动，当声压达到一定值时，气泡由于定向扩散而增大，形成共振腔，然后突然闭合，这就是超声波的空化效应。这种气泡在闭合时会在其周围产生几千个大气压的压力，形成微激波，它可造成植物细胞壁及整个生物体破裂，而且整个破裂过程在瞬间完成，有利于有效成分的溶出。

（2）机械效应。超声波在介质中的传播可以使介质质点在其传播空间内产生振动，从而强化介质的扩散、传播，这就是超声波的机械效应。超声波在传播过程中产生一种辐射压强，沿声波方向传播，对物料有很强的破坏作用，可使细胞组织变形，植物蛋白质变性。同时，它还可以给予介质和悬浮体以不同的加速度，且介质分子的运动速度远大于悬浮体分子的运动速度，从而在两者间产生摩擦，这种摩擦力可以使生物分子解聚，使细胞壁上的有效成分更快地溶解于溶剂中。

（3）热效应。和其他物理波一样，超声波在介质中的传播过程是一个能量的传播和扩散过程，即超声波在介质的传播过程中，其能量不断被介质的质点吸收，介质将所吸收的能量全部或大部分转变成热能，从而导致介质本身和药材组织温度的升高，增大了药物有效成分的溶解速度。由于这种吸收声能引起的药物组织内部温度的升高是瞬间的，因此可以使被提取成分的生物活性保持不变。

超声提取法往往作为样品前处理手段，辅助其他方法联合应用于香料提取制备中，例如采用超声辅助水蒸气蒸馏法从柠檬皮提取精油，提取率可达 1.97%，相较于水蒸气蒸馏提取，大大缩短了提取时间。

六、微波辅助萃取技术

微波辅助萃取是利用微波能加热来提高萃取效率的一种新技术，与传统的热传导、热传递加热方式不同，微波是通过偶极子旋转和离子传导两种方式里外同时加热，无温度梯度，因此热效率高、升温快速均匀，大大缩短了萃取时间，提高了萃取效率。在微波场中，不同物质对微波能的吸收程度不同，这样就使得基体物质的某些区域或萃取体系中的某些组分被选择性加热，从而呈现出较好的选择性。由于微波辅助萃取是一种新方法，许多研究将其与索氏提取、搅拌萃取、超声提取、回流提取及超临界流体萃取等方法进行了比较。结果表明，传统的提取方法均存在费时、费试剂、效率低、重现性差等缺点，所用试剂通常有毒；超临界流体萃取虽然有节省试剂、无污染的优点，但回收率较低，且设备的一次性投资较大，运行成本高，而且难以萃取一些强极性和相对分子质量大的物质；微波萃取则克服了上述方法的缺点，具有设备简单、适用范围宽、萃取效率高、重现性好、节省时间、节省试剂、污染小等特点。

微波辅助萃取技术在香料成分提取分析中的应用崭露头角，该技术以表面活性剂的胶束水溶液为萃取溶剂，通过改变试验参数（如溶液的 pH、温度等）引发相分离，即可完成香原料中微量或痕量活性成分的纯化和富集。该技术在处理具有复杂基质的香料样品时集提取、纯化、富集为一体，不需要额外使用固相萃取等技术对样品进行富集和纯化，大大缩短了样品前处理时间，减少了人力物力的消耗和误差的来源，因此具有很大的发展应用空间。有学者以非离子表面活性剂 GE-napol X-080 的胶束溶液为萃取溶剂，采用开放式的微波辅助萃取法提取黄连中的小檗碱、巴马汀和药根碱。在优化后的萃取条件下，微波萃取 10 min，5% 酸性 GE-napol X-080 胶束溶液对三种生物碱的一次提取回收率高达 92.8%，富集因子大于 10。

近年来，各种新型微波辅助萃取方式发展十分迅速，国内外学者相继发展出动态微波辅助萃取、真空微波辅助萃取、微波辅助水蒸气蒸馏萃取、无溶剂微波辅助萃取、离子液体微波辅助萃取、微波辅助浊点萃取等方法。这些萃取方式在香料的提取中各有优势，有效克服了传统提取技术存在的众多缺点，使得微波辅助萃取技术在该领域的应用范围越来越广泛，并成为香料提取和分析的有力工具。

七、超临界 CO_2 萃取技术

超临界 CO_2 萃取技术是 20 世纪 70 年代发展起来的一种新型分离技术，所用萃取剂为超临界 CO_2（临界值 31.05 ℃，7.38 MPa），该物质在临界点具有气体和液体特性，黏度近似气体而密度与液体相仿，具有优异的扩散性质，可通过分子间的相互作用和扩散作用溶解大量物质，且在不同压力和温度下溶解能力不同。由于不同物质在 CO_2 中的溶解不同，或同一物质在不同压力和温度下溶解状况不同，因而这种提取分离过程具有较高的选择性。在超临界状态下，超临界 CO_2 与待分离的物质接触，使其有选择性地把极性大小、沸点高低和相对分子质量大小不同的成分依次萃取出来。萃取完成后，通过减压或改变温度，CO_2 重新变成气体，剩下的馏分即是所需的组分。

超临界萃取装置可以分为两种类型：一是研究分析型，主要应用于少量物质的分析，或为生产提供数据；二是制备生产型，主要是应用于批量或大量生产。萃取装置从功能上大体可分为八部分：萃取剂供应系统、低温系统、高压系统、萃取系统、分离系统、改性剂供应系统、循环系统和计算机控制系统。具体包括二氧化碳注入泵、萃取器、分离器、压缩机、二氧化碳储罐、冷水机等设备。由于萃取过程在高压下进行，所以对设备及整个管路系统的耐压性能要求较高，生产过程实现微机自动监控，可以大大提高系统的安全可靠性，并降低运行成本。

超临界 CO_2 萃取技术虽然成本比传统的水蒸气蒸馏和溶剂萃取法高，但其发展势头仍强劲，究其原因，是因为其产物在组成上具有传统方法无法比拟的优点，具体如下：①与水蒸气蒸馏相比，超临界 CO_2 萃取物具有较高的含氧化合物含量和较低的单萜烯烃含量，而天然香料香气的关键组分多是含氧化合物，单萜烯烃一般对香气的贡献很小并易氧化变质，从而影响产品质量。②超临界 CO_2 萃取自始至终都在较低温度下进行，因此产物中含有较多的头香成分。③超临界 CO_2 萃取流体能萃取出部分树脂，故产物中含有较多的基香成分，这有利于香气的持久。虽然有机溶剂也能萃取出基香成分，但无选择性，产物中往往含有大量杂质，如蜡、蛋白质、色素等，严重影响其在香料工业中的应用。④水蒸气蒸馏因在高温下进行，故有些成分不可避免地发生水解或其他反应，从而损害了产品质量，有机溶剂萃取也存在类似情况。超临界 CO_2 萃取可以避免这些情况。⑤有机溶剂萃取物都不同程度地存在着溶剂残留，这与各国日益严格的食品安全法规极难相容，超临界 CO_2 萃取不存在溶剂残留问题。

综上所述，与常规萃取方法比较，超临界 CO_2 萃取技术具有操作简单快速、效率高、无毒无污染等优点而使其应用范围十分广泛。我国经历 20 多年的努力，在超临界流体萃取技术的研究和应用方面取得了显著成绩，例如小麦

胚芽油、卵磷脂、菊花油等的提取。在香料工业中，尤其适用于从木、花、叶、种子和根中提取精油，如利用二氧化碳高压提取法已提取出生姜、胡椒、芒果、麝香草、辣椒等常用香辛料物质。采用超临界 CO_2 萃取的产品，其香气往往特别新鲜、浓郁，具有天然逼真的特征香，其有效成分和得率也大大提高。

八、分子蒸馏技术

分子蒸馏技术也称短程蒸馏技术，是近年来新兴的并广泛应用的一种技术，是在高真空度条件下对高沸点、高热敏性物料进行高效分离纯化的技术。它不同于传统蒸馏依靠沸点差分离的原理，而是靠不同物质分子运动平均自由程的差别实现分离，故分子蒸馏其实质是分子蒸发，是一种特殊的液-液分离技术。根据分子运动理论，液体混合物的分子受热后运动加剧，当接收到足够的能量时，就会从液面逸出而成为气相分子，随着液面上方气相分子的增加，有一部分气体就会返回液体，在外界条件保持恒定的情况下，到达分子运动的动态平衡。由于轻分子的平均自由程大，重分子平均自由程小，若在离液面一定距离处设置一冷凝面，即该冷凝面的位置小于轻分子的平均自由程而大于重分子平均自由程，使得轻分子不断被冷凝，从而破坏了轻分子的气液平衡，而使混合液中的轻分子不断逸出，重分子达不到冷凝面则很快趋于动态平衡，不再从混合液中逸出，这样，液体混合物便达到了分离的目的。

分子蒸馏技术作为一种高新分离技术，具有其他分离技术无法比拟的优点，具体优点如下：

（1）真空度高。分子蒸馏的操作真空度高，由于分子蒸馏的冷热面间的间距小于轻分子的平均自由程，轻分子几乎没有任何压力降就达到冷凝面，使蒸发面的实际操作真空度比传统真空蒸馏的操作真空度高出几个数量级。分子蒸馏的操作压强一般为 0.1~1 Pa 数量级。

（2）温度低。分子蒸馏的操作温度远低于物料的沸点，分子蒸馏依靠分子平均自由程的差别实现分离，并不需要达到物料的沸点，加之分子蒸馏的操作造成的真空度更高，进一步降低了操作温度，可保持天然提取物的原有品质。

（3）受热时间短。由于受热的液面与冷凝面间的距离要求小于轻分子的平均自由程，而由液面溢出的轻分子，几乎未经碰撞就到达了冷凝面，所以受热时间很短。

（4）物理分离。分离过程为物理过程，可很好地保护被分离物质不被污染。

（5）分离度高。分子蒸馏的分离程度更高，常规蒸馏的分离能力只与组分的蒸气压之比有关，而分子蒸馏的分离能力与被分离混合物的蒸气压和相对分子质量都有关，相比较而言，分子蒸馏的相对挥发度更大，分离程度更高，能分离常规传统蒸馏及薄膜蒸发器不易分开的物质。

（6）工艺绿色环保。分子蒸馏技术依据不同分子的平均自由程不同进行分离，分离操作不使用有机溶剂，可得到纯净安全的产物，不产生污染，是一项绿色环保技术。

基于以上优势，分子蒸馏技术在香料香精工业中得到广泛应用。天然香料成分复杂，主要成分是萜类、醛、酮、醇等高沸点及热敏性物质，分子蒸馏技术可以达到天然香料的提纯要求。肉桂醛和柠檬醛是已广泛使用的天然香精，研究者利用分子蒸馏技术，分别从天然香料肉桂油和山苍子油中分离提纯肉桂醛和柠檬醛，通过气相色谱-质谱联用仪对分离物中肉桂醛和柠檬醛进行含量测定，结果显示，肉桂油中的肉桂醛和山苍子油中的柠檬醛的体积分数分别为98.7%和98.2%。薰衣草精油具有镇静、抗氧化、抗惊厥等作用，研究者采用分子蒸馏技术对薰衣草精油进行精制提纯，通过气相色谱-质谱联用技术对精制前后薰衣草精油的主要成分及其体积分数进行比较，结果显示，薰衣草精油的主要成香物质芳樟醇的体积分数显著提高。此外，采用分子蒸馏技术对玫瑰精油、丁香花蕾油、姜油等进行纯化精制，均明显提高了精油中主要香气成分的含量及收率。从以上研究可以看出，采用分子蒸馏制备精油，其主要香气成分含量高，品质好，香气浓郁、新鲜，其特征香气尤为突出。实践证明，此技术是一项工业化应用前景十分广阔的高新技术，它在天然药物活性成分及单体提取和纯化过程的应用才刚刚开始，尚有很多问题需要进一步探索和研究。

九、膜分离技术

膜分离技术是一种以分离膜为核心，进行分离、浓缩和提纯物质的新兴技术。该技术是一种使用半透膜的分离方法，由于膜分离操作一般在常温下进行，被分离物质能保持原来的性质，能保持食品原有的色、香、味、营养和口感，能保持功效成分的活性。膜分离技术由于兼有分离、浓缩、纯化和精制的功能，又有高效、节能、环保、分子级过滤及过滤过程简单、易于控制等特征，因此，广泛应用于食品、医药、生物、环保、化工、水处理等领域，产生了巨大的经济效益和社会效益，已成为当今分离科学中最重要的手段之一。

在膜分离技术中，起到截留目的最关键的因素就是膜表面的孔及其所用的膜材料，通过孔径的尺寸实现不同程度的分离。根据孔径的尺寸，膜分离技术可以大致分为微滤（≥0.1 μm）、超滤（0.01~0.1 μm）、纳滤（1~10 nm）、反渗透（<1 nm）和其他（电渗析、气体分离）。目前，膜分离所使用的材料大致可以分为无机膜和有机膜两大类。无机膜具有机械强度高、热稳定性好、可耐化学腐蚀且使用寿命长等优点，目前最常使用的是陶瓷膜；有机膜又可称

为有机分离膜，薄膜材料通常包括醋酸纤维素、聚醚砜、氟聚合物等。与无机膜相比，其化学稳定性与机械强度较弱，且使用寿命较短，但其分离选择性高，可耐高温、耐酸碱、耐受有机溶剂，在当今应用中受到越来越广泛的关注。

与传统的分离提取技术相比，膜分离技术具有如下特点：技术原理为无相变过程，能最大程度地保持天然产物成分原有特性和结构；分离过程中不会产生污染，绿色环保；在分离过程中损失较小，分离效果好，尤其适用于热敏性成分；选择性较强，可实现分子级的物质分离；分离过程可连续进行或间断进行，工艺相对简单，成本较低，可实现自动化控制，应用前景十分广阔。

膜分离技术近年来在植物芳香提取物的提取及烟草中的应用日益广泛，例如采用膜分离技术对桂花提取物进行分离纯化，应用液相色谱—质谱联用技术对所得到的产品进行成分分析，并通过对这些产品进行评吸，分析化学成分和烟用效果之间的关系。结果表明，膜分离技术在保留桂花提取物原有特色香味的同时，可以有效去除对烟气感官质量有负面影响的大分子物质，达到提高桂花提取物质量的目的。纯化后桂花提取物的主要成分为有机酸类和多糖类化合物，添加在卷烟中，有改善口感、柔和烟气的积极作用。

第二节　天然食用香料的生产

食品加工和制造过程中，为了提高和改善食品的香味和香气，通常添加少量的香精或香料，这些香精和香料被称为增香剂或赋香剂。食用香料按其来源和制造方法等的不同，通常分为天然香料、天然等同香料和人造香料三大类。其中天然香料是通过物理方法从天然芳香植物或动物原料中分离得到的物质，通常认为其安全性较高。如精油、酊剂、浸膏、净油和辛香料油树脂等。天然等同香料是用合成方法得到或由天然芳香原料经化学方法分离得到的物质，这些物质与供人类消费的天然产品中存在的物质在化学结构上是相同的。天然等同香料品种很多，占食品香料的绝大多数，对调配食品香精十分重要。人造香料是供人类消费的天然产品中尚未发现的香味物质。此类香料品种较少，均由化学合成方法制成，与其化学结构相同的物质迄今为止在自然界中尚未发现，这类香料的安全性引起人们极大的关注。在我国使用的香料，均经过一定的毒理学评价，并被认为对人体无害（在一定剂量条件下），除经过充分毒理学评价的个别品种外，目前均列为暂时许可使用。值得注意的是，随着科学技术和人们认识的不断深入发展，有些原属人造香料的品种，在天然食品中发现存在的，也可列为天然等同香料。例如，我国许可使用的人造香料己酸烯丙酯，国际上现已将其改列为天然等同香料。

一、玫瑰油的生产

玫瑰油为无色或黄色浓稠状挥发性精油，具有玫瑰所特有的香气和滋味；在 25 ℃时为黏稠液体，如进一步冷却逐步变为半透明结晶体，加温后仍可液化；溶于乙醇和大多数非挥发性油中，极微溶于水。玫瑰油一般是由蔷薇科中某些玫瑰品种（如德国玫瑰、大马士革玫瑰、白玫瑰、百叶玫瑰等）的新鲜花朵经水蒸气蒸馏而得，得率一般在 0.03%~0.05%，组分以香茅醇、香叶醇和芳樟醇为主。也有将花朵先在食盐溶液中发酵，再经水蒸气蒸馏，用活性炭吸附溶解在馏出液中的组分，最后用乙醚解吸而得到，此种方法得率可达 0.07%~0.10%，但其组分以苯乙醇为主，质量较差。玫瑰花是人类应用较早的天然香料之一，可用于浸酒、制作玫瑰酱等。玫瑰油可用于调配各种香精，但由于价格较昂贵，多用于调配高档化妆品香精。

玫瑰油含有近 300 种成分，主要有香茅醇、香叶醇、橙花醇、苯乙醇、芳樟醇、金合欢醇、丁香酚、丁香酚甲醚、玫瑰醚、橙花醚、玫瑰呋喃等。其感官特征为具有甜韵玫瑰花香。玫瑰油是我国允许使用的食用香料，用以配制杏、桃、苹果、桑葚、草莓和梅等果香型和花香型食用香精及烟用香精，主要用于甜酒、烟草（尤其是嚼烟）、糖果等，在最终加香食品中浓度为 0.01~15 mg/kg。

玫瑰花以其花色艳丽、香气浓郁纯正，而成为人们所喜爱的芳香植物。玫瑰精油的提取起源于古代，最初用水浸渍鲜花，以提取其中的有效成分。随着科学技术的发展，出现了用水蒸气蒸馏玫瑰鲜花获得精油的技术，玫瑰精油生产设备主要包括蒸馏釜、复馏柱、鹅颈、冷凝器、油水分离器。设备最好采用不锈钢材料制作，油水分离器也可用铝材料制作。供热设备一般用锅炉。工艺流程一般采用玫瑰花与水按质量比 1∶4 比例投入蒸锅内，先用间接蒸汽加热，温度上升到 70~80 ℃时，通入直接蒸汽加热到沸腾，用时 30~40 min，继续蒸馏 2.5~3 h，控制流出液量为花重的 1~2 倍，蒸馏速度为蒸锅容积的 8%~10%，控制冷却水量，在前 30 min 使流出液温度控制在 28~35 ℃，30 min 后至最后温度控制在 40~45 ℃，一般不超过 50 ℃。流出液经油水分离器将玫瑰油与玫瑰油饱和蒸馏水分开，取出玫瑰油，饱和蒸馏水由油水分离器在高差作用下流入复馏柱，在蒸锅上升的蒸汽的作用下进行加热复馏，再经冷凝器回到油水分离器，这样反复蒸馏、复馏。

玫瑰油蒸馏工艺的技术要点如下：

（1）采摘。玫瑰花采摘时间与玫瑰精油的含量有很大关系，一般清晨 5~7 时含油量最高，最适宜的气温为 15~23 ℃，相对湿度为 55%~70%。花开放程度不同，含油量也不同，在花开至呈半杯状、花蕊黄色时含油量最高。

（2）运输。运输过程中要注意使用通风好的盛器，以花篮、麻袋为好，要自然装满，不要挤压，避免生热而损失油分。

（3）加工前预处理。玫瑰花采摘后，一般应立即加工，存放时间不超过2 h，来不及加工的玫瑰花可临时储存，将玫瑰花摊薄层于水泥地面上或铺席的湿地面上，并经常翻动。如需要长时间保存，也可使用20%食盐水将鲜花淹在干净防渗的池子里，盐水要将花全部淹没，密封存放。

（4）装锅。装玫瑰花量不超过蒸锅的2/3。

（5）通气加热。蒸馏开始时，不宜使用直接蒸汽，因锅内温度较低，使用直接蒸汽无疑会增加锅内水量，同时直接蒸汽使锅内鲜花翻动激烈，蒸出的气流中夹带花渣、飞沫的现象严重。应加热升温缓慢一些，使花朵充分被水湿润，待花瓣受热变软沉于水中时，再适当加快升温过程。冷凝器出口处应装有温度计，以观测馏出液的温度。

（6）油水分离。玫瑰油不溶于水，密度小于水，静止时油在上层，用分离器将其与水分离，取出玫瑰油。

（7）储存。玫瑰精油为多醇、多烃、多烯等类有机物的混合物，见光及暴露在空气中易发生氧化，影响香气质量，所以，最好用棕色玻璃瓶装，密封，储存在阴暗处。

亚临界低温萃取技术也可以提取玫瑰鲜花和干花中的精油成分，其低温萃取的特性，确保了挥发性精油成分损失小，热敏性成分不变性，并且得率较高，可达0.15%，生产规模达到每天30 t鲜花。亚临界萃取得到的产品为淡黄色浸膏，经过脱蜡处理可进一步得到精油，花渣也可低温脱去溶剂，进一步开发利用。

二、花椒油的生产

花椒油为浅黄绿色或黄色油状液体，可有微量原料性沉淀，是从花椒中提取出呈香味物质于食用植物油中的产品，麻味较重，椒香浓郁，是一种麻度定性化的调味油类。其主要成分为柠檬烯、枯醇、牛儿醇，此外还有植物甾醇及不饱和有机酸等多种化合物。花椒油主要用于需要突出麻味和香味的食品，能增强食品的风味，可用于凉拌菜、面食、米线、火锅等。食品工业生产上也常使用花椒精油来提供香麻风味，花椒精油是从天然植物花椒果壳中提取出来的具有天然麻辣味的稠膏状流体，高纯度的花椒精油具有香气浓郁、麻味醇正、使用方便等特点，既可作为食品添加剂和调味品使用，又是医药、化工不可或缺的高价值原料。

花椒油的生产方法有以下几种：

（一）油溶法、油浸法、油淋法

油溶法、油浸法、油淋法是生产花椒油的传统方法，被国内大多数厂家采用。具体生产工艺为：以花椒作为溶质，食用植物油作为溶剂，通过一定的工艺条件将花椒中的风味物质扩散到食用油中，在合理的配比、温度、时间等工艺条件的作用下，得到花椒油。

采用上述传统生产方法存在较大的局限性，主要是油温不好控制。如果温度控制太高，那么其中的香味和麻味成分就会挥发、分解而损失。若温度太低，花椒油的水分不容易分离，油脂会酸败，并且有效成分不能充分溶解，仅有部分进入油中，造成浪费和产品成本偏高，缺乏市场竞争力。另外，上述生产方法还存在生产效率低、劳动强度大、卫生条件差等缺点。

近年来有研究者通过系统研究优质鲜花椒油生产关键工艺（油浸法），构建了鲜花椒油标准生产规程。具体工艺流程如下：①鲜花椒前处理工序。除去花椒刺、枝叶及异物，清洗，除水，烘干，再通过出料提升机进入浸提绞龙与热油浸提。②原油加热及鲜花椒浸提工序。室外原油储油罐的原油通过原油出油管上的输送泵，打入室内平台原油罐待用，室内平台原油罐的原油进入煮油锅，加热到 200~220 ℃（根据花椒含水分多少而定），关火，关气，打入高温油罐待用。③油椒分离及花椒冷却工序。粗过滤机初步分离油椒，经三足离心机进一步分离。④花椒油过滤工序。花椒油先后分别进行板框式过滤和碟片式分离工序。⑤热交换。将花椒油温度控制在 60~70 ℃，经热交换器后，迅速将花椒油温度降低至 30~45 ℃，降低其酸败的速度。此方式降低了生产周期，提高了生产效率。⑥灌装、包装。花椒油的灌装、包装均采用全自动化设备，减少劳动力成本支出，提高生产效率。⑦保鲜花椒工序。花椒渣经离心机脱残油 5 min 即得保鲜花椒，经脱油后的保鲜花椒在清水中漂洗 1~3 min 后，用鼓风机于 5 min 内冷却至室温，并用真空包装机进行包装，将包装好的保鲜花椒立刻送入 -18 ℃以下的冷库进行冷冻储藏。

（二）溶剂萃取法

一般选用沸点在 60~70 ℃的石油醚作溶剂，对花椒进行反复浸提，得到花椒精油。将花椒精油与食用植物油进行加热混合，即得到花椒油。此方法亦有缺陷，一是溶剂残留问题导致产品香气不纯，二是加热过程中溶剂的挥发无形中增加产品成本，且对大气环境造成一定程度污染。

（三）超临界 CO_2 萃取法

采用液态二氧化碳将花椒中的有效成分提取出来，即为花椒精油，再配以食用植物油而成。此方法比较先进，生产的花椒油质量较好。但在花椒采摘季节，使用该方法日处理鲜花椒量有限。该方法温度为 35~40 ℃，萃取时间长，且日处理量不大，因此不适宜在花椒抢收季节大生产中应用。该方法用于提取鲜花椒时，需将花椒果皮连同花椒籽粉碎或压片，因花椒籽所含油脂酸价高且有苦味，容易导致产品酸价增高，风味有所改变。需要注意的是，采用此方法生产花椒油需要投资专门的设备，投资成本较高，在中小企业应用受到一定限制。

（四）压榨法

压榨法分为热压榨法和改良冷榨法。热压榨法容易导致花椒中的呈香呈味物质大量损失。目前国内已有厂家采用一种类似物理冷榨法的技术生产花椒油。压榨法生产花椒油一般工艺流程如下：选成熟度适合的青鲜花椒，经过喷淋冲洗、淋干、冷压榨、振动筛分、油水分离等工艺，得到成品花椒油。其中鲜花椒冷压榨和油水分离，是压榨鲜花椒油的核心工艺。青鲜花椒压榨，采用一种特制的螺旋压榨机，在压榨过程中鲜花椒的果皮被多次揉压，果皮中的汁液被充分挤出，果皮中的一部分叶绿素也同时被挤出，汁液呈现为鲜绿色液体，再经过油水分离工序，得到鲜榨花椒油。经过冷藏、过滤、灌装，得到鲜花椒精油。鲜花椒采收后是带着果柄的成串的花椒，而鲜花椒的有效成分主要集中在鲜花椒表皮上，果梗基本不含有麻味素和鲜香轻油。目前由于压榨鲜花椒油制取工艺设备还不完善，还没有找到非常适合的鲜花椒去梗去核的机械化设备。

除此之外，还有蒸馏法、水煮法制取花椒油，但均已被淘汰。因花椒产地、采摘时间、生产工艺不同，导致花椒油的酸价、挥发物、色泽等指标有差异。不同的提取方法和不同的提取溶剂对于花椒有效成分的提取效率和品质有很大的影响。综合考虑生产成本、产量与可操作性，目前市场上出售的花椒调味油大多采用油浸法原理生产。

三、薄荷醇的生产

薄荷醇，俗名薄荷脑，是由薄荷的叶和茎中所提取的，呈无色或白色晶体状，为薄荷和欧薄荷精油中的主要成分；在乙醇、氯仿、乙醚、液体石蜡或挥发油中极易溶解，在水中极微溶解。薄荷醇有 8 个立体异构体，其中天然的薄荷醇主要为左旋异构体（L-薄荷醇），是植物提取的薄荷油的主要成分，具薄荷香气、新鲜透发并带刺激性的甜味和强烈的清凉作用，是薄荷醇市场中的主要产品类型，其份额占 95% 以上。L-薄荷醇凭借着独特的性质，在香料香精、日用精细化学品、医疗卫生和化妆品等工业方面表现出非常多的应用。在香料香精和食品的调味剂方面，主要用于烟草香料、口香糖、牙膏、糖果、饮料酒水、糕点等的赋香剂，其浓度一般在口香糖中为 1100 mg/kg，糖果中为 400 mg/kg，烘烤食品中为 130 mg/kg，冰激凌中为 68 mg/kg，软饮料中为 35 mg/kg。在医疗卫生方面，比如在杀菌剂、镇痛剂、麻醉剂，以及在神经疼、胃疼、牙疼的镇静剂等方面广泛应用。此外，化妆品和日常用品中也有应用，比如唇膏、洗发水、香皂、香水等。

薄荷醇可用天然提纯法及化学合成法生产。天然薄荷醇主要用于医药业、食品饮料和卷烟加工业，合成薄荷醇主要用于化妆品和日化工业。L-薄荷醇作为香料界销量最多的单品之一，其主要来源于植物的提取，提取物主要是亚洲薄荷油及欧洲薄荷油。2020 年 L-薄荷醇的世界年消耗量估计在 4 万 t，天然提纯法产量占比七成左右，中国是世界上 L-薄荷醇的产量大国之一，提取的薄荷油的产量年均达到 1 万~2 万 t，作为我国原始的香料出口类产品，其质量和纯度在国内外都得到高度认可。近年来我国这两种产品的消耗量及买卖量在市场上的比重很高，出口最高达到国内生产的 60% 左右，其中天然提取的 L-薄荷醇占 80%，合成的 L-薄荷醇所占比例很小。

工业上获得 L-薄荷醇的方法很多，传统提取工艺为首先采用水蒸气蒸馏法从薄荷植物中提取制得薄荷原油（薄荷油和薄荷脑），薄荷原油的成分极为复杂，包括 L-薄荷醇（70%~80%）、L-薄荷酮、乙酸薄荷酯、L-辛醇、桉叶油素等，故还需进行反复处理重结晶才能得到 L-薄荷醇。其他的方法如有机溶剂浸提法，获得的产品无论在产率还是纯度都比传统方法高，但存在溶剂残留的毒性问题。在实际生产中，由于蒸馏法容易实施，应用较多。

另外，采用超临界 CO_2 萃取法从薄荷中提取薄荷脑（薄荷醇），则可消除上述两种方法所产生的弊端，其产品得率也最高，比水蒸气蒸馏法约高 5 倍，比有机溶剂法约高 3 倍。其原因在于超临界 CO_2 萃取法的操作过程是在无水无氧环境下进行的，且工艺温度低，导致薄荷醇成分不会损失，一些容易被反应的部分和容易变化的部分不会发生改变，并且一些难以得到的部分也可以获得。例如，以薄荷油为原料，在压力 9.0~9.5 MPa、温度 35~45 ℃下进行超临界 CO_2 萃取提取，所得 L-薄荷醇纯度可达 90% 以上。此法生产的薄荷醇能够充分保证产品纯度的稳定性和均一性，易达到出口要求，具有更好的竞争力。目前的提取方法中，超临界 CO_2 萃取法最适合用于薄荷醇的提取。

四、桂花浸膏的生产

桂花浸膏是一种膏状香料，具有浓郁的桂花香气。用石油醚浸提桂花制取浸膏，得膏率为 0.15%~0.2%，产品为黄色或棕黄色膏状物，主要成分有紫罗兰酮、突厥酮、芳樟醇、橙花醇、香叶醇、金合欢醇、松油醇、丁香酚、水芹烯等。浸膏进一步用无水乙醇浸提可得到淡黄色净油。桂花浸膏是一种名贵的天然香料，香味优雅，可广泛用于食品、化妆品、香料香精生产中，已远销海外。在食品工业中主要用于调配桂花、蜜糖、桃子、覆盆子、草莓、茶叶等食品香精及酒用香精，在最终加香食品中浓度为 0.01~10 mg/kg。

桂花浸膏传统的生产方法是采用浸提法，浸提法也称液固萃取法，是用挥发性有机溶剂将原料中的某些成分转移到溶剂相中，然后通过蒸发、蒸馏等手段回收有机溶剂，从而得到所需的较为纯净的萃取组分。用浸提法从芳香植物中提取芳香成分，所得的浸提液中，尚含有植物蜡、色素、脂肪、纤维、淀粉、糖类等难溶物质或高熔点杂质。经蒸发浓缩将溶剂回收后，得到的往往是膏状物质，称为浸膏。用乙醇溶解浸膏后滤去固体杂质，再通过减压蒸馏回收乙醇后，可以得到净油。直接使用乙醇浸提芳香物质，则所得产品称为酊剂。由于浸提法可以在低温下进行，所以能更好地保留芳香成分的原有香韵。正因为如此，名贵鲜花类的浸提大多在室温下进行。此外，浸提法还可以提取一些不挥发性的有味成分。因此，浸膏类香料在食品香精中有着广泛的应用。

浸提法生产桂花浸膏的具体方法为：以木樨科桂花为原料，在室温下每千克花用 3 L 的石油醚浸提，经过洗涤后，浸出液先常压蒸馏回收石油醚，之后再在 40 ℃、80 kPa 的条件下进行减压蒸馏，进一步回收石油醚，得粗浸膏。再加入浸膏量 5% 的无水乙醇，搅拌加热溶解，在 55°C、92.2 kPa 下减压蒸馏，尽量除去乙醇–石油醚共沸物，可得浸膏，得率为 1.1%~1.7%。

其生产工艺具体如下：

（1）预处理。桂花进行浸取之前，需要经过腌制预加工处理，目的是促进有效芳香成分更多、更快地扩散传递到溶剂之中。

（2）装料及溶剂量。加料的质量与浸提效率密切相关。在加料时应注意物料颗粒不可太大，要使物料与溶剂有大的接触面；料层不可太厚，要有利于溶剂的渗透和精油的扩散。装载量一般为浸提器的 80%~90%。溶剂的加入量一般为物料的 3~5 倍。

（3）浸提。浸提温度和时间对浸提效率和产品质量有直接影响。一般来说，浸提温度提高，则浸出率增大，但浸提选择性差，杂质增多，产品质量下降。对于名贵鲜花类的浸提，最好在室温下浸提。浸提时间的长短主要取决于原料品种和原料组织情况，为提高生产效率和保证产品质量，工业生产中往往达到平衡时理论得率的 80%~85%，即可停止浸提。

（4）浓缩。为了得到浸膏或香树脂类的产品，必须将浸液中的溶剂蒸发回收。一般采取两步蒸馏法，先常压蒸馏回收大部分溶剂，然后在 80~84 kPa 和 35~40 ℃ 下进行减压蒸馏。当减压浓缩到半凝固状态时，绝大部分溶剂已被回收出来。但对于某些含有植物蜡较多的浸膏，粗膏中还含有 15%~30% 的溶剂。为了把这些残留在浸膏中的少量溶剂在短时间内快速脱除，常常往粗膏中加入 5% 左右的无水乙醇使粗浸膏充分溶解，然后在高于浸膏熔点温度 2~3 ℃、（93~95）kPa 下减压蒸馏 20 min，蒸出乙醇–石油醚共沸物，即可得到浸膏。

采用传统的石油醚浸提法制得的桂花浸膏香气质量不太稳定，产品得率低，目前国内外也有采用超临界 CO_2 萃取技术提取桂花浸膏、精油的工艺方法。此技术具有安全、环保和提取针对性强等优点，为获得高品质的桂花香料提供了可能，但因前期设备投资大，后期设备运行和维护成本高，目前还很难实现大规模的工业化生产。

五、辣椒油树脂的生产

辣椒油树脂（又称辣椒精、辣椒油、辣椒提取物）是一种从辣椒中提取、浓缩得到的暗红色或者深褐色流动性油状液体。它是由多种成分组成的混合物，主要含有辣椒红素、辣椒玉红素、玉米黄质、辣椒素、二氢辣椒素、高二氢辣椒素、磷脂和脂肪酸等成分。一般具有刺鼻的呛味，口尝辛辣、炙热，是目前常用的食品调味添加剂。1 kg 4%的辣椒精辣度相当于 80~120 kg 干辣椒，调料厂在生产调料时可与其他调味料添加剂混合使用，适用于辣味食品、辣味调味品、方便面调味料、酱菜、榨菜等。

目前国内外辣椒油树脂的主要生产工艺有油溶法、溶剂提取法、超临界 CO_2 萃取法、超声波溶剂提取法、溶剂微波提取法和酶法提取法，溶剂法以其规模大、经济运行成本低，在工业上得到广泛应用。溶剂法提取辣椒油树脂的工艺流程为：将高辣度的辣椒干粗碎去籽后，辣椒皮磨粉至 40~60 目，经造粒机制成粒径 3 mm 左右、粒长 10 mm 的颗粒，由提升机输送至平转连续浸取器中，控制温度 40~50 ℃，用六号溶剂油（或加乙酸乙酯的混合油）浸取2.5~3 h，然后经过滤的混合浸取油通过预热器送往一次降膜蒸发器，进行一次蒸发，蒸发温度控制在 60~80 ℃。经一次蒸发后的母液再次输送至二次升膜蒸发器，进一步减压蒸发回收溶剂，温度控制在 50~60 ℃，经过二次蒸发的色素，其溶剂残留通常低于 20%以下。然后将提取液母液再次输送至刮板蒸发器，继续蒸发至色素中的溶剂残留 2.5%以下，此时得到的即为带有极高辣味的辣椒提取物。将该辣椒提取物 75%的乙醇-水溶液在脱辣罐中逆流萃洗脱辣 3~5 次，经碟片离心机将色素和乙醇相进行分离（或静置分离），乙醇相经蒸馏塔回收乙醇，剩余辣椒油树脂及水静置分离，然后再将上层辣椒油树脂减压去除溶残，即得到辣椒油树脂成品。该方法的不足之处是产品中除了辣椒油树脂外，还含有较多的磷脂、蜡质、果胶、淀粉等成分，严重影响了辣椒油树脂的品质和应用效果，需要进一步纯化除去杂质，以得到较纯净的辣椒精。

随着超临界 CO_2 萃取技术的发展，其在国内外食品、化工及香料香精等行业也得到了广泛应用。采用超临界 CO_2 萃取法制备辣椒油树脂具体工艺为：将辣椒干粉加入萃取釜中，待机器预热完毕后，钢瓶中的 CO_2 气体由泵加压成为超临界状态后，依次进入净化器和预热器，再从萃取釜底部进入并通过萃取釜内的物料层。溶有辣素成分和色素成分的 CO_2 流体由萃取釜顶部流出，经调节阀进入分离釜顶部并深入分离釜内进行气液相分离，萃取产品经分离釜 I

（6.0 MPa，50~55 ℃）和分离釜Ⅱ（5.0 MPa，45~50 ℃）底部采样阀采集。气相经分离釜顶部出来，之后重新进入系统，循环萃取，CO_2 流量为 0.40 m^3/h。后停机并关闭所有阀门，泄压后通过料筒取出萃取釜内的产品。与传统的溶剂法相比，超临界 CO_2 萃取法是比较理想的方法，全过程中不使用有机溶剂，所得产物色价高，辣椒素含量高，杂质少。

第三节　合成香料制备技术

合成香料也称人工合成香料，是人类模仿天然香料，运用不同的原料，经过化学或生物合成的途径制备或创造出的某一"单一体"香料。天然香料易受自然条件及加工等因素的影响，存在产量和质量不稳定、生产成本较高的弊端，无法满足众多加香制品的需求，促进了合成香料的发展。目前世界上合成香料已达 5000 多种，常用的产品有 700 多种，在香精配方中，合成香料占85%左右，有时甚至超过 95%。我国生产的合成香料约有 400 种，其中香兰素、香豆素、洋茉莉醛等合成香料在国际上享有盛名。我国 GB 2760—2014 规定容许使用的食用香料目录中的合成香料也多达 1477 种，与天然香料相比，合成香料的价格低廉、货源充沛、品质稳定。如今世界上合成香料的年产量已达 10 万 t 以上，而且还以年增长率 5%~7%的速度递增，合成香料工业现已成为现代精细化工领域的一个重要组成部分。

一、合成香料的原料

纵览香料发展历史，我们都知道香料最初主要是从天然芳香植物的花、叶、枝、根、芽、干等部位经萃取或蒸馏，或者由动物分泌物如麝香、龙涎香、灵猫香、海狸香中萃取的呈香成分而得到。随着化学工业的发展及人们对加香产品日益增长的需要，科学家们又逐渐积极向化学工业领域寻找合成香料，以弥补天然精油的不足。目前合成香料主要来自以下三大类。

（1）天然植物精油。天然芳香植物精油（包括萃取物、浸膏及动物香料）是合成香料的一个重要来源，在合成香料中可利用的天然精油非常多，例如松节油、山苍子油、香茅油、八角茴香油、蓖麻油、菜籽油等。通常的生产工艺，是首先通过物理或化学的方法从这些精油中分离出单体，即单离香料，然后用有机合成的方法，将它们合成为价值更高的香料化合物。例如，从八角茴香中经水蒸气蒸馏出的八角茴香油，含有 80%左右的大茴香脑，将大茴香脑单离后，用高锰酸钾氧化，制出有山楂花香的大茴香醛，用于配制金合欢、山楂等日用香精。

（2）煤炭化工产品。煤炭在炼焦炉炭化室中受高温作用发生热分解反应，除生成炼钢用的焦炭外，还可得到煤焦油和煤气等副产品。这些焦化副产品经进一步分馏和纯化，可得到酚、萘、苯、甲苯等基本有机化工原料。利用这些基本有机化工原料，可以合成大量芳香族和酮等有价值的合成香料化合物。例如，苯与氯乙酰在催化剂作用下，合成具有水果香气的苯乙酮，用于紫丁香、百合等日用香精的生产中。

（3）石油化工产品。从炼油和天然气化工中，可以直接或间接地得到大量有机化工原料，如苯、甲苯、乙炔、乙烯、异丁烯、异戊二烯、异丙醇、环氧乙烷、丙酮等。以这些石油化工产品为原料，既可合成脂肪族醇、醛、酮、酯等一般香料，还可合成芳香族香料、萜类香料、麝香等宝贵的合成香料。例如，以乙炔和丙酮为基本原料，经一系列反应可得到芳樟醇、香茅醇等。

二、合成香料的生产设备

合成香料的生产加工主要包括化学反应和分离纯化两大步骤，涉及的主要生产设备如下：

（1）化学反应设备。根据化学反应原理不同，可分为缩合反应器、加成反应器、硝化反应器、高温异构化反应器、高压氢化和氧化反应器等；根据反应器类型不同，可分为搅拌式反应设备、塔板型反应设备、填充塔型反应设备、流化床式反应设备等。

（2）分离纯化设备。分离纯化设备主要包括过滤分离设备、离心分离设备、精馏设备、粗产品的重结晶设备等。

三、合成香料的生产

合成香料的生产，是指利用煤化工产品或石油化工产品或单离香料为原料，通过有机合成的方法来制备香料。同有机合成一样，香料合成采用了化学反应，如氧化、还原、水解、缩合、酯化、卤化、硝化、环化、加成等。随着近代科学的发展，合成香料化学的发展也越来越快，运用色谱和光谱技术，能很快将天然香料的芳香成分分离，并鉴定其结构，再用相应的化学方法生产出具有相同结构的化合物，如从突厥玫瑰精油中发现并合成了玫瑰香气的关键组分玫瑰醚、玫瑰呋喃、突厥酮等。这类合成香料也称为"天然等同物"，多借用所模拟的天然香料的名称来命名。还有许多天然化合物的结构过于复杂，合成成本过高，则代之以结构完全不同而香气基本相似的化合物，这类合成香料在天然香料成分中尚未被发现，属于人造香料，如各种合成麝香、洋茉莉醛等。以上化学合成香料，具有化学结构明确，产量大、品种多、价格低廉等特点，可以弥补天然香料的不足，增大了有香物质的来源，因而得以长足发展。

（一）烃类香料

烃类是碳氢化合物，广泛存在于自然界中，一般香气比较弱，因此在调香中，很少作为香料直接使用。但烃类化合物可以作为香料工业中合成香料的重要原料、溶剂和萃取剂。香料工业所用的烃类有两个主要来源：一个是天然精油，一个是石油化工业的裂解产物，也可以合成许多烯烃。烃类香料主要包括萜烯类香料和芳烃类香料两大类。

1. 萜烯类香料

萜烯类化合物广泛存在于自然界中，是构成某些植物的香精、树脂、色素的主要成分，如玫瑰油、桉叶油、松脂等都含有多种萜烯类化合物。另外，某些动物的激素、维生素等也属于萜烯类化合物。萜烯类化合物从结构上可以看作是异戊二烯的聚合体，按照分子中异戊二烯的单位数，可将萜烯类化合物分为单萜、倍半萜、二萜、多萜等。在香料工业中最重要的是单萜和倍半萜，即碳原子数为 10 和 15 的化合物。二萜以上的化合物沸点很高，也无气味，对香料工业应用价值不大。单萜类化合物广泛分布于高等植物的腺体、油室和树脂道等分泌组织中，是植物挥发油的主要成分，在昆虫激素和海洋生物中也有存在。其含氧衍生物多具有较强的生物活性和香气，单萜以苷的形式存在时，不具有挥发性，不能随水蒸气蒸馏出来。常见的重要萜烯类香料如下：

（1）蒎烯。蒎烯属于蒎烷单萜，有 α- 和 β- 蒎烯两种同分异构体（结构式见图 3-1），分子式为 $C_{10}H_{16}$。α- 蒎烯和 β- 蒎烯均为无色油状液体，α- 蒎烯具有松木、针叶和树脂的香气，β- 蒎烯具有松木和树脂的香气。蒎烯广泛存在于松节油中，因产地不同，蒎烯中的 α- 体和 β- 体的含量不同。松节油蒸馏收集 155~157 ℃ 之间的馏分，此馏分含 β- 蒎烯 13%~17%。蒎烯作为香料以微量用于柠檬、肉豆蔻等食用香精中，此外在香料工艺中合成许多重要的单体香料。蒎烯的制备方法主要有两种：一种是从松节油中用真空分馏的方法，将 α- 蒎烯和 β- 蒎烯分离出来；一种是从造纸厂的废液中回收松节油，然后将 α- 蒎烯和 β- 蒎烯分离出来。

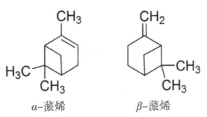

α-蒎烯　　　　　β-蒎烯

图 3-1　蒎烯的两种同分异构体

（2）月桂烯。月桂烯也称香叶烯，有 α- 和 β- 两种同分异构体（结构式见图 3-2），分子式为 $C_{10}H_{16}$。α- 月桂烯在自然界中存在极少，一般在香料工业中使用的月桂烯是 β- 月桂烯。β- 月桂烯为无色或淡黄色液体，具有清淡的香脂香气和柑橘、热带水果味道，不溶于水，溶于乙醇等有机溶剂，常压沸点为166~168 ℃。月桂烯可通过真空分馏法分离，其沸点为76~78.4 ℃/4.39 kPa。月桂烯在空气中极易发生氧化剂聚合反应，因此在真空分馏时，需要在氮气保护下操作。月桂烯天然存在于马鞭草油、蛇马油、松节油、肉桂油、柠檬草油等精油中。在黑龙江发现的黄柏油中含有的月桂烯高达80%~90%，为我国香料工业提供了极为宝贵的资源。月桂烯香气较弱，少量用于古龙水、除臭剂等日用香精，以及柑橘、芒果、橙子、水果等食用香精中。此外，它还是合成芳香醇、香叶醇、橙花醇、紫罗兰酮等单体香料的原料。其制备方法主要有：从天然精油中用减压分馏的方法分离得到；以异戊二烯为原料合成；以 β-蒎烯为原料通过热裂解得到；以异戊二烯的溴化物偶合反应得到。

图3-2　月桂烯的两种同分异构体

　　（3）松油烯。松油烯有 α-、β-和 γ-三种同分异构体，松油烯（结构式见图3-3），分子式为 $C_{10}H_{16}$。三种异构体中，β-松油烯化学性质不稳定，γ-松油烯香气欠佳，在香料工业中经常使用的为 α-松油烯。α-松油烯为无色油状液体，具有柠檬样的香气，不溶于水，溶于乙醇等有机溶剂。其天然存在于柑橘、薄荷、荆芥、桉树、豆蔻等精油中。松油烯一般作为合成香料的中间体使用，α-松油烯可用于调配柠檬、薄荷香精，γ-松油烯可用于调配白柠檬、圆柚、柑橘、药草、芒果等食用香精。制备方法有两种：一种是从柑橘类精油脱萜的产物中，进一步真空分馏，就可以单独分离出松油烯；另一种是利用松节油中的蒎烯，在酸催化下经异构化反应得到 α-松油烯和 γ-松油烯。

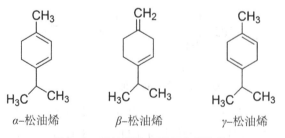

图3-3　松油烯的三种同分异构体

（4）β-石竹烯。其化学名称为8-亚甲基-4,11,11-三甲基双环[7,2,0]-4-十一碳烯（结构式见图3-4），分子式为 $C_{15}H_{24}$。无色液体，具有温和的丁香香气，不溶于水，溶于乙醇等有机溶剂。石竹烯在自然界中有 α-、β-和 γ-三种异构体。β-石竹烯主要存在于丁香油中，在薰衣草油、薄荷油、桂皮油等精油中也有存在。其少量用于日化香精中，主要是作为合成香料的原料，例如可以用来合成乙酰基石竹烯等具有较高价值的香料。其制备方法主要是将丁香油除去丁香酚，再经真空分馏得到。

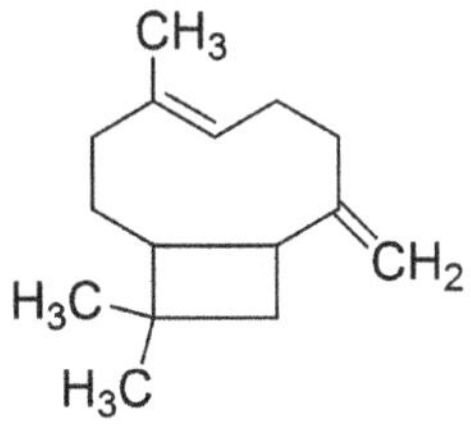

图3-4　β-石竹烯

2. 芳烃类香料

由于芳烃类化合物的香气比较粗糙，直接用于调香的极少，只有少数几个直接用于香精中。如二苯甲烷具有香叶气息，β-2-二甲基-5-异丙基苯乙烯具有近似若兰香油、当归油气息，可调配风信子和橙叶等香精。

（1）对伞花烃。分子式为 $C_{10}H_{14}$，结构式见图3-5，无色液体，具有特征的胡萝卜、萜烯香气，不溶于水，溶于乙醇等有机溶剂，天然存在于柏木油、柠檬油、肉豆蔻油、肉桂油、大茴香油中。主要作为定香剂，应用于玫瑰味、香薇味等香皂、化妆品香精中。少量用于冰激凌、口香糖、软饮料、调味品等食用香精中，是合成粉檀麝香、伞华麝香的主要原料。其合成方法有两种：一是从亚硫酸盐法造纸的洗涤液中得到；二是以甲苯和丙烯为原料通过弗里德-克拉夫茨反应（Friedel-Crafts reaction）制备得到。

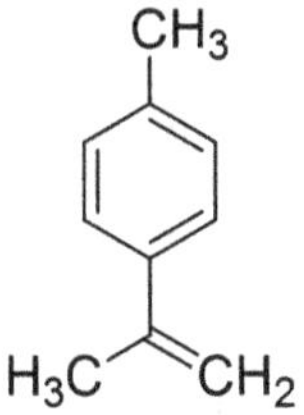

图3-5　对伞花烃

（2）二苯甲烷。分子式为 $C_{13}H_{12}$，结构式见图3-6，为白色针状结晶体或液体，具有强烈的香叶、甜橙香气，但较为粗糙，稀释后较为宜人。不溶于水，溶于乙醇等有机溶剂。二苯甲烷在香料工业中可作为香叶油的代用品，作为定香剂，应用于玫瑰味、香薇味等香皂、化妆品香精中。其合成方法为氯苄和苯在无水三氯化铝（或氯化锌、氯汞齐）存在下经弗里德-克拉夫茨反应制备得到；也可由二氯甲烷和苯为原料制备得到。

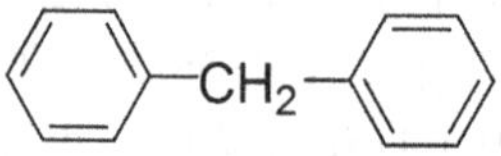

图3-6　二苯甲烷

（二）醇类香料

醇类化合物普遍存在于天然芳香成分中，因其具有特定的天然芳香气味，常作为香料物质使用，是一类重要的香料来源，同时也是合成香料中重要的原料或中间体。醇类化合物广泛存在于自然界中，其化合物种类多，化学性质比较稳定，约占合成香料品种的20%以上，如乙醇、丙醇、丁醇等在各种酒类、酱油、食醋、面包中均作为香气成分存在，苯乙醇是玫瑰、橙花、依兰花的主要芳香成分之一，萜醇在自然界更是广泛存在。

醇类香料主要包括脂肪醇、芳香醇、萜醇、脂环醇、杂环醇等几大类，其中脂肪醇类化合物多数直接被应用于香料工业中，经常使用的有松油醇、芳樟醇、苯乙醇、肉桂醇、香茅醇、正辛醇、正壬醇、正癸醇、月桂醇等。每种醇类化合物分别具有不同类型的香气。例如，正辛醇具有强烈的油脂气味，当其浓度稀释到一定程度时则呈现出比较愉快的花香和水果香，常用于玫瑰型等花香香精产品的调配中。正壬醇具有非常强烈持久的香气，稀释后具有玫瑰等花香成分的香气，香味的表型和香茅醇类似，适用于调配玫瑰型香精。正癸醇具有柔和的玫瑰型香气，因其风味比较独特，常常以极微量用于对应香型的香精中，起香味调和的作用。同一种香料香精或者精油中，可能同时存在多种醇类香料。例如在玫瑰油中，香叶醇含量为14%，橙花醇含量为7%，芳樟醇含量为1.4%，金合欢醇含量为1.2%。在花香型日用香精中，只加微量即可增加香精的天然感，在食品中也可少量使用。

醇类香料的合成方法和手段很多，不同的原料经过各自的途径和采用相应的方法来达到目的。下面介绍几种常见的大宗醇类香料。

1. 松油醇

松油醇又名梧桐油、松节油萜醇，是一种重要的香料，天然存在于松树油、杂薰衣草油、伽罗木油、橙叶油、橙花油等多种精油中，工业上以松节油为原料制得，价格低廉，是合成香料中产量较大的品种之一，也是最早实现工业生产的合成香料之一，主要用在各种日化香精配方中，尤其是用在香皂和合成洗涤剂用香精配方中，用量可达30%。松油醇分为香料规格和药用规格两种，香料级松油醇具有较好的香气适应性，在空气及在许多加香介质中稳定性好，广泛用于各种用途的香精调配，也可用作增加新鲜气息剂；作为体香常用于百合、紫丁香、铃兰、金合欢、草木樨、橙花等香精中，在玉兰、栀子、水仙和松针型香精中也是重要香料。

松油醇有 α-、β-和 γ-三种同分异构体，结构式见图3-7。按其熔点应均为固体，但市场上出售的合成品，多是这三种异构体的混合物，呈液态。α-松油醇有右旋、左旋和外消旋三种构型。右旋 α-松油醇天然存在于小豆蔻油、甜橙油、橙叶油、橙花油、茉莉油、肉豆蔻油中；左旋 α-松油醇天然存在于松针油、樟脑油、桂叶油、柠檬油、白柠檬油、玫瑰木油中。β-松油醇有顺式和反式异构体（精油中较少见）。γ-松油醇在刺柏木油中以游离态或酯的形式存在。在香料中使用的是以 α-松油醇为主的混合物，为无色黏稠液体，具有特有的丁香花香气，难溶于水，易溶于乙醇、丙二醇等有机溶剂中。

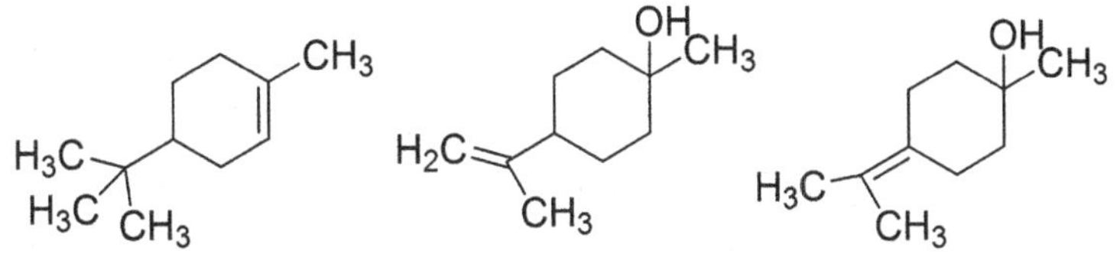

图3-7 松油醇的三种同分异构体

松油醇也是我国出口的合成香料之一，合成工艺方法主要有两种。

一种是一步法，即松节油在酸催化作用下直接进行水合反应生成松油醇。一步法合成松油醇研究较多的催化剂是固体酸，如用二氧化硅、钛、氧化锆等固体材料负载三氯乙酸进行催化反应。用硫酸溶液制备固体超强酸 ZrO_2/SO_4^{2-} 进行催化反应；用固体磺酸催化，用丙酮作溶剂，丙酮与蒎烯的质量比为2：1进行催化反应；用 D 型大孔磺酸树脂催化，用异丙醇作溶剂，异丙醇与松节油的质量比为2.5：1进行催化反应；采用氯乙酸辅助离子交换树脂进行催化蒎烯合成，相比单独使用离子交换树脂进行催化，催化效率显著提升；用氯乙酸催化松节油，氯乙酸与松节油的质量比为2：1，并用三氧化铬作助催化剂；在连续流动的条件下，用氯乙酸催化蒎烯一步水合，氯乙酸与蒎烯的物质的量比为1：1进行催化反应。但用固体酸作催化剂，通常需要以氯乙酸为助剂，或者采用大剂量的丙酮、异丙醇作溶剂。有研究者利用扁桃酸作催化剂时，加入磷酸提高了蒎烯反应速率，并且 α-松油醇的选择性也较高，其优化后的反应条件为：反应原料 α-蒎烯、乙酸、水、扁桃酸、磷酸的质量比为10：24：10：0.8：0.5，反应时间12 h，反应温度70 ℃。此条件下，α-蒎烯的转化率为96.6%，产物中 α-松油醇含量为41.7%，α-松油醇的选择性为43.5%，龙脑含量为1.2%。反应后的酸水仍具有较高的催化活性，经过补充适量催化剂、乙酸和水后可以继续用于蒎烯水合反应。

另一种是两步法，即松节油首先在酸催化作用下水合成萜二醇，再经稀酸催化脱水生产松油醇。

松油醇的生产方法为：松节油与30%硫酸配料质量比为1：1.7，以10%平平加（Pergal）为乳化剂，反应温度28~30℃。反应24 h后静置分层，生成的水合萜二醇晶体浮在酸水之上，排出酸水后留在反应锅中的结晶及油层，水洗3次，再用稀碱液洗至中性，离心甩滤，得水合萜二醇结晶。脱水时，水合萜二醇与0.2%硫酸配料质量比为1：2，搅拌并通入直接蒸汽和间接蒸汽加热至沸，反应需3~5 h。静置分层，放出下层酸液。浊层加稀碱液中和，分去碱液，静置澄清，油层进行分馏，按馏分相对密度分段收集，成品或半成品松油醇产量为投料量的55%~60%。

由于两步法生产所得的松油醇香气和纯度较稳定，且投资相对较少而被广泛采用。天然松油醇中的β-松油醇、γ-松油醇含量不如合成松油醇中的高，但由于天然松油醇的香气比合成松油醇好，国外客户多倾向于购买天然松油醇，其售价也较高。我国出口到日本的松油醇商品对其品质有了新的要求，即在α-松油醇、β-松油醇、γ-松油醇含量达到要求的同时，要求松油醇后馏分的含量低于1.0%。目前国内生产的松油醇产品普遍存在松油醇后馏分含量偏高（高于1.0%）的问题，因此影响了松油醇的品质和出口售价。生产厂若通过重新投资建设分馏塔改进工艺流程来提高质量，则需要投入较多的资金。通过分析研究其杂质的化学成分，发现由杂樟油经精馏得到的天然松油醇的主要成分是1,8-桉叶素、p-异丙烯基甲苯、芳樟醇、樟脑、龙脑、4-松油醇、α-松油醇和黄樟素等。天然松油醇中4-松油醇含量达到18%以上，经再精馏就可以较容易得到纯的4-松油醇和α-松油醇产品。因此，生产厂商可以在现有设备基础上，通过控制生产中间环节产品的质量来达到降低杂质的含量，达到增加生产企业经济效益的目的。

2. 芳樟醇

芳樟醇（结构式见图3-8）又名沉香醇、芫荽醇、伽罗木醇等，属于链状萜烯醇类，有α-和β-两种异构体，还有左旋、右旋两种光异构体，是目前工业上用量最大的香料香精之一。芳樟醇具有木青气息，似玫瑰木香气，更似刚出炉的绿茶青香，既有紫丁香、铃兰香与玫瑰的花香，又有木香、果香气息。其香气柔和，轻扬透发，不甚持久。在不同来源的精油中，芳樟醇多为异构体的混合物。消旋体存在于香紫苏油、茉莉油中，或是合成的芳樟醇中。芳香醇的化学结构决定了其具备醇和烯烃类化合物的通性和特征，例如可以进行酯化、脱水反应，容易被还原为相应的烃类化合物。在金属钠的存在下，可以生成二氢月桂烯；在胶体铂或骨架镍上还原时，则生成二氢芳樟醇和四氢芳樟醇。由于芳樟醇的活泼化学性能，所以其作为中间体能够发生反应生成名目繁多的衍生物，在香化、医药、日化工业上得到广泛应用。此外，芳樟醇具有抗菌、驱避杀虫、消炎止痛及镇静等多种生物学功效，还可以作为维生素 A、维生素 E 及异植物醇生产过程中的重要中间体，是食品、医药和化妆品行业的重要原料。

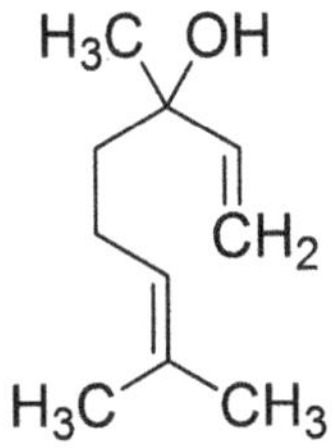

图 3-8 芳樟醇

芳樟醇的来源很广，多种香料中均含有芳樟醇，其中含量较大的有芳樟叶油、芳樟油、伽罗木油、玫瑰木油、芫荽籽油、白兰叶油、薰衣草油、代代叶油、香柠檬油、香紫苏油及众多的花（茉莉花、玫瑰、代代花、橙花、依兰等）油。在绿茶的香成分里，芳樟醇也排在第一位。当今人们崇尚大自然，芳樟醇的香气大行其道。芳樟醇本身的香气颇佳，沸点比较低，在香料分类里，芳樟醇属于"头香香料"，当调香师试配一个香精的过程中觉得它沉闷、不透发时，第一个想到的是加点芳樟醇，所以每一个调香师的架子上，芳樟醇都是排在显要位置上的。自然中的芳樟醇主要存在于樟树精油中，樟树精油的品种差异性直接决定了其成分的多样性和含量差异。根据樟树精油中的主要化学成分将其分为芳樟、脑樟、油樟、异樟和龙脑樟。芳樟的主要化学成分是芳樟醇，其含量占 17.30%~84.83%；脑樟中樟脑含量达 10.00%~75.03%；油樟中桉叶油素含量为 30.70%~58.51%；异橙花叔醇是异樟的主要含有成分，含量为 20.74%~42.00%；龙脑樟的主要化学成分为龙脑，含量为 67.06%~81.78%。樟树精油的不同化学成分具有不同的物理、化学性质及生物活性，在香料香精、日用化工和医疗保健等领域已有广泛的应用。

目前芳樟醇主要通过植物提取和化学合成两种方式来制备。植物提取可以用芳樟油、玫瑰木油、伽罗木油等精油作为原料经分馏得到，但由于植物提取的芳樟醇不仅产量很低，而且分离提纯步骤复杂，并不能满足市场日益增长的需求。化学合成的芳樟醇是混合消旋体，无构型选择性且合成工艺复杂，成本相对高。以松节油合成芳樟醇主要有两种路线：一种是将 β-蒎烯高温裂解为月桂烯，然后经盐酸化、酯化、皂化等步骤制成芳樟醇。其他通过此法生成的醇还有橙花醇、香叶醇、月桂醇及松油醇等，此法产率比较高。第二种是将 α-蒎烯氢化至蒎烷，然后氧化为蒎烷氢过氧化物，再还原为蒎烷醇，最后经热解制得芳樟醇。随着合成生物学技术的高速发展，越来越多的研究开始关注如何将微生物改造成细胞工厂来进行生物合成，以达到将生物原料转化为人类所需要生化产品的目的。

在酵母芳樟醇的生物合成研究中，有研究通过在酿酒酵母中表达薰衣草来源的芳樟醇合成酶，使酿酒酵母中芳樟醇的产量达到了 95 µg/L。还有研究通过将软枣猕猴桃来源的芳樟醇合成酶与法尼基焦磷酸合酶在酿酒酵母中进行融合表达并进行了分批发酵，芳樟醇的产量达到 240 µg/L。关于芳樟醇生物合成的研究主要集中在不同来源芳樟醇合成酶的挖掘、途径中限速酶的改造和竞争途径的下调等方面，但仍然远远不能满足工业化生产所需。

芳樟醇的应用范围非常广泛，涉及化妆品、杀虫剂、食品和饮料（香精、调味品）、医药等领域，其衍生物也得到了广泛的应用。作为植物香料而言，左旋体的芳樟醇香味偏甜，右旋体则偏清香，并且天然芳樟醇通常为异构体的混合物，芳樟醇的不同来源导致了香气的多样性，通常并非单一纯正的香气，更像是众多香气的有效结合。而合成芳樟醇香气相对纯净。由于天然芳樟醇易挥发，香味不够持久，因此在利用时需要对其进行改性，制备芳樟醇的衍生物以提高适用性，如芳樟醇的乙酸酯、苯甲酸酯、异丁酸酯、苯基丙烯酸酯等酯类衍生物。除了化妆品领域外，芳樟醇合成的醇类衍生物如硫代香叶醇等也可应用于食用香料中。此外对于香烟中难闻的杂气，芳樟醇也具有很好的增加香气和掩盖杂气的作用。

3. 苯乙醇

苯乙醇（结构式见图 3-9）又名苄基甲醇，分子式为 $C_8H_{10}O$，外观为无色透明状液体，具有花香气味。不溶于水，可溶于乙醇、乙醚、甘油等有机溶剂。在自然界中，苯乙醇在玫瑰、苹果、杏仁、香蕉、桃、梨、草莓、可可等多种天然植物中发现，但除了玫瑰外，在其他植物中含量较低，无法提取。

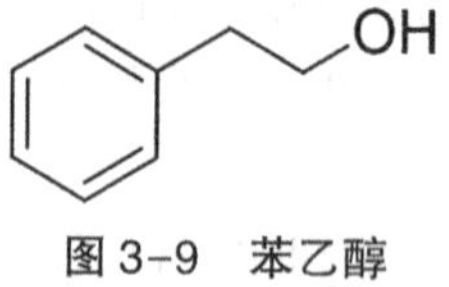

图 3-9　苯乙醇

苯乙醇具有清甜的玫瑰样花香，是我国规定允许使用的食用香料，经常用以配制蜂蜜、面包和浆果等类型香精；亦可以调配各种食用香精，如草莓、桃、李、甜瓜、焦糖、蜜香、奶油等型食用香精。一般在口香糖中使用量为 21～80 mg/kg，烘烤食品中 16 mg/kg，糖果中 12 mg/kg，冷饮中 8.3mg/kg。此外，苯乙醇几乎可以调配所有的花精油，如调配玫瑰香型花精油和各种花香型香精，如茉莉香型、丁香香型、橙花香型等，广泛用于调配皂用和化妆品用香精。

玫瑰精油虽然可以提取苯乙醇，但其成本高，产量小，而苯乙醇是大宗香料之一，全球需求量庞大，仅次于香兰素，因此在工业领域一般采用化学合成法制备苯乙醇，主要有氧化苯乙烯加氢法、环氧乙烷法两种工艺。国际市场上氧化苯乙烯加氢法产品约占60%，环氧乙烷法产品约占40%，且环氧乙烷法产品所含微量杂质导致香气差异较大，质量不稳定。因此，在香料工业中主要采用氧化苯乙烯加氢法制备苯乙醇，处理量大，流程比较简单。此方法分两步进行：第一步将苯乙烯氧化为环氧苯乙烷，常用的催化剂有有机过氧化物、氧化钨或钨酸钠、卤化物和氧化银等；第二步由环氧苯乙烷加氢得到苯乙醇，常用的催化剂有雷尼镍、Cu-Ni-Al$_2$O$_3$、Cr-C、Pd-Co-Ni等。

4. 肉桂醇

肉桂醇（结构式见图3-10）分子式为C$_9$H$_{10}$O。反式呈无色或微黄色长型细小针状结晶，顺式者为无色液体，部分纯度低的市售肉桂醇产品中带有淡黄色液体物质，有类似风信子与膏香香气，有甜味。溶于乙醇、丙二醇和大多数非挥发性油，难溶于水和石油醚，不溶于甘油和非挥发性油。主要用于配制杏、桃、树莓、李等香型香精，用作化妆品香精和皂用香精。

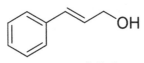

图3-10　肉桂醇

肉桂醇广泛存在于自然界中，肉桂、大茴香、樱桃、覆盆子、番石榴、甜瓜等许多植物都含有肉桂醇。工业生产中常用于配制杏、桃、树莓、李等香型香精，用作化妆品香精和皂用香精，有温和、持久而舒适的香气，香味优雅，在调香中更多用作其他香料的定香剂、变调剂等，常与苯乙醛共用，是调制洋水仙香精、玫瑰香精等不可缺少的香料。肉桂醇是我国允许使用的食品香料，主要用于配制草莓、柠檬、杏、桃等水果型食用香精和白兰地酒用香精。一般在口香糖中使用量为720 mg/kg，烘烤食品中33 mg/kg，糖果中17 mg/kg，软饮料中8.8 mg/kg，冷饮中8.7 mg/kg，酒类中5.0 mg/kg。

工业批量使用和市场销售的肉桂醇全部为合成品，很少从天然植物中分离提取，市售通常为反式肉桂醇，顺式和反式肉桂醇同样具有芳香。反式肉桂醇由肉桂醛还原制得，顺式肉桂醇由苯基丙炔醛缩醛部分还原制得。常见的制备方法如下：

（1）桂醛还原法。在1份质量的苄醇中加入0.01份铝屑，加热至60℃反应放出氢气，温度升高至180℃，至停止放出氢气为止。苄醇铝溶液经冷却、过滤后加入到苄醇和桂醛的混合物（质量1∶1）中。在0.0027 MPa的条件下加热至沸，在80℃和回流比3~4下蒸出反应生成的苯甲醛，同时补加苄醇。直到蒸出理论量95%的苯甲醛后停止加料，并蒸出剩余的苄醇，然后蒸出肉桂醇粗品，再经减压精馏，收集117℃（7 kPa）馏分，即为肉桂醇。

（2）苏合香脂皂化法。桂醇以桂酸桂酯的形式天然存在于秘鲁香脂、安息香脂和苏合香脂中。将苏合香脂在10%的氢氧化钠溶液中加热皂化5 h，再用乙醚萃取出水解产物桂醇，最后经减压蒸馏提纯而得肉桂醇。

（3）工业大批量制法。以乙醇或甲醇作为溶剂，在碱性介质（pH12~14）中加入硼氢化钾，完全溶解后，在12~30 ℃滴加肉桂醛，肉桂醛滴加完毕后继续反应至反应完全，加丙酮分解过量的硼氢化钾，用盐酸或稀硫酸调 pH 到7，升温常压回收乙醇或甲醇，冷却至40~50 ℃静置分层，分离下层废水得到肉桂醇粗品，经减压蒸馏得到肉桂醇成品。本方法工艺简单，生产成本低，无污染，产品质量稳定可靠，肉桂醇收率可高达90%以上。

5. 香茅醇

香茅醇又称香草醇（结构式见图 3-11），分子式为 $C_{10}H_{20}O$，无色油状液体，有新鲜玫瑰似特殊香气，有苦味，微溶于水，溶于乙醇和大多数非挥发性油及丙二醇，不溶于甘油。香茅醇是一种无环的单萜类化合物，是单萜醇里最简单的类型，作为最常用的香料，可用于配制多种香精、香水，最适用于玫瑰香，也可作柑橘香的香精和许多香茅醇酯类的原料，并可用于制造羟基二氢香茅醇并进而制造羟基二氢香茅醛。香茅醇是调配各种玫瑰系花香香精不可缺少的原料，几乎可应用在一切化妆品中。作为食用香料，一般要求纯度在94%以上，不得用于加香以外的目的。此外，香茅醇还被临床证明具备多种药物活性，可用于抗炎、抗惊厥、镇痛、降胆固醇。香茅醇同时还是多种手性化合物的全合成过程中重要的中间体。

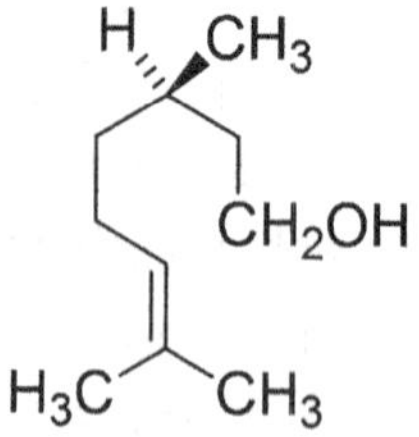

图 3-11　香茅醇

天然香茅醇存在于香茅、玫瑰、柠檬草、天竺葵、尤加利、香蜂草等精油中，在高等级的生姜精油中也含有少量的香茅醇。天然精油含有右旋或左旋香茅醇及其消旋体。右旋香茅醇主要存在于芸香油、香茅油和柠檬桉油中；左旋香茅醇通常称为玫瑰醇，主要存在于玫瑰油和天竺葵属植物的精油中。二者均为无色液体，具有甜玫瑰香，左旋体的香气比右旋体幽雅。香茅醇比香叶醇稳定，香茅醇脱氢或氧化生成香茅醛。生产和制备方法一般有以下四种：①右旋和消旋香茅醇由精油中的香茅醛部分制造，从爪哇香草油蒸馏得到的右旋香茅醛，以兰尼镍催化剂接触氢化，转变为右旋香茅醇。同样，由柠檬桉油中的消旋香茅醛部分制得消旋香茅醇。②由精油中的右旋或消旋香叶醇制造。从爪哇香茅油得到的香叶醇经催化氢化反应，然后分馏得到。选择兰尼钴作催化剂，可使 2 位双键氢化。③由合成的香叶醇和橙花醇的混合物经部分氢化得到，或由异丙醇用钡活化的亚铬酸铜在 180 ℃加压下反应生产，此方法产率为 90%。④由旋光活性的蒎烯制造左旋香茅醇。将 α-蒎烯或 β-蒎烯氢化得(−)-顺蒎烷，热裂解转变为(+)-3,7-二甲基-1,6-辛二烯，与三异丁基铝或二异丁基氢化铝作用，然后将所生成的醇铝氧化并水解，即得到纯度为 97%的香茅醇。

6. 薄荷醇

薄荷醇（结构式见图 3-12），也叫薄荷脑或薄荷油，是一种环状萜类有机化合物，分子式为 $C_{10}H_{20}O$，为无色针状结晶或白色结晶粉末；有薄荷的特殊香气，味初灼热后清凉。在乙醇、氯仿、乙醚、液体石蜡或挥发油中极易溶解，在水中极微溶解。薄荷脑系由薄荷的叶和茎中所提取，为薄荷和欧薄荷精油中的主要成分。一般有两种异构体（D 型和 L 型），天然的薄荷醇主要为左旋异构体（L-薄荷醇），这里的薄荷脑一般指消旋的薄荷醇（DL-薄荷醇）。薄荷脑可用作牙膏、香水、饮料和糖果等的赋香剂，广泛用于日用香精、食用香精、烟用香精，一般在口香糖中使用量为 1100 mg/kg，糖果中 400 mg/kg，烘烤食品中 130 mg/kg，冰激凌中 68 mg/kg，软饮料中 35 mg/kg。也可用作疗效性化妆品的特殊添加剂用于花露水等；在医药上有杀菌和防腐作用，作用于皮肤或黏膜，有清凉止痒作用；内服可作为祛风药，用于头痛及鼻、咽、喉炎症等。其酯也可用于香料和药物。

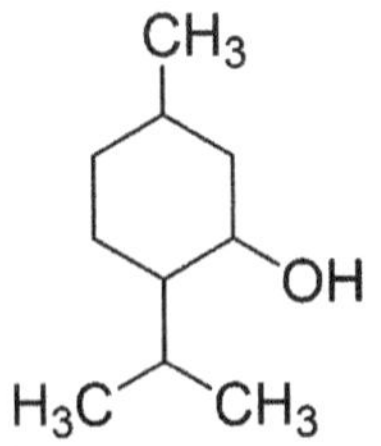

图 3-12　薄荷醇

薄荷脑化学合成方法常见的有以下三种：

（1）由香茅醛制造。利用香茅醛易环化成异胡薄荷醇的性质，将右旋香茅醛用酸催化剂（如硅胶）环化成左旋异胡薄荷脑，分出左旋异胡薄荷脑，氢化生成左旋薄荷。其立体异构体经热裂解可部分转变成右旋香茅醛，再循环使用。

（2）由百里酚制造。在间甲酚铝存在情况下，对间甲酚进行烷基化反应生成百里酚，经催化加氢得所有 4 对薄荷脑立体异构体（即消旋薄荷脑、消旋新薄荷脑、消旋异薄荷醇和消旋新异薄荷脑）；将其进行蒸馏，取消旋薄荷醇馏分，酯化后反复重结晶，进行异构体的分离和光学拆分；分离出来的左旋薄荷醇酯，经皂化后得薄荷脑。消旋薄荷脑可用蒸馏法与其他 3 对异构体分开，剩下的异构体混合物在百里酚氢化条件下可平衡成消旋薄荷脑、消旋新薄荷脑、消旋异薄荷脑，比例为 6∶3∶1，新异薄荷脑含量很少。从以上混合物中可再分离出消旋薄荷脑，消旋薄荷脑经苯甲酸酯饱和溶液或其超冷混合物以左旋酯接种结晶，分离之后皂化得到纯左旋薄荷脑；右旋薄荷脑及其他异构体，可再按氢化条件平衡转变为消旋薄荷脑。

（3）由薄荷油制造。将薄荷油冷冻后析出结晶，离心所得结晶用低沸溶剂重结晶得纯左旋薄荷醇。除去结晶后的母液仍含薄荷醇 40%~50%，还含较大量的薄荷酮，经氢化转变为左旋薄荷醇和右旋新薄荷醇的混合物。将酯的部分皂化，经结晶、蒸馏或制成其硼酸酯后分去薄荷油中的其他部分，可得到更多的左旋薄荷醇。

（三）醛类香料

醛类香料约占香料化合物总数的 10%，在香料工业中占有重要的地位，主要包括脂肪醛、芳香醛、萜醛、杂环醛等。醛类香料由于羰基的存在，化学性质比较活泼，易发生氧化、缩合、还原反应等，不能在碱性条件下使用。但其香势往往比同碳醇强，如 C_6~C_{12} 饱和脂肪醛在香精配方中往往作为头香剂，其在稀释条件下具有令人愉快的香气。某些不饱和脂肪醛，如 2,6-壬二烯醛具有紫罗兰叶的清香，在香精配方中可以起修饰剂作用。芳香醛如洋茉莉醛、仙客来醛、肉桂醛、铃兰醛、香兰素等都是常用的香原料。柠檬醛、香茅醛、甜橙醛等萜醛均是调制香精的佳品。可见醛类香料在调香中发挥着重要的作用。

1. 肉桂醛

肉桂醛通常称为桂醛（结构式见图 3-13），化学名称为 3-苯基丙烯醛，为黄色黏稠状液体，具有肉桂特有的香气，不溶于水，溶于乙醇等有机溶剂，放置于空气中易氧化变质。天然存在于斯里兰卡肉桂油、桂皮油、藿香油、风信子油和玫瑰油等精油中，其中在桂皮油中含量为 8% 左右。肉桂醛有顺式和反式两种异构体，用于商品化的肉桂醛，无论是天然的还是合成的都是反式肉桂醛。自然界中天然存在的肉桂醛也为反式结构。肉桂醛可应用于医药、香料、食品、日用化妆品、材料等产品的生产中，也是重要的合成中间体。肉桂醛是我国允许使用的食品用合成香料，可用于制备肉类、调味品、口腔护理用品、口香糖、糖果用香精。

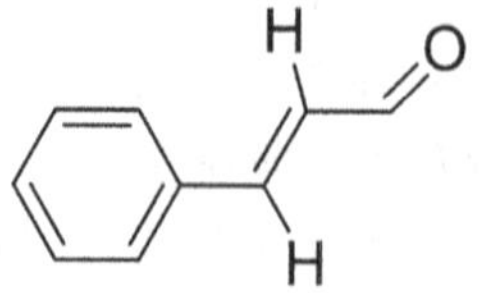

图 3-13　肉桂醛

肉桂醛广泛存在于多种精油中，在肉桂油中含量最高，可达85%～90%。从肉桂油中分离肉桂醛的制备方法，是使用亚硫酸钠和醛基亲核加成，形成盐结晶析出，之后再用强氧化钠分解，得到较纯的肉桂醛。也可通过分馏法得到较纯的肉桂醛。此外也可通过化学合成方法制备，具体方法为：在阳极池中加入25%的硫酸60 mL和13 g亚铈盐，磁力搅拌使原料溶解。向阴极池中加入适量的25%硫酸，打开直流稳压电源进行电解，控制电流相对密度为0.2 A/20 cm²，电解8.2 h。然后将阳极液转入250 mL三口瓶中，再加入1.34 g肉桂醇，在5～10 ℃条件下搅拌反应，当溶液亮黄色退去即为反应终点。反应液用乙醚萃取三次，萃取后的反应液用于再生Ce^{4+}，乙醚萃取液用无水硫酸钠干燥，过滤，旋蒸除去乙醚。色谱分析显示，肉桂醛收率达到90%。

2. 香茅醛

香茅醛又称玫瑰醛，属于单萜烯醛（结构式见图3-14），分子式为$C_{10}H_{18}O$，无色或微黄色液体，具有柠檬、香茅和玫瑰香气。在自然界中，香茅醛主要存在于柠檬尤加利、柠檬细籽、爪哇香茅、锡兰香茅等植物中，在高等级的尤加利、天竺葵、生姜、葡萄柚、柠檬、莱姆、香蜂草、野橘精油中也含有少量香茅醛。香茅醛以 D-、L-和 DL-三种旋光体存在，其中 D-香茅醛大量存在于精油中，为香茅油和桉叶油的主要成分，在酸性介质中易环化而成薄荷脑。溶于乙醇和大多数非挥发性油，微溶于挥发性油和丙二醇，不溶于甘油和水。香茅醛是一种多用途的香料，主要用于食用香精，配制柑橘和樱桃类香精，也用作调制低档皂用香精，为其他香料的原料。

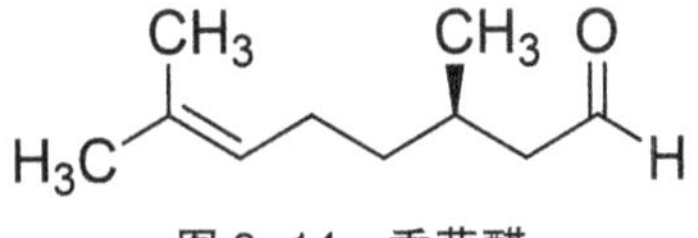

图3-14 香茅醛

香茅醛的制备方法如下：①以香茅油为原料，采用水蒸气蒸馏法制备，用亚硫酸氢钠处理提纯而得；②以 β-蒎烯为原料，进行热解、氯化、水解、催化加氢、空气氧化而得；③以香茅醇为原料，用重铬酸钾硫酸溶液或以铜铬催化脱氢而得；④以柠檬醛为原料，以甲酸镍为催化剂，在异丙醇中于140 ℃及14.7 MPa下加氢而得；⑤以羟基二氢香茅醛为原料，脱水而得。

3. 铃兰醛

铃兰醛（结构式见图3-15）又名百合醛，分子式为$C_{14}H_{20}O$，无色透明液体，溶于乙醇、油，不溶于水，具有铃兰、百合、紫丁香、兔耳草等花香香味，其香气纯正，柔和幽雅，深受调香师的欢迎。该品对皮肤的刺激性小，对碱稳定，广泛用于百合、丁香、玉兰、茶花以及素心兰、东方型香型日用香精，常用作肥皂、洗涤剂的香料，还可用作花香型化妆品的香料。

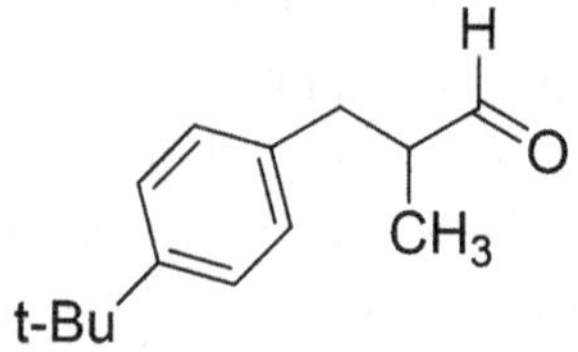

图 3-15　铃兰醛

铃兰醛主要有两种制备方法：①在 20 ℃以下，将三氯氧磷加入二甲基甲酰胺（DMF）中，升温至 70~80 ℃，滴加 4-叔丁基苯丙酮，然后在 70~80 ℃反应 5 h，接着在 70 ℃以下用 30%的氢氧化钠处理，得到 96%的烯醛。该烯醛在钯/碳催化下加氢还原，得到相应的饱和醛。②由叔丁苯与甲醛、盐酸反应得到对叔丁基氯化苄，再与乌洛托品反应生成对叔丁基苯甲醛，进一步与丙醛缩合得到前铃兰醛，最后经选择性氢化制得铃兰醛。

4. 苯乙醛

苯乙醛（结构式见图 3-16）分子式为 C_8H_8O，外观为无色或淡黄色液体，具有类似风信子的香气，稀释后具有水果的甜香气。溶于大多数有机溶剂，难溶于水。性质不稳定，易被氧化成苯乙酸，也能被还原成苯乙醇；能与醇（如甲醇、乙醇）缩合成缩醛。天然存在于鸡肉、番茄、面包、玫瑰、柑橘、烟叶中。

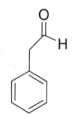

图 3-16　苯乙醛

苯乙醛作为香料主要出现在风信子、水仙、黄水仙、甜豆花等配方中，少量用于其他花香型中，赋予青的头香，有提调香气的作用，如在白玫瑰、紫丁香、玉兰、茉莉等香型中，使其清香透发。用于铃兰、兔耳草花、苹果花、桂花、刺槐、紫罗兰、蜜香等香精中，也有提调香气的作用。此外，能与甲醇、乙醇等缩合成缩醛（可用作香料），用于香料工业。也可作为食用香料用于烘烤食品、冰冻乳制品、布丁。

其制备方法较多，常用的制备方法主要有：①工业制法。苯乙酸催化还原，β-苯乙醇催化氧化，以及采用苯乙烯、环氧苯乙烷、桂酸及其酯类为原料等多种方法，都能制得苯乙醛。工业生产中是在铜的存在下，在加热的条件下将 β-苯乙醇氧化而得。反应是放热的，同时发生苯乙醛氧化成苯乙酸及苯乙醛聚合等副反应，氧化产物中醛的含量约为50%，所得粗品经水洗、减压蒸馏而得成品。②合成法。方法一，采用苯甲醛和一氯乙酸乙酯为原料，在乙醇钠存在下反应而得。方法二，以2-碘-1-苯基乙醇、二氧六环和硝酸银为原料，经石油醚提取、亚硫酸氢钠的水溶液提取得苯乙醛亚硫酸氢钠加成物。方法三，由苯乙醇经氧化，或由苯乙酸乙酯经还原而制得。

5. 香兰素（香草醛）

香兰素又名香草醛（结构式见图3-17），分子式为$C_8H_8O_3$，化学名称为3-甲氧基-4-羟基苯甲醛，是从芸香科植物香荚兰豆中提取的一种有机化合物，为白色至微黄色结晶或结晶状粉末，微甜，溶于热水、甘油和乙醇，在冷水及植物油中不易溶解。香气稳定，在较高温度下不易挥发。在空气中易氧化，遇碱性物质易变色。香兰素具有香荚兰豆香气及浓郁的奶香，广泛用于化妆品、烟草、糕点、糖果及烘焙食品等行业，是全球产量最大的合成香料品种之一，也是目前全球使用最多的食品赋香剂之一，有"食品香料之王"的美誉。在食品行业中，香兰素主要作为一种增味剂，应用于蛋糕、冰激凌、软饮料、巧克力、糖果和酒类中。香兰素在糕点、饼干中的使用量为0.01%～0.04%，糖果中为0.02%～0.08%，焙烤食品最高使用量为220 mg/kg，巧克力最高使用量为970 mg/kg。也可作为一种食品防腐添加剂应用于各类食品和调味料中。在化妆品行业，可作为调香剂调配于香水和面霜中；在日用化学品行业，可以用在日化用品中修饰香气；在制药行业，由于香兰素本身具有抑菌作用，可作为医药中间体使用，包括应用于皮肤病的治疗药物中。此外，香兰素还具有一定的抗氧化性和预防癌症的作用，且能参与细菌细胞间的信号传递，未来这些潜在的应用领域也将促进香兰素市场需求的快速增长。

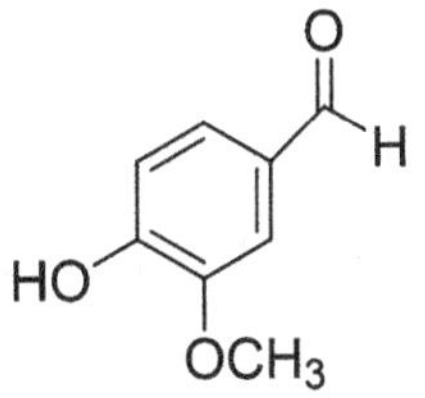

图3-17　香兰素

香兰素的来源主要有三种：①直接从天然植物如香荚兰豆中提取。由于香草兰花荚植物对土壤及气候因素的要求非常高，而且天然加工的发酵处理工艺复杂，所以从天然植物中提取的香兰素产品在全球产量中的占比不到1%。此法生产成本是化学合成产品的100多倍。②化学方法合成，以工业纸浆废液和石油化学品作为原材料合成。但化学合成的香兰素香型单一，容易引发环境污染，不符合下游应用市场对天然原料的消费趋势。③以可再生资源丁香酚、阿魏酸作为天然原料制备香兰素。此法获得的香兰素约占世界产量的 5%，由于其可再生性及使用安全等优点，以丁香酚、阿魏酸等天然原料制备的香兰素越来越受到高端市场的青睐，全球市场需求量持续增长。

香兰素按生产方法可以分为天然香兰素和合成香兰素两类。天然香兰素主要来自香荚兰豆与利用天然原料通过生物技术合成两种途径。与合成香兰素相比，天然香兰素的价格是合成香兰素的 50~200 倍，因此，天然香兰素只在少量有特殊需要的场合使用，实际使用的香兰素主要是合成香兰素。具体制备技术如下：

（1）以天然提取物为原料的半合成法。香兰素早期生产是以从天然原料提取松柏苷、丁香酚和黄樟素，采用半合成法制取为主；随着天然原料的减少，后来以造纸废液中木质素氧化法生产为主。

以丁香酚为原料：在碱性条件下，将丁香酚异构化生成异丁香酚钠，然后用氧化剂将异丁香酚钠盐氧化成香兰素钠盐，再经酸化处理得到香兰素。氧化剂可选用过氧化钠、高锰酸钾、氧气、高铁酸钾等。氧化过程有直接和间接氧化之分。间接氧化法是将丁香酚异构化生成的异丁香酚钠，与乙酸酐作用，生成异丁香酚乙酸酯，经氧化后在酸性介质中水解成香兰素。另外，还有采用电解异丁香酚钠的方法，该方法所得香兰素香气纯正，但成本较高。

以木质素磺酸盐为原料：1938 年，美国有公司开始用木质素生产香兰素，采用亚硫酸盐制取纸浆的造纸厂在排放的亚硫酸盐蒸煮废液中，约有 50%（指固形物）为木质素磺酸盐。亚硫酸盐纸浆废液生产香兰素工艺包括浓缩、中和、氧化、酸化、萃取、精制等步骤，此项技术应用已有大半个世纪之久，工艺过程也在不断得到改进。如碱-硝基苯氧化改为空气催化氧化，原料液的浓缩采用超滤新工艺代替加温浓缩传统方法；从氧化液中提取香兰素的后处理工艺，也由碱性萃取法、离子交换提取法及二氧化碳提取法等先进工艺取代较落后的酸性萃取法。木质素法生产过程污染严重，产品质量偏低，生产的香兰素重金属离子含量较高，一般不能用于食品和制药工业，许多国家已经放弃这一工艺路线。

以 4-甲基愈创木酚为原料：4-甲基愈创木酚存在于林化副产物松焦油轻组分中。此生产方法是将 4-甲基愈创木酚溶于溶剂中，直接氧化得到香兰素。原料来自天然，产品香气纯正。该工艺反应步骤只有一步，反应转化率可达 96%，工艺路线短，总收率大于 75%，后处理简单，产生的三废极少，1 t 产品产生废水约 3 t，处理量小。该方法的缺点是原料来源渠道较少。

（2）以愈创木酚为原料的全合成法。愈创木酚的化学名称为邻甲氧基苯酚，愈创木酚合成香兰素主要有亚硝化法和乙醛酸法两种工艺路线，2005 年以前我国有多家香兰素生产企业采用亚硝化法，其后随着乙醛酸法工艺技术的应用推广，扩产和新建香兰素项目主要采用乙醛酸法合成工艺。

亚硝化法是由愈创木酚、甲醛或六次甲基四胺反应缩合而成香兰醇，接着经与对亚硝基-N,N-二甲基苯胺氧化，水解制得香兰素。亚硝化法存在原料种类多、工艺流程长、分离过程复杂，反应效率低、工业化生产产品总收率不高（以愈创木酚计约60%）等不足；应用该工艺每生产1 t香兰素产生约20 t的废水（含有酚类、醇及芳香胺、亚硝酸盐），很难进行生化处理，另有1~2 t的固体废渣。该方法在国外因三废问题已被淘汰，在国内生产规模较大的厂家相继放弃亚硝化法，并转而采用乙醛酸法。

乙醛酸法是以乙醛酸和愈创木酚（或乙基木酚）为原料，经缩合反应制得3-甲氧基-4-羟基扁桃酸。3-甲氧基-4-羟基扁桃酸在催化剂作用下，经氧化、脱羧生成3-甲氧基-4-羟基苯甲醛，然后经分离、提纯、干燥后制得香兰素成品。

愈创木酚与乙醛酸合成香兰素工艺产生三废较少，后处理方便，收率可达70%，国外香兰素产量的70%以上是采用此法生产的。国内有设计研究院对乙醛酸法新工艺进行了长期研究，提出采用酸性条件下进行缩合反应；创制了电解氧化亚铜催化剂，使氧化缩合定量进行，氧化亚铜催化剂可循环利用；并采用分子蒸馏技术代替减压蒸馏提高产品收率。随着原料乙醛酸的国内大规模生产，乙醛酸价格走低，香兰素新工艺生产成本也在大大降低。此外也有报道称，可采用溴化羟基苯甲醛甲氧基化法、邻乙氧基苯酚电化学法、微生物法制备香兰素，但未见大规模工业生产的报道。

（3）其他合成工艺。一种方法是以邻苯二酚为反应原料，聚乙二醇、叔胺作相转移催化剂，在碱性条件下经甲基化、赖默-梯曼（Reimer-Tiemann，R-T）反应可以制得香兰素。以邻苯二酚为反应原料，先甲氧基（乙氧基）化制得愈创木酚，再经与乙醛酸缩合，氧化脱羧后制得香兰素（或乙基香兰素）。此法亦可看作是乙醛酸法向起始原料前移。另一种方法是对羟基苯甲醛法，国内一些研究机构对该法曾做了较充分研究，是以羟基苯甲醛溴化生成3-溴-4-羟基苯甲醛，然后在醇钠的作用下生产香兰素，收率近90%。考虑到单质溴的腐蚀危害性及工艺成本，该工艺目前没有投产的实际意义。

此外，还有一种方法是对甲酚法，以对甲酚为原料，经氧化、单溴化、甲氧基化三步，该法实际上是对羟基苯甲醛法的延伸。该路线操作简单，第一步反应收率达91%，且可不经过分离直接进行下一步合成，总收率可达到85%。该工艺中单溴化过程产生溴化氢气体，原料溴腐蚀严重，若不能对它们进行回收处理，会造成严重的环境污染。有报道称，采用非溴素 H_2O_2/HBr 作为溴化剂进行溴化反应，取得了3-溴-4-羟基苯甲醛较高的收率，同时克服了直接采用溴素危害性大、挥发性强的缺点，工艺操作简单，环境污染小。

6. 柠檬醛

柠檬醛化学名称为3,7-二甲基-2,6-辛二烯醛，分子式为 $C_{10}H_{16}O$，是一种单萜类化合物，有顺式和反式两种异构体（结构式见图3-18）。柠檬醛A又称香叶醛、反式柠檬醛，柠檬醛B又称橙花醛、顺式柠檬醛，通常情况下柠檬醛是以上两者的混合物。柠檬醛为无色或微黄色液体，呈浓郁柠檬香味，无旋光性。天然柠檬醛主要存在于柑橘油、柠檬油、柠檬草油、山苍子油、白柠檬油、马鞭草油等植物精油中。

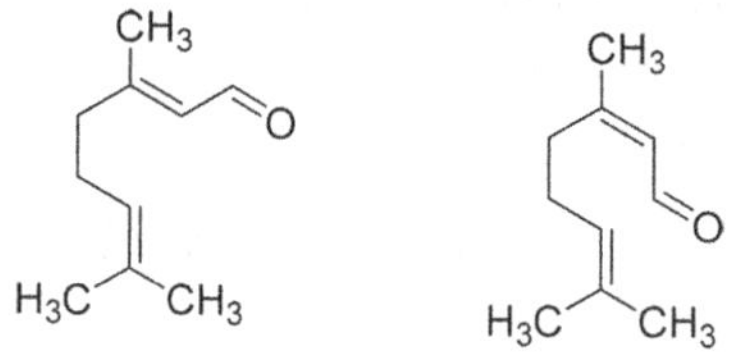

图3-18 柠檬醛A、B

柠檬醛是我国允许使用的食用香料，用途广泛，可用于配制草莓、苹果、杏、甜橙、柠檬等水果型食用香精，是柠檬型香精、防臭木型香精、人工配制柠檬油、香柠檬油和橙叶油的重要香料，同时是合成紫罗兰酮类、甲基紫罗兰酮类的原料。用量按正常生产需要，一般在胶姆糖中使用量为 1.70 mg/kg，烘烤食品中 43 mg/kg，糖果中 41 mg/kg，冷饮中 23 mg/kg，软饮料中9.2 mg/kg。

柠檬醛工业上的生产制备方法有两种途径。

（1）从天然精油如柠檬油、山苍子油、柑橘油中分离得到。从山苍子油中分离的方法是我国生产柠檬醛的主要方法。具体制备方法：将含柠檬醛约75%的山苍子油 30 kg，在充分搅拌下加入事先由 18 kg 碳酸氢钠、38 kg 亚硫酸钠与大约 165 kg 清水配制的混合液中，室温下搅拌反应 5~6 h。静置过夜分层，下层柠檬醛以加成物的形式析出。用少量甲苯洗涤加成物以除油，并甩干。然后加入10%的氢氧化钠溶液，在室温下分解出柠檬醛，并用苯萃取。萃取物先在常压下（80~82 ℃）蒸馏回收苯，然后减压蒸馏，收集 110~111 ℃（1.47 kPa）的馏分，得到98%柠檬醛纯品 15~16 kg。

（2）通过化学合成制备，以甲基庚烯酮为原料合成。具体制备方法：将乙氧基乙炔溴化镁与甲基庚烯酮缩合生成3,7-二甲基-1-乙氧基-3-羟基-6-辛烯-1-炔，经部分催化加氢得烯醇醚，后者用磷酸水解和脱水得柠檬醛，得率按甲基庚烯酮计为68%。柠檬醛化学合成制备也可由乙炔与甲基庚烯酮缩合制得脱氢芳樟醇，然后在聚钒有机硅氧烷催化剂作用下，在 140~150 ℃ 和惰性溶剂中重排得到柠檬醛。如需制取精品，可用亚硫酸氢钠处理生成结晶性的柠檬醛亚硫酸氢钠加合物，进行纯化后减压蒸馏。

（四）酮类香料

酮类香料在香料工业中占有重要地位，品种多，占香料总数的 15% 左右。当羰基两端所连烃基为脂肪烃基时为脂肪酮；当羰基至少有一端连有芳香烃基时为芳香酮。其中脂肪族酮香气强烈，个别品种在调配日用香精中仅少量使用。芳香族酮中，苯乙酮、对甲基苯乙酮是常用的香料。根据分子中所含羰基数目的多少，酮又可分为一元酮、二元酮等。碳原子数相同的饱和一元醛、酮互为同分异构体。酮类香料有近 100 种，化学性质一般稳定。由 5 个碳、6 个碳或多个碳组成的环状酮品种中，广泛使用的是紫罗兰酮、甲基紫罗兰酮、大马酮。7~12 个碳原子的不对称酮类，如甲基壬基酮、甲基庚烯酮，由于具有比较强烈的令人愉快的香气，可以直接作为香料使用。15 个碳以上的大环酮是天然动物香料中的成分，由于合成品价高，仅用于高档香水及化妆品香精中。

1. 苯乙酮

苯乙酮（结构式见图 3-19），分子式为 C_8H_8O，为无色或淡黄色液体，不溶于水，易溶于多数有机溶剂，主要存在于赖百当浸膏、海狸香膏、阔叶柏油中，有类似金合欢和苦杏仁香气，香势强烈。在食品工业中常用于调配樱桃、番茄、草莓、杏等食用香精，也可用于烟用香精中，在最终加香食品中的建议使用量为 0.6~20 mg/kg。

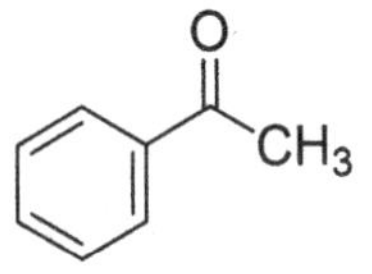

图 3-19　苯乙酮

苯乙酮的合成方法主要有乙苯氧化法、苯与乙酸酐酰化法、苯与乙酰氯化法、苯甲酸分解法等几种。工业上通常采用较多的为乙苯空气氧化法制备苯乙酮，在常压环境下，直接用空气氧化乙苯制得苯乙酮，但该法污染严重，转化率较低，且副产物的分离和提纯都提高了反应的成本。近年来有以乙苯和过氧化氢为原料，醋酸钴为催化剂，在具有优异传质与传热性能的微通道反应器中连续氧化反应合成苯乙酮，可以实现连续化生产。此外，乙苯多相氧化法尤其是液相催化氧化受到广泛关注。工业上也有使用三氯化铝作为催化剂，由苯与乙酸酐、乙酰氯或乙酸等反应制得苯乙酮，但该方法存在酸性副产物，对设备有强腐蚀性，对环境也造成严重的污染，因此应用受到限制。目前，工业上使用乙苯氧化制备苯乙酮的方法大多转化率不高，副产物也较多，所以亟待开发新的氧化法。

2. α-紫罗兰酮

α-紫罗兰酮是香料行业极其重要的调香原料之一，又名香堇酮（结构式见图3-20），分子式为 $C_{13}H_{20}O$。由于双键位置不同，紫罗兰酮有 α-、β-、γ-三种同分异构体，天然提取物多是 α-和 β-的混合物，γ-相对少见。其中 α-紫罗兰酮香气柔和醇厚，接近紫罗兰酮花香，给人以温和嗅感，市场售价相对较高。

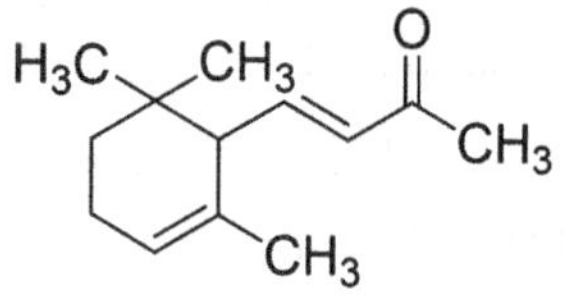

图3-20 α-紫罗兰酮

有研究者以柠檬醛为原料，经过假性紫罗兰酮这一中间体合成紫罗兰酮。合成假性紫罗兰酮的适宜工艺条件为：反应温度 40~45 ℃，NaOH 用量 3.0%，丙酮与柠檬醛物质的量比为 6:1，反应 4 h，假性紫罗兰酮的反应收率 90.6%；合成紫罗兰酮的适宜工艺条件为：反应温度 50 ℃，假性紫罗兰酮与 85% H_3PO_4 物质的量比为 1:3，反应 2 h，紫罗兰酮收率达到 89.8%，其中 α-紫罗兰酮质量分数为 81.4%，β-紫罗兰酮质量分数为 15.6%；从柠檬醛合成 α-紫罗兰酮收率为 73.1%。研究者用柠檬醛合成假性紫罗兰酮，假性产品不经分馏提纯，直接进入下一步环化，使用较高浓度 H_3PO_4 在苯中反应 1.5 h，α-紫罗兰酮的收率可达 87.87%，从柠檬醛合成 α-紫罗兰酮的收率经核算为 81.54%。也有研究者同样采用微波技术促进反应，使用制备和后处理简单且环保的固体催化剂，合成了 α-紫罗兰酮。

（五）酯类香料

酯类香料是指由羧酸和醇类合成的酯类化合物。酯类化合物因其安全性好，在天然精油和食品中均广泛存在，是香料中很重要的一大类。其品种数目多，占香料的 20%，大多具有花香、果香或蜜香香气。根据合成所用的原料不同，大体可分为以下四类：脂肪族羧酸酯，芳香族羧酸酯，含烯、炔不饱和键的羧酸酯，其他酯类。羧酸酯可以认为是酸的羟基被烷氧基取代的产物，羧基的羟基可以被一个或多个烷氧基取代，生成单酯、双酯或多酯。此外，醇类的羟基也可以有若干个，因而其烷氧基可与一个或多个羧基形成单羧酸或多羧酸酯。酯类的香气、香气类型、强度和特色均和酯的结构有关。低级羧酸和低级醇生成的酯一般为挥发性液体，带有花、果、草的香气；低级羧酸与低级萜烯醇生成的酯，带有花香气；带有芳基的酯，多数带有花香气；芳香酸和芳香醇生成的酯，虽然香气不浓烈，但有较高的沸点及香气持久。酯类香料在自然界分布很广，在植物的根、茎、叶、果实、种子、树皮、花等部位均有存在，在某些动物分泌物中也有存在。人工合成的酯类香料则更多。由于酯类的合成容易、原料来源广，合成的酯类香型很多，价格便宜，所以得到广泛应用。

脂肪酸酯类香料在香料工业中占有重要地位，其特点是品种多、合成容易、价格低，在日用香精、食用香精及工业用香精中大量使用。其合成方法主要有醇与脂肪酸酯化反应，醇与酸酐反应，醇与酰氯反应，酯交换反应，羧酸盐与卤代烷反应。芳香酸酯类香料主要有苯甲酸酯（安息香酯）、苯乙酸酯、肉桂酸酯、水杨酸酯，在日用香精和食用香精中起着重要作用；其合成方法主要有醇与芳香酸的酯化反应，醇与苯酰氯反应，酯的交换反应，芳香酸盐与卤代烷反应。

1. 肉桂酸甲酯

肉桂酸甲酯又名苯丙烯酸甲酯、桂皮酸甲酯（结构式见图 3-21），分子式为 $C_{10}H_{10}O_2$，为白色至微黄色结晶，呈樱桃和香酯似香气，具有可可香味。溶于乙醇、乙醚、甘油、丙二醇、大多数非挥发性油和矿物油，不溶于水。由于它具有新鲜的果实香味，在香料工业中常用于配制果子香精、东方型香精和皂用香精等高级香精，在食品、日用化妆品、制皂等方面有着广泛的用途。用于日化和食品工业，是常用的定香剂或食用香料。其在国际市场主要是用于香料和防晒产品中，是我国允许使用的食用香料。用于香料工业作定香剂，常用于调配康乃馨、樱桃、草莓和葡萄等东方型花香香精，用于肥皂、洗涤剂，也用于风味剂和糕点。肉桂酸甲酯、肉桂酸乙酯都可以添加到香烟烟丝中，用作增香剂和香味补偿剂。肉桂酸甲酯具有药用价值，咪唑与肉桂酸甲酯以甲基作为中间连接体，制备对溴甲基肉桂酸甲酯，这个中间体是生产药物奥扎格雷的主要原料。

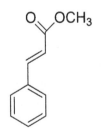

图 3-21　肉桂酸甲酯

关于肉桂酸甲酯的制备，报道的方法如下：①由肉桂酸与甲醇酯化而得。将肉桂酸、甲醇和硫酸的混合物加热回流 5 h，加收过量的甲醇。冷却，分去酸层，水洗后再用 10% 碳酸钠溶液洗涤，然后用水洗至中性，得粗品，经重结晶或减压蒸馏得肉桂酸甲酯成品。收率约 70%。②用聚乙烯吡啶为催化剂，使肉桂酸与氯化亚砜作用先生成肉桂酰氯，再与甲醇反应制备肉桂酸甲酯。此法产率低（产率为77%）、副反应多、操作步骤烦琐、腐蚀设备，且有尾气回收问题，并造成环境污染。③有用聚乙二醇和氯化钯、聚氯乙烯、三氯化铁树脂、十二水合硫酸铁铵为催化剂合成肉桂酸甲酯的报道，但这些方法结果不太令人满意。④有研究者在固体超强酸 $ZrO_2/S_2O_8^{2-}$ 催化下，用肉桂酸与甲醇合成了肉桂酸甲酯。该催化剂价廉易得、催化活性高、不腐蚀设备、可回收重复使用。此方法具有操作简便、反应条件温和、对环境友好、收率高等优点。

2. 乙酸苄酯

乙酸苄酯（结构式见图3-22）是一种有馥郁茉莉花香气的无色液体，分子式为 $C_9H_{10}O_2$，不溶于水，溶于乙醇、乙醚，不溶于甘油。本品的毒性较轻微，有刺激和麻醉作用。其存在于烤烟烟叶、白肋烟烟叶、香料烟烟叶、主流烟气中。

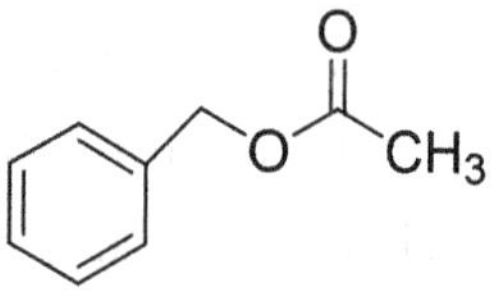

图 3-22　乙酸苄酯

乙酸苄酯是茉莉浸膏等的主要组分，是茉莉、依兰等花香香精调配中不可缺少的香料，因价廉，多用于皂用和其他工业用香精，常在茉莉、白兰、玉簪、月下香和水仙等香精中大量使用，也可用于苹果、菠萝、葡萄、香蕉、草莓等果香型食用香精中，用量按正常生产需要，一般使用量在口香糖中为760 mg/kg，糖果中34 mg/kg，烘烤食品中22 mg/kg，冷饮中14 mg/kg，软饮料中7.8 mg/kg。

乙酸苄酯在工业上的制备方法主要有：①以苄醇与醋酸为原料，在硫酸催化下直接酯化生成乙酸苄酯，再经中和、水洗、分馏得成品。②以氯苄与醋酸钠为原料，在催化剂吡啶和二甲基苯胺存在下进行反应生成乙酸苄酯，再经水洗、蒸馏得成品。③以无水醋酸钠、冰醋酸和加苄基氯为原料，经减压蒸出乙酸，再经水洗，干燥，减压蒸馏得到乙酸苄基酯。

3. 乙酸芳樟酯

乙酸芳樟酯又名乙酸沉香酯（结构式见图3-23），分子式为 $C_{12}H_{20}O_2$，是制备高级香精不可缺少的香料，在日化、烟草、食品工业中占有十分重要的地位。乙酸芳樟酯为无色透明液体，不溶于甘油，微溶于水，溶于乙醇、丙二醇、乙醚、非挥发性油中。乙酸芳樟酯有类似铃兰、薰衣草等香精油的幽雅香气，使人心旷神怡、清新舒畅，广泛用于配制皂用香精、香水香精、化妆品香精、食品香精等多种香精。由于其化学性质稳定，不变色，常用于中高档香制品及皂用香精中。具有清美而幽雅的似香柠檬油的香气，是茉莉、依兰、桂花、紫丁香等花香型香精的主要成分，在其他许多花香型及非花香型香精中也可使用，如古龙香型、馥奇型、玫瑰麝香型等，亦可配制人造薰衣草油、橙叶油和香柠檬油。

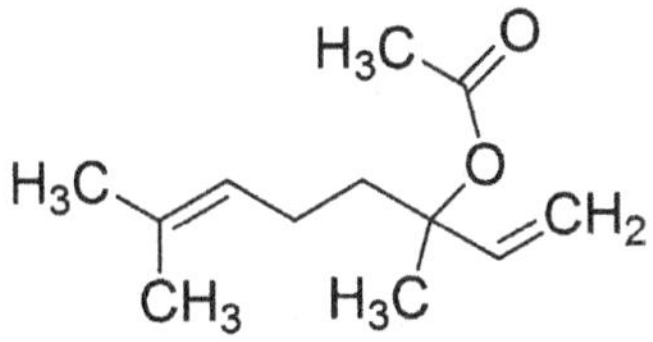

图 3-23 乙酸芳樟酯

乙酸芳樟酯存在于天然香柠檬、薰衣草、香丹参及其他多种精油中，也存在于可可籽、芹菜、葡萄、桃、海带中。天然制品可从以上精油中分离得到。合成方法：将芳樟醇加入乙酐和磷酸的混合物中（磷酸与乙酐形成复合体催化剂），在较低温度下进行酯化反应；酯化反应后，用水洗涤，再用盐水洗涤至中性，加无水碳酸钠干燥后进行减压分馏，所得产品含酯率高达95%以上，香气较纯正。也可将芳樟醇加入到经溶剂稀释的乙酐和无水乙酸钠中进行酯化反应，再经过分馏取得。

4. 水杨酸甲酯

水杨酸甲酯又名邻羟基苯甲酸甲酯（结构式见图3-24）、柳酸甲酯，分子式为 $C_8H_8O_3$，是一种无色至淡黄色透明液体，有强烈的冬青油香气，露置于空气中易变色。微溶于水，溶于乙醇、乙醚、氯仿、乙酸等通用有机溶剂中。天然品存在于鹿蹄草油、冬青油、桦木油、绿茶籽油、丁香油、檞树油、晚香玉油、小当药油、茶油、依兰油等精油中，以及樱桃、苹果、草莓的果汁中。用于日化香精配方中，主要用于调配依兰、晚香玉、素心兰、金合欢、馥奇、素馨兰等香型香精，但其最为普遍的用途是牙膏的加香。在医药中常作为医药制剂中腔药与涂剂等的赋香剂，其他如口香糖、漱口水等口腔用品中也有应用。

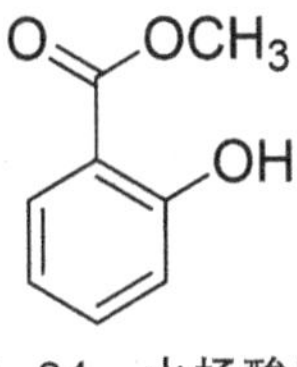

图 3-24 水杨酸甲酯

水杨酸甲酯的主要制备方法有两种：一是收集杜鹃花科植物白株木

（俗称冬青）树的枝叶，切碎浸渍，采用水蒸气蒸馏法提取可得冬青油，油水分离冬青油，减压分馏，收集不含水和酸的中间馏分。二是将水杨酸加入反应釜中，加入过量的甲醇，搅拌下再加入催化剂硫酸，加热进行反应；反应完毕后，用水洗至中性，再进行蒸馏，先常压蒸出甲醇和残留的水，再减压蒸馏收集馏分即可。

5. 香豆素

香豆素的化学名称为苯并吡喃酮（结构式见图3-25），分子式为$C_9H_6O_2$，呈白色结晶固体，广泛分布于芸香科、伞形科、木樨科、豆科、菊科及兰科植物中，具有新鲜干草香和香茅香气，并略有药香香韵。不溶于冷水，溶于热水、乙醇、乙醚、氯仿。一般不作食用，允许烟用和外用。香豆素常用作定香剂，用于配制香水、饮料、食品、肥皂等的增香剂。它是一种重要的香料，也是药物等精细化工产品的原料和中间体。在医药上，香豆素已衍生出许多产品，主要用于抗血小板凝聚、抗血栓、护肝和调节睡眠等。香豆素被视为对肝脏和肾脏存在潜在毒性，尽管食用含这种化合物的天然食品非常安全，但在食品中使用香豆素仍受到严格限制。

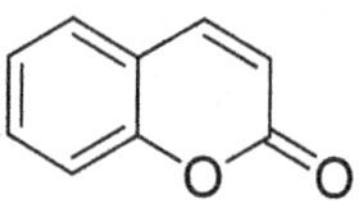

图3-25　香豆素

合成香豆素较好的工艺路线为通过珀金反应（Perkin reaction）制取，合成路线是以水杨醛和乙酸酐为原料，在催化剂乙酸钠的作用下，一步反应即得到香豆素。具体制备工艺如下：在装有蒸馏装置、滴液漏斗和温度计的250 mL三口烧瓶中，加入95%的水杨醛40 g、新蒸过的乙酸酐73 g及处理过的无水乙酸钾1 g，然后加热升温，三口瓶内温度控制在145~150 ℃，蒸汽温度控制在120 ℃以下，此时乙酸开始蒸出。当蒸出量约15 g时，开始滴加15 g乙酸酐，其滴加速度应与乙酸蒸出的速度相当。乙酸滴加完毕后，隔一定时间后提高内温至208 ℃左右，并维持15~30 min，然后自然冷却。当温度冷却至80 ℃左右时，在搅拌下用热水洗涤，静置分出水层，油层用10%的碳酸钠溶液进行中和，呈微碱性，再用热水洗涤至中性，除去水层，将油层进行减压蒸馏，收集150~160 ℃/1866 Pa馏分即为粗产物。将粗产物用95%乙醇（乙醇与粗产物的质量比为1∶1）进行重结晶，得白色颗粒状晶体，为香豆素纯品。

6. 苯甲酸甲酯

苯甲酸甲酯又名安息香酸甲酯（结构式见图3-26），分子式为$C_8H_8O_2$，为无色透明油状液体，不溶于水，能与甲醇、乙醇、乙醚混溶。苯甲酸甲酯在空气中稳定，但当有氧化剂存在时，慢慢氧化；与碱反应，可皂化，生成苯甲酸溶液；容易进行酯交换，制备其他苯甲酸酯；也易水解。苯甲酸甲酯具有浓郁的冬青油香气，用于配制香水香精和人造精油。

图 3-26　苯甲酸甲酯

苯甲酸甲酯是我国允许使用的食用香料，可调制草莓、树莓、樱桃、菠萝、老姆、甜酒、香荚兰豆和坚果类香型香精。苯甲酸甲酯也是我国日化行业常用的一种芳香族羧酸酯类香料香精，有强烈的花香和果香香气，有依兰和晚香玉似的香韵，并有酚的气息，天然存在于依兰油、晚香玉油、丁香油、长寿花油和水仙花油等精油中。在日化香精配方中，用以配制依兰型和花香型香精的香基，使用量在 12% 以内。

苯甲酸甲酯一般是由苯甲酸与甲醇酯化反应制得。将苯甲酸与甲醇按体积比 1∶5 比例置于具回流装置的三角瓶中缓缓加热，待苯甲酸完全溶于甲醇后加入酯化催化剂，升高温度以加速酯化反应的进行，反应产物为苯甲酸甲酯与水。酯化反应完毕后，待反应液的温度降至室温，调溶液的 pH 至中性。为尽量避免酯化平衡向水解方向移动，以碳酸钙而非氢氧化钠溶液作为中和试剂。在萃取瓶中分离油相层，用 0.1 kg/L 的碳酸氢钠溶液重复洗涤后，以无水硫酸钠干燥备用。

此外，近年来利用壳聚糖生产苯甲酸甲酯的方法日益受到关注。具体工艺为：将壳聚糖先用 2% 的乙酸溶液搅拌溶解，然后用稀硫酸沉淀，抽滤，洗至中性，再用乙醇和丙酮脱水，最后在 60 ℃ 下真空恒温干燥至恒重，得到壳聚糖硫酸盐备用。在装有搅拌器、回流冷凝器和温度计的 250 mL 四口瓶中，加入 12.2 g（0.1 mol）苯甲酸、过量的甲醇和一定量的壳聚糖硫酸盐，加热回流 4 h 后停止反应，稍冷过滤反应液，分离出壳聚糖硫酸盐，减压蒸馏反应液，收集 104~105 ℃/39 mmHg 的馏分，得到苯甲酸甲酯 12.32 g，产率为 90.56%。壳聚糖硫酸盐作为一种新型高分子催化剂，用于酯化反应已有研究报道。壳聚糖硫酸盐催化剂同常用的浓硫酸催化剂相比较具有以下优点：催化剂活性强、选择性高、用量少、避免副反应、产率高；后处理简便，可大大减少废液排放，防止管道腐蚀；催化剂反应条件温和，连续催化性能稳定。

7. 乙酸乙酯

乙酸乙酯又称醋酸乙酯（结构式见图 3-27），分子式为 $C_4H_8O_2$，是乙酸中的羟基被乙氧基取代而生成的化合物。纯净的乙酸乙酯是无色透明有芳香气味的液体，有强烈的醚似的气味，清灵、微带果香的酒香，易扩散，不持久，微溶于水，溶于醇、酮、醚、氯仿等多种有机溶剂。乙酸乙酯能发生醇解、氨解、酯交换、还原等一般酯的共同反应，主要用作溶剂、食用香料、清洗去油剂。

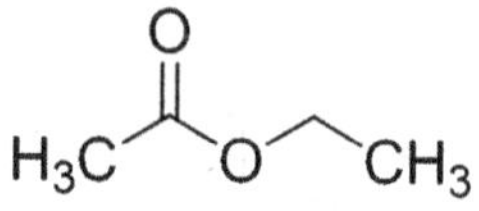

图 3-27　乙酸乙酯

乙酸乙酯是一种用途广泛的精细化工产品，作为香料原料，是菠萝、香蕉、草莓等水果香精和威士忌、奶油等香料的主要原料。我们所说的陈酒好喝，就是因为酒中含有少量乙酸，和乙醇进行反应生成乙酸乙酯，而乙酸乙酯具有果香味。该反应是可逆反应，需要较长时间才会累积导致陈酒香气的乙酸乙酯。乙酸乙酯在我国是允许使用的食用香料，可少量用于玉兰、依兰、桂花、兔耳草花及花露水等香精，作头香来提调新鲜果香，特别是用于香水香精中，有圆熟的效果。同时也适用于樱桃、桃、杏、葡萄、草莓、悬钩子、香蕉、生梨、凤梨、柠檬、甜瓜等食用香精。酒用香精如白兰地、威士忌、朗姆、黄酒、白酒等亦用之。

工业上乙酸乙酯的生产路线分为以下四种：

（1）酯化法。酯化法是国内工业生产乙酸乙酯的主要工艺路线，是以乙酸和乙醇为原料，硫酸为催化剂直接酯化得乙酸乙酯，再经脱水、分馏精制得成品。在我国，此工艺采用的原料乙醇大部分由粮食发酵法生产，少量由乙烯水合法生产。该工艺存在生产成本高、设备腐蚀严重、反应废液难以处理及大量消耗粮食等问题。

（2）乙醛缩合法。在乙醇铝催化剂作用下，在 0~20 ℃下乙醛自动氧化缩合成乙酸乙酯。该方法于 20 世纪 70 年代在欧美、日本等地已形成了大规模的生产装置，在生产成本和环境保护等方面有着明显的优势。20 世纪 90 年代，我国在中间实验的基础上虽实现了万吨级工业化，但技术指标和国外水平仍有差距。该法不存在大量水的共沸问题，容易得到纯度为 99.5% 以上的优级品。与直接酯化法比，该法优点在于反应在常压低温下进行，工艺条件比较温和，反应转化率和乙酸乙酯的收率高，原料成本低，经济效益明显。该方法缺点为催化剂制备技术难度较大且在水中易被水解，无法回收；反应为放热反应，需要用温度较低的冰盐水冷却。

（3）乙醇氧化法。从原料的来源和成本分析，以乙醇为原料的合成路线较合理、廉价。传统工艺必须经过乙醇氧化脱氢为乙醛、乙醛氧化成乙酸、乙酸与乙醇酯化三个工段才能完成。如今的新型工艺不用乙酸，直接用乙醇在催化剂作用下氧化一步合成乙酸乙酯。该方法的特点为：生产成本低，价格优势很大；工艺简单，容易操作；基本无腐蚀和三废排放。但产品质量不如酯化法，虽然可达到国标，但产生的丁酮等杂质如果难以完全分离的话，就不宜用于食品和酒增香等行业。

（4）乙烯加成法。采用负载在二氧化硅等载体上的杂多酸金属盐或杂多酸为催化剂，乙酸和乙烯在温度为150℃、压力为1.0 MPa条件下反应生成乙酸乙酯。该反应乙酸的单程转化率为66%，以乙烯计乙酸乙酯的选择性为94%。由于直接利用丰富的乙烯原料，因而能降低生产成本。

（六）缩羰基类香料

缩羰基类香料是最近二十年来发展起来的新型香料化合物，主要包括缩醛和缩酮，醛或酮与醇发生缩合反应生成产物称为缩醛或缩酮。常见的缩醛有苯乙醛二甲缩醛（玫瑰-香叶香）、橙花醛二乙缩醛（蔬菜-青果香）、2-正丁基-4,4,6-三甲基-1,3-二氧噁烷（薰衣草-薄荷-月桂香）等，缩酮有2-甲基-2-乙酸乙酯-1,3-二氧茂烷（苹果香）、环十二酮乙二缩酮（针叶-薄荷香）等。此类香料的原材料来源丰富，生产工艺简单，由于具有类似醚的结构，在碱性介质中不会变质，化学稳定性大大提高，适合大规模生产。此外，还可以增加香精的天然感，由于它们具有优于母体化合物的花香、果香、木香、薄荷香或杏仁香等，香气温和，留香持久。比如有些醛尤其是低碳的醛，本身的香气令人难以接受，如正戊醛具有令人不愉快的臭气，香茅醛香气尖刺，但当形成相应的缩羰基化合物时，香气就会变得和润，受到调香师的喜爱。缩羰基类化合物作为新型香料，在日用香精和实用香精等方面深受调香师们的欢迎，在皂用、化妆品、食品香精中广泛应用，因此缩醛（酮）类香料的合成研究备受关注。

作为一大类合成香料，缩羰基化合物传统的合成方法多用硫酸、磷酸、盐酸（或无水氯化氢）等强腐蚀性的质子酸催化，使醛、酮的羰基与醇发生缩合反应而合成，但存在工艺复杂、副反应多、腐蚀性强和易污染环境等缺点，使其受到限制。近年来人们对缩羰基化合物香料的合成方法，主要是催化剂方面，进行了大量的改进工作。与此同时，缩羰基化合物香料合成的研究更加深入，人们又在探索和合成稳定性与香味更佳的新型香料，突出地表现为硫代缩醛类香料的合成。缩羰基类香料按照合成的起始原料不同归类如下：

1. 以邻二醇为原料合成缩羰化合物香料

用于合成缩羰化合物香料的邻二醇类主要是乙二醇、1,2-丙二醇，它们通常与醛、酮缩合后形成1,3-二氧环戊烷类化合物。由于缩合产物具有稳定的五元环状结构，因此作为缩羰化合物香料使用，比一般非环状的更为方便、更受青睐。1,3-二氧环戊烷类香料中，比较常见的有苹果醋、苹果醋-B、环己酮缩乙二醇等，因应用广泛，它们的合成研究异常活跃。

（1）邻二醇类与乙酰乙酸乙酯的缩羰化合物。①乙酰乙酸乙酯的酮羰基与1,2-丙二醇缩合，可生成2,4-二甲基-2-乙酸乙酯基-1,3二氧环戊烷，俗称苹果醋-B，小称草莓酯，具有新鲜苹果和草莓香气，广泛应用于花果型和果香型香精的调配。已报道的合成方法很多，依催化剂的不同可分为氨基磺酸法、氯化物法、硫酸铝法、无水三氯化铝法、固体超强酸法、果酸和硫酸铜复合催化剂法等，产率为66%~90%，而采用传统方法反应时间在4.5 h以上，产率仅55%。②乙酰乙酸乙酯的酮羰基与乙二醇缩合，可生成2-甲基-2-乙酸乙酯基-1,3-二氧环戊烷，俗称苹果醋，具有新鲜苹果香味，有香气透发、留香持久等特点，广泛用于洗涤剂、香波、洗护用品中。据报道，合成苹果醋的催化剂有氯化物、硫酸铝、磷钼酸、酸性树脂等，产率为75%~90%，均高于使用无机质子酸的方法，其中酸性树脂法的催化剂可以重复使用，更适宜于工业化生产。

（2）邻二醇类与环己酮的缩羰化合物。环己酮与乙二醇缩合，生成环己酮缩乙二醇，具有花木薄荷香香气，广泛应用于调配日用香精和食用香精。近年来报道的合成方法有硫酸高铈法、HY型分子筛法、无水氯化钙等，产率均高于85%，其中硫酸高铈法经济成本较低。环己酮亦可与1,2-丙二醇缩合，合成实用香料环己酮-1,2-丙二醇缩酮，在催化剂氯化铁-漆酚树脂的催化下，产率可达92%。

2. 以酸酐为原料合成缩羰化合物香料

使用酸酐为起始原料，醛、酮以同碳二醇的形式与其缩合，形成胞二醇酯类的缩羰化合物。在大孔阳离子交换树脂催化下，苯甲醛与乙酐缩合，3 h可以88%的产率生成香料苯甲醛缩二乙酸酯。传统的硫酸法要控制低温，产率仅65%，因此改进后产率高且条件温和。类似地，糠醛在大孔阳离子交换树脂催化下与乙酐缩合，反应3.5 h可以86.3%的产率生成胞二醇酯类香料糠醛缩二乙酸酯。

3. 以硫醇为原料合成缩羰化合物香料

硫醇与醛、酮形成硫代缩醛，这是一类新型香料。与其他类型的缩羰化合物香料相比，硫代缩醛类化合物更稳定，不仅对碱性介质稳定，而且对酸性介质稳定，只有在汞盐存在下的酸性环境才易于水解。另外，这类物质香气浓郁，阈值低，稀释后风格各异。因此，这是一类极具有开发潜力的新型香料，日益受到香料界的青睐。已合成的苯甲醛的硫代缩醛有苯甲醛正己硫醇缩醛、苯甲醛异丙硫醇缩醛，它们都用对甲苯磺酸催化合成，产率均在80%以上。糠醛在对甲苯磺酸催化下，可与异丙硫醇缩合，以74.8%的产率生成糠醛异丙硫醇缩醛。在无水氯化锌催化下，糠醛与甲硫醇反应，也能以80%的产率生成硫代缩醛类新型香料。以茴香醛和甲硫醇为原料，在对甲苯磺酸催化下，张克强等人亦以

83.7%的产率合成过硫代缩醛类新型香料1-(并二甲硫基)甲基-4-甲氧基苯。

综上所述，缩羰基类香料的合成仍然是目前的研究热点，研究者们正在不断地追求高效易得的催化剂，所研究开发的多种催化剂大多具有高活性和高选择性、用量少、化学热稳定性好、可重复使用等特点，从而达到低成本、低消耗、高产率、少污染的目的。

（七）酚醚类香料

酚醚类香料为合成香料中的一大类，大多具有强烈而愉快的香气，并且化学性质稳定，特别适合于调配香水、皂用、洗涤剂用香精，在香料工业中占有非常重要的地位；酚醚类香料常具有提神醒脑、清洁杀菌、祛疫避秽等方面的功能，广泛用于香薰保健及医药工业方面。常用的醚类香料有芳香醚、环醚、杂环醚，品种占香料总数的5%，脂肪族醚极少用作香料。醚类化合物化学性质较稳定，仅次于烷烃，在碱性加香产品中不变色。醚类香料的一般合成方法有三种：一是由醇制备醚；二是由卤代烷与醇钠反应制备；三是由烷氧汞化-脱汞反应制备。

1. 降龙涎醚

降龙涎醚（结构式见图3-28）是龙涎香最为重要的香气成分，具有柔和、持久、稳定的动物型龙涎香香气、温和的木香香韵，是非常好的定香剂，在化妆品行业中应用广泛，同时降龙涎醚也是一种可以用于各种食用香精配方的食品香料。降龙涎醚的工业合成主要采用以香紫苏醇为原料的路线，香紫苏醇具有和降龙涎醚类似的碳原子骨架，首先经过氧化反应生成香紫苏内酯，再经还原、环化反应即可生成降龙涎醚。美国Avoca公司是目前世界上最大的香紫苏醇和香紫苏内酯生产商，早先香紫苏醇采用高锰酸钾进行氧化生成香紫苏内酯，现在则采用生物发酵的方法。日本KAO公司和德国BASF公司也分别开发了一条降龙涎香醚的半生物合成途径，以化学合成的高金合欢醇为原料，在环化酶的催化作用下关环得到降龙涎醚产物。

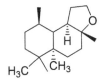

图3-28　降龙涎醚

2. 芳樟醇氧化物

芳樟醇氧化物是非常重要的醚类代表性香料，天然存在于水果、咖啡、啤酒花、薰衣草等食品和植物精油中，具有甜香、木香、花香和香柠檬样的香味，存在呋喃型和吡喃型两种结构。工业上芳樟醇氧化物的合成是以芳樟醇为起始原料，采用过氧酸氧化得到，产物以呋喃型结构为主，而且为顺反构型的混合物。利用各种微生物也可以将芳樟醇通过生物转化为氧化物。文献报道生物转化产率最高的是菌株 *Corynespora cassiicola*（DSM 62485），以消旋的芳樟醇为底物，转化率可接近 100%，产量水平每天可达到 120 mg/L。该菌株是目前芳樟醇氧化物生物制备中最有效的催化剂。

3. 玫瑰醚

玫瑰醚（结构式见图 3-29）也是一个重要的具有玫瑰香的醚类香料品种。玫瑰醚有顺、反两个异构体，天然存在于玫瑰精油和香叶油，但含量很低。市场上的玫瑰醚以香茅醇为原料，通过氧化、还原、异构化后环化四步反应来制备。以单一构型的香茅醇为原料，得到顺反两个非对映体产物混合物，比例接近 1：1。Onken 等在研究担子菌 *Cystoderma carcharias* 催化香茅醇的反应中，发现得到少量的玫瑰醚，转化率很低，只有 1.7%。这是首次在生物转化反应中发现玫瑰醚。随后 Demyttenaere 等报道了在 *Aspergillus* sp. 或 *Penicillium* sp. 催化作用下，也可将香茅醇转化为玫瑰醚，但转化率非常低。有关玫瑰醚有工业应用价值的生物转化方法还有待进一步研究。

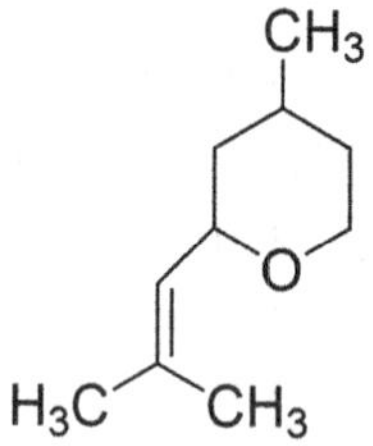

图 3-29　玫瑰醚

（八）含氮、含硫及杂环类香料

在谷物、土豆、蔬菜、水果、咖啡、茶叶和肉类的化学成分中，除了烃、醚、酚、醇、醛、酮、酯等类化合物外，还发现存在大量的含氮、含硫和各种杂环化合物，常见的有硫化物、吡嗪类、呋喃类、噻唑类、噻吩类等。美国食用香料与提取物制造者协会（FEMA）认可的硫化物及杂环食用香料包括硫醇、硫醇酯、异硫氰酸酯、吡嗪类、噻唑类、呋喃类等共计 180 余类。这类食品香料用量小、风味独特，功能食品、方便食品、速冻食品及微波食品的兴起和推广，对这类食品香料的发展起到了很大的促进作用。

1. 含氮香料

随着现代分析手段的不断提高，越来越多的含氮化合物在水果、蔬菜、肉、坚果等食品和它们的香气中被检测出来，尤其是坚果类食品。例如，在炒熟的花生中鉴别出吡嗪类化合物 38 种，吡咯类化合物 16 种，噻唑类化合物 11 种，吡啶类化合物 7 种；在焙炒过的咖啡中鉴别出吡嗪类化合物 35 种，吡咯类化合物 23 种，吡啶类化合物 4 种；在焙炒过的可可豆中鉴别出吡咯类和吡嗪类化合物 30 多种。含氮食用香料特征性强，是调配水果、肉、坚果等食用香精和烟用香精的重要原料，日益受到香料界的青睐。含氮食用香料按结构分类，主要可分为吡嗪类、噻唑类、吡啶类、吡咯类、氨基酸类、邻氨基苯甲酸酯类等。

（1）吡嗪类。此类食用香料是含氮食用香料中最多的一类，主要包括吡嗪和其烷基、烷氧基、酰基取代物，如吡嗪、2-甲基吡嗪、2,3-二甲基吡嗪、2,5-二甲基吡嗪、2,6-二甲基吡嗪、2,3,5-三甲基吡嗪、2-甲基-5-乙基吡嗪、异丙烯基吡嗪、2-丙基吡嗪、甲氧基吡嗪、甲硫基吡嗪、2-巯甲基吡嗪、吡嗪乙硫醇等。此类化合物具有坚果、焦糖、烘烤食品的气味，该类香料可用于调配咖啡、可可、花生、榛子、杏仁等食用香精和烟草香精。吡嗪类香料一般可采用二胺与二酮脱水环化制得烷基二氢吡嗪，烷基二氢吡嗪脱氢制得目标产物；也可采用吡嗪烷基化制得；烷氧基吡嗪可采用氯代吡嗪与醇反应制得。

（2）噻唑类。此类食用香料主要包括噻唑和其烷基、烷氧基、酰基取代物及其加成产物噻唑啉类化合物。如噻唑、4-甲基噻唑、2,5-二甲基噻唑、4,5-二甲基噻唑、2,4,5-三甲基噻唑、4-甲基-2-异丙基噻唑、2-异丁基噻唑、2-仲丁基噻唑、4-甲基-2-乙基噻唑、4-甲基-5-乙烯基噻唑、2,4-二甲基-5-乙烯基噻唑、2-甲基-5-甲氧基噻唑、2-乙氧基噻唑、2-乙酰基噻唑、2,4-二甲基-5-乙酰基噻唑、4-甲基-2-丙酰基噻唑等。此类化合物具有坚果香、蔬菜香、焦香、烘烤食品香、肉香，广泛用于调配坚果、肉、可可、巧克力、豆沙等食品香精和烟用香精。噻唑类香料可采用硫代酰胺与卤代醛或酮制备，也可采用二聚巯基乙醛与醛反应制得；噻唑啉类化合物可采用醛与氨水反应制得亚胺，亚胺再与巯基酮反应制得。

（3）吡啶类。此类食用香料主要包括吡啶和其烷基、酰基取代物，如吡啶、2,6-二甲基吡啶、3-乙基吡啶、2-甲基-5-乙基吡啶、2-丙基吡啶、2-异丁基吡啶、3-异丁基吡啶、2-戊基吡啶等。此类化合物一般具有青草香、青菜香、烤香和烟草香，可用于调配蔬菜、水果、坚果、鸡肉等食用香精和烟用香精。吡啶类香料可采用乙醛与氨水反应制得；也可采用吡啶烷基化法制得烷基吡啶，烷基吡啶氧化制得酰基吡啶。

（4）吡咯类。此类食用香料主要包括吡咯和其酰基取代物、加氢产物和吲哚类化合物，如吡咯、N-糠基吡咯、2-乙酰基吡咯、N-甲基-2-乙酰基吡咯、N-乙基-2-乙酰基吡咯、2-丙酰基吡咯、四氢吡咯、1-吡咯啉、2-丙酰基吡咯啉、吲哚、3-甲基吲哚等。此类化合物的香气特征各具特色，如 N-糠基吡咯具有蔬菜香，2-乙酰基吡咯具有焦香、烤香，N-甲基-2-乙酰基吡咯具有咖啡样焦香，吲哚稀释后具有茉莉花香。这类香料广泛用于调配蔬菜、水果、坚果、花香型的食用香精及烟用香精。N-取代吡咯类香料可采用吡咯与氯代烷发生烷基化反应制得；酰基吡咯可采用吡咯与酸酐发生烷基化反应制得；吲哚类可采用邻氨基乙苯通过脱氢环化制得。

（5）氨基酸类。此类香料包括β-丙氨酸、D-半胱氨酸、L-谷氨酸、甘氨酸、DL-异亮氨酸、L-亮氨酸、DL-蛋氨酸、L-脯氨酸、DL-缬氨酸、L-苯丙氨酸、L-天冬氨酸、L-谷氨酰胺、L-组氨酸、DL-苯丙氨酸、酪氨酸、L(DL)-丙氨酸、L-精氨酸、L-赖氨酸等。氨基酸类香料一般没有明显气味，但它们能够增加香精的鲜味，可直接用于软饮料、肉、调味料、牛奶、糖果、烘烤食品中。氨基酸还可作为原料，与还原糖和水解动植物蛋白通过美拉德反应生产肉味香精，通过该方法生产的肉味香精已经主导国内调味香精的市场。氨基酸可采用蛋白质水解提取法、发酵法、酶法和化学合成的方法制得。

（6）邻氨基苯甲酸酯类。此类香料包括邻氨基苯甲酸甲酯、N-甲基邻氨基苯甲酸甲酯、邻氨基苯甲酸乙酯、邻氨基苯甲酸烯丙酯、邻氨基苯甲酸丁酯、邻氨基苯甲酸异丁酯、邻氨基苯甲酸顺-3-己烯酯、邻氨基苯甲酸环己酯、邻氨基苯甲酸苯乙酯、邻氨基苯甲酸桂酯、邻氨基苯甲酸-2-萘酯、邻氨基苯甲酸芳樟酯等。邻氨基苯甲酸酯类一般具有花香和果香，可用于调配葡萄、草莓、西瓜、柑橘、橙子、桃等食用香精和酒用香精。邻氨基苯甲酸酯类可采用邻氨基苯甲酸与相应的醇发生酯化反应制得。

2. 含硫香料

提起含硫化合物，人们就会想到它的气味难闻，不会把它和香料联系在一起，但把含硫化合物稀释到10^{-6}级或者更低，就会有葱、蒜、水果、肉的香味。随着现代分析手段的不断提高，越来越多的含硫化合物在食品中被检测出来，如菠萝中含有甲硫醇、2-甲硫基乙酸甲酯、3-甲硫基丙酸甲酯、3-甲硫基丙酸乙酯、二甲基二硫，哈密瓜中含有硫代乙酸甲酯、硫代戊酸丙酯、2-巯基丙酸乙酯、二甲基二硫，焙炒过的咖啡豆中含有40多种含硫化合物，洋葱中含有30多种硫醚类化合物，牛肉挥发性香成分中有160多种含硫化合物。

含硫香料具有阈值低、香势强、用量小、批量小、价格高等主要特点。整体而言，含硫香料化合物是各类香料化合物中阈值最低、香势最强的一类。含硫香料的这一特点，决定了含硫香料的生产量和使用量比其他合成香料如醛类、酮类、缩羰基类、酯类等要小得多，含硫香料的生产和销售一般以千克为计量单位，生产批量小也是导致含硫香料价格高的原因之一。研究发现，即使含硫化合物在食物中的含量用常规的分析方法难以检测到，但是却在食物的香味中起主导作用，对食物的风味有很大的改变。含硫香料的香味特征主要表现为与食物特别是副食和菜肴有关的香味，如各种肉香、海鲜、咖啡、葱、蒜、洋葱、韭菜、甘蓝及热带水果等的香味特征。因此，含硫香料主要应用于食用香精，尤其是咸味香精和热带水果类香精，肉香味与含硫化合物关系非常密切；在日用香精中很少使用含硫香料。

含硫香料作为一类新的合成香料，其历史是各类合成香料中最短的，仅有40多年，但人类合成含硫化合物的时间并不比其他香料晚。2015年，美国FEMA公布的2816种被认为安全的香料中，含硫化合物有388多种，占总数的13%以上。由于需求量的增加，含硫香料的生产规模也在不断增加，其合成方法的研究也在不断深入。含硫香料按结构分类，主要分为硫醇、硫醚、硫酯、缩硫醛及含硫杂环类等。

（1）硫醇类。可用作食用香料的单硫醇有甲硫醇、丙硫醇、异丙硫醇、烯丙硫醇、2-甲基丙硫醇、1-丁硫醇、3-甲基丁硫醇、3-甲基-2-丁硫醇、3-甲基-2-丁烯硫醇、2-戊硫醇、1-己硫醇、2-甲基-3-呋喃硫醇、2-甲基-3-四氢呋喃硫醇、2,5-二甲基-3-四氢呋喃硫醇、苯硫醇、2-甲基苯硫醇、2-乙基苯硫醇、苄硫醇等；二硫醇有1,2-乙二硫醇、1,2-丙二硫醇、1,3-丙二硫醇、1,2-丁二硫醇、1,3-丁二硫醇、2,3-丁二硫醇、1,6-己二硫醇、1,8-辛二硫醇、1,9-壬二硫醇等。这类含硫化合物大都具有大蒜、洋葱、辣根香味，可用于调配大蒜、洋葱、卷心菜、番茄、肉等食用香精，如硫醇中的2-甲基-3-呋喃硫醇是调配肉味香精必不可少的含硫香料，糠硫醇是调配咖啡、可可的重要香料。硫醇类化合物合成可由相应的卤代烷与硫脲反应，制得S-烷基异硫脲盐，该盐在碱性条件下水解、酸化得到硫醇；也可采用卤代烷与硫氢化钠反应制得。

（2）硫醚类。硫醚类香料是可食用含硫化合物中品种最多的一类，从所含硫原子个数可分为单硫醚和多硫醚，从硫原子所连接的取代基来看可分为对称硫醚和不对称硫醚。目前主要的硫醚香料有甲硫醚、乙硫醚、烯丙基硫醚、丁硫醚、二糠基硫醚、甲基乙基硫醚、甲基苯基硫醚、甲基苄基硫醚、甲基糠基硫醚、甲基吡嗪基硫醚、异丙基糠基硫醚、二甲基二硫醚、二丙基二硫醚、二异丙基二硫醚、烯丙基二硫醚、二糠基二硫醚、环己基二硫醚、二苯基二硫醚、苄基二硫醚、2-甲基-3-呋喃基二硫醚、2-噻吩基二硫醚、甲基乙基二硫醚、甲基烯丙基二硫醚、甲基丙烯基二硫醚、甲基丙基二硫醚、甲基戊基二硫醚、烯丙基三硫醚、甲基乙基三硫醚、烯丙基甲基三硫醚、甲基丙基三硫醚等。这类化合物一般具有洋葱、大蒜、肉、坚果香味，可用于调配芹菜、韭菜、葱、蒜、肉、咖啡、瓜果等食用香精。如单硫醚中的甲硫醚、丁硫醚是调配水果香精的重要香料，含呋喃环的二硫醚中二糠基二硫醚、2-甲基-3-呋喃基二硫醚、甲基糠基二硫醚是调配各种肉味香精的重要香料。单硫醚可由硫醇钠与相应的卤代烷反应制得，或由卤代烷与硫化钠反应制得；二硫醚可由硫醇氧化制得，也可由卤代烷与二硫化二钠反应制得；三硫醚可采用邦特盐

（Bunte 盐）与硫化钠反应制得；四硫醚可采用一氯化硫与硫醇反应制得。

（3）硫酯类。此类化合物主要有硫代甲酸糠酯、硫代乙酸甲酯、硫代乙酸乙酯、硫代乙酸丙酯、硫代乙酸糠酯、2-甲基呋喃-3-硫醇乙酸酯、硫代丙酸烯丙酯、硫代丙酸糠酯、硫代丁酸甲酯、硫代异戊酸甲酯、2,5-二甲基-3-呋喃硫醇异戊酸酯、硫代己酸甲酯、硫代糠酸甲酯、硫代苯甲酸甲酯等。这类化合物一般具有葱、蒜、水果香味，硫代糠酸酯类还具有咖啡、坚果香气，可用于调配蔬菜、水果、咖啡、奶制品、肉、海鲜等食用香精。硫酯类化合物一般可采用硫醇与酸酐或酰氯在低温反应制得。

（4）缩硫醛类。此类香料一般具有浓郁的葱蒜气息及水果、肉的气味，目前准许的可食用的缩硫醛类香料只有三种，分别为甲醛二甲硫醇缩醛（海鲜香味）、2-甲基-1,3-二硫环己烷和 2-甲基-4-丙基-1,3-氧硫杂环己烷（肉味），它们可用于调配蔬菜、水果、肉等食用香精。其中甲醛二甲硫醇缩醛属于对称缩硫醛，一般可由甲醛与甲硫醇反应制得；2-甲基-1,3-二硫环己烷属于环状对称缩硫醛，可由乙醛与 1,3-丙二硫醇缩合制得；2-甲基-4-丙基-1,3-氧硫杂环己烷属于环状不对称缩硫醛，可采用乙醛与 3-硫基-1-己醇缩合制得。

（5）含硫杂环类。除以上几种含硫香料，可食用的含硫香料还有噻唑类、噻吩类、二噻烷类等。

3. 杂环香料

杂环香料化合物多数存在于天然香料和食品中，这类化合物主要包括吡嗪、呋喃、噻唑、吡咯、噻吩、噁唑等。它们广泛存在于自然界中，仅在咖啡中就发现了 254 个含氮、氧、硫的杂环化合物；从可可中检出 60 个含氮杂环化合物；在烤榛果中发现 58 个含氮衍生物，其中 42 个属于吡嗪类。此类香料由于大多数存在于天然香料或天然食品中，它们本身就是食品香味的微量化学成分，从而给予人们一种安全感。其香气阈值一般为百万分率或十亿分率，用量极少就可取得良好的增香效果。此外其香气特征突出，具有肉香、咖啡香、坚果香、蔬菜香，可以调制成具有特殊风味的食品香精，也可作为食品增香剂直接用于食品中。因此杂环类香料是很有前途的食用香料。

杂环类香料根据结构特点可以分为含氮杂环、含硫杂环及含氧杂环类，前两类在前面含氮、含硫香料中已有介绍，此部分着重介绍含氧杂环香料。含氧杂环香料可分为呋喃类和吡喃酮衍生物两类。

（1）呋喃类。呋喃衍生物几乎存在于所有食品中，这是因为呋喃化合物主要由碳水化合物和维生素 C 降解或糖与氨基酸反应生成。目前国内外合成的食用呋喃类香料已达 100 余种，香型涉及水果香型、肉类香型，以及烘、炸、烤香等。呋喃类香料广泛存在于酱香、肉香、奶香、焦糖香等香型的香精中，用于各类糖果、蜜饯、奶制品、肉制品等产品。

（2）吡喃酮衍生物。此类化合物包括麦芽酚、乙基麦芽酚、正丙基麦芽酚、异丙基麦芽酚、别麦芽酚、异丁基麦芽酚、甲基别麦芽酚、异丁酸麦芽酚酯等。其中麦芽酚及乙基麦芽酚是 γ-吡喃酮的重要衍生物，均为食品香味增效剂。麦芽酚最早是从麦芽的焙烧中发现的，它还曾从针叶松、落叶松的树皮，以及咖啡、焦糖、谷物中提取分离出来。乙基麦芽酚是人工合成的产物，其增香性能为麦芽酚的 6 倍，至今尚未见存于自然界中，它必须通过化学合成的方法得到。

1）麦芽酚（结构式见图 3-30）也称麦芽醇，具有焦糖的甜香和果香，其香味特征类似于呋喃酮，稀溶液具有草莓、菠萝样的香气，是非常重要的食品香料和香味增效剂，通常以 50~250 mg/kg 浓度作为增香剂使用。在不同食品中的使用量推荐如下：软饮料为 4.1 mg/kg；冰激凌、冰制食品为 8.7 mg/kg；糖果 3 mg/kg；焙烤食品为 30 mg/kg；胶冻及布丁为 7.5 mg/kg；胶姆糖 90 mg/kg；果冻为 90 mg/kg。

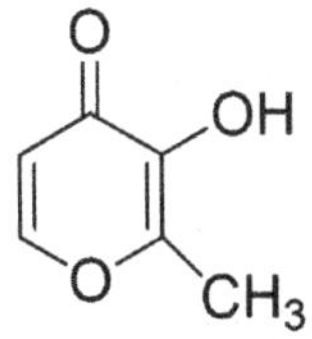

图 3-30　麦芽酚

随着食品及香料工业的发展，麦芽酚的市场需求迅速增加，为满足市场需求，人们不断研究开发合成麦芽酚的方法及工艺。麦芽酚的合成方法主要有以下几种：①以曲酸为原料，通过醚化、氧化、脱苄基、脱酸、羟甲基化、还原共六步反应合成。②以糠醛为原料，在 0 ℃以下进行格利雅反应，制得 2-1-羟乙基-呋喃。然后在甲酸和甲醇存在下，进行醚化反应，制得甲氧基二氢吡喃酮衍生物，加入 30%过氧化氢溶液，在-20 ℃滴加 1%氢氧化钠溶液，进行环氧化反应，制得环氧酮，最后在硫酸存在下加热回流，反应制得麦芽酚。③糠醇氯化法。将糠醇溶解于甲醇水溶液中，在 0 ℃下通入氯气，进行氯化反应，氯化产物再加热水解，制得焦袄康酸。然后在碱性条件下与甲醛进行缩合反应，制得羟甲基焦袄康酸。最后在盐酸中用锌粉将羟甲基还原，得到麦芽酚。④以草酸二乙酯为原料，在乙醇钠存在下，与丙酮进行缩合反应，制得二乙基乙二酰丙酮，再在三氯甲烷溶液中进行溴化反应，将所得的 γ-吡喃衍生物进行水解反应，制得袄康酸。将其加热脱羧，制得焦袄康酸，将其用哌啶和甲醛进行处理，制得曼尼希碱，最后用钯-碳催化剂进行催化还原，得到麦芽酚。

2）乙基麦芽酚（结构式见图 3-31），是 γ-吡喃酮的衍生物，易溶于热水、乙醇、氯仿与甘油，有焦糖香味和水果味。乙基麦芽酚作为一种香味改良剂、增香剂，应用越来越广泛，是烟草、食品、香精、日用化妆品等良好的香味增效剂，对食品的香味改善和增强具有显著效果，对甜食起着增甜作用，且能延长食品储存期。乙基麦芽酚在一些食品中的参考使用量：调味料（鸡精）为 2060 mg/kg；肉类、鱼类（加工品）为 60～130 mg/kg；软饮料为 1.5～6 mg/kg；冰激凌、冰制食品、果冻、番茄汤等汤类为 5～15 mg/kg；巧克力涂层、糖果、胶姆糖和甜点心为 30～50 mg/kg。肉制品、香肠、海鲜等中适量加入，也可以根据产品特色适当调整。

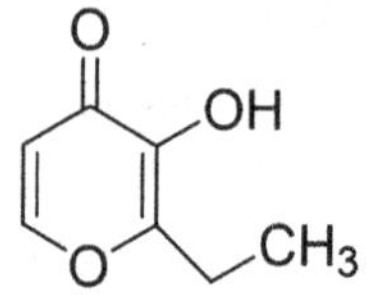

图 3-31　乙基麦芽酚

目前乙基麦芽酚已实现大量生产，制备方法主要有以下几种：①发酵法。由淀粉发酵得到曲酸，再经醚化、氧化、脱苄、脱羧、羟基化、还原而得乙基麦芽酚。②焦袂康酸法。温度为 90 ℃ 的焦袂康酸、醋酸溶液，在 1～2 h 内滴加到二乙酰基过氧化物的乙醚溶液中，2 h 内使混合物温度升高到 110 ℃，这样可以把焦袂康酸的 2 位直接烷基化，从而制得乙基麦芽酚。③糠醇法。糠醇在甲醇水溶液中经通入氯气氯化生成 4-氯代-3-羟基-4H-酮，然后加热水解得焦袂康酸；在碱性条件下焦袂康酸与乙醛缩合得羟乙基焦袂康酸，在盐酸中用锌粉将其还原为乙基麦芽酚。④糠醛法。糠醛与乙基溴化镁作用得到乙基糠醇，然后在甲醇水溶液中、0 ℃ 下通氯气氧化，接着加热至 100 ℃ 水解得乙基麦芽酚。

食用香料香精在食品工业生产中发挥着难以估量的作用，可以说，没有食用香料香精就没有现代食品工业。食用香料香精以其特有的增香、赋香、矫香等作用，极大地改善和丰富了食品的风味，不断满足人们对食品风味的多元化需求，从而在食品工业中得到了广泛的应用。同时，超临界 CO_2 萃取技术、固相微萃取、生物技术、微胶囊技术等高新技术在食用香料香精生产中的应用，为食用香料香精的发展提供了良好的发展机遇。另外，方便食品、休闲食品、保健食品、速冻食品及微波食品的兴起和推广，进一步拓宽了食用香料香精的应用范围，也为食用香料香精开辟了更为广阔的市场前景。

参考文献

[1] 于勇杰，张晶，戴智慧，等.不同方法提取香榧假种皮提取物成分的GC-MS分析 [J].核农学报，2014，28（8）：1421-1429.

[2] 胡程香，吴启康，田晓静，等.水蒸气蒸馏法提取挥发油研究进展 [J].农产品加工，2018（9）：57-59.

［3］林江波，王伟英，邹晖，等．植物精油提取方法及铁皮石斛精油研究进展［J］．福建农业科技，2018（7）：17-19.

［4］苏晓云．压榨法在精油提取中的应用［J］．价值工程，2010，29（1）：51-52.

［5］颉东妹，代云云，郭亚菲，等．分子蒸馏技术及其在多领域中的应用［J］．中兽医医药杂志，2021，40（5）：92-96.

［6］范培军，张镜澄．超临界 CO_2 流体萃取在天然香料中的应用进展［J］．化工进展，1995（1）：29-33，44.

［7］孟宪水，赵汝诗，董桂芝．玫瑰精油生产设备及加工技术［J］．农业知识，2006（5）：34.

［8］汪朝阳．缩羰化合物香料合成研究进展［J］．化工时刊，2000（8）：6-8.

［9］田红玉，陈海涛，孙宝国．食品香料香精发展趋势［J］．食品科学技术学报，2018，36（2）：1-11.

［10］刘玉平，孙宝国，田红玉，等．含氮食用香料的概况［J］．中国食品添加剂，2005（2）：64-67.

［11］刘玉平，孙宝国．含硫食用香料的合成及应用［J］．中国食品添加剂，2003（6）：82-84，69.

［12］黄小凤，李晓东，李中林．杂环类香料的现状与展望［J］．化学通报，1995（8）：1.

第四章 食用香精制备技术与应用

食用香精是食品用香精的简称，是参照天然食品的香味，采用天然和天然等同香料、合成香料经精心调配而成的；具有天然风味的各种香型的香精，包括水果类、坚果类、肉类、蔬菜类等各种香精。食用香精作为一种重要的食品添加剂，广泛应用于饮料、糕点、糖果、肉制品、冷冻调理食品、调味料、乳制品、罐头等众多食品中，适量添加不仅可以增强食品浓郁的风味，还可以将食品中的不良味道加以掩盖或消除，以此增强人们食用过程中的美味体验。随着人们生活水平的提高，生活理念的改变，对加香产品的要求也越来越高，从而使得作为加香产品灵魂的香精必须做出相应的改变，无论是香精的剂型、制备技术、材料还是分析手段都在不断地更新发展。本章对目前常见的香精制备原理和方法，以及调香理论、常用香精配方系统进行阐述。

第一节 调香理论基础

所谓调香，就是将各种各样香的、臭的、难以说是香还是臭的东西调配成令人闻之愉快的、大多数人喜欢的、可以在某种范围内使用的、更有价值的混合物。调香工作是一种增加（有时是极大地增加）物质价值的有意识的行为，是一种创造性、艺术性甚高的活动。本节将从调香的概念、香料香精的三值、调香专业术语、调香技术、调香的基本步骤及注意事项等方面，对调香知识进行详细阐述。

一、调香的概念

天然香料和合成香料单独作为调香基质使用时，味感较为单一，不能满足使用者对香味和香气的需求，因此常把两种或两种以上香料调和成香气稳定、香味令人满意的调和香料（香精），这个过程即为调香。其最终产品（如化妆品、香皂、食品等）中使用的香料，除了少数品种外，大多都使用调和香精制备。

一般来说，人对组成香精的各种单体香料的香气感觉大体呈现"强"

"弱""与某种物质的气味很相似""令人联想起来某种物质""这是一种不太愉悦的味道""花香、水果香味、发酵的味道"等固有性印象和评判，而很少能让人产生"这种味道十分完美""这是一种非常愉悦的味道"等感受。这就从某种程度上说明，大部分香料不具备令人感到十分完美、愉悦的香气（除一部分带有水果香气和花香的原料以外）。但是大多数的香水、护肤品、洗漱用品和食品的香气都被认为"完美的香气"，这种感觉上的转变就是调香的功劳。

调香的起源十分简单，原始人类在野外寻找食物的过程中，会被具有芳香性的果子和花卉吸引，从而采摘回去搭配其他食物食用，这就是最原始、最简单的调香过程。随着后来人类部落的扩大和文明的发展，对食物口感和口味的香味搭配习惯也延续下来，并且随着人们收集香料数量和质量的提升，更多的香料搭配方式被发现。越来越多的人不再满意当前的香味配方，为了寻得更好的风味，几乎是出于本能把更多的想法融入香气混合香料中，屡经挫折后最终取得成功，调香技术可能就是在这样一个环境下产生的。

从食物来看，除了保持原来的新鲜状态、直接端上餐桌的沙拉和水果外，或多或少要经过烹饪才能食用。食物只有经过烹饪才会美味可口，从这点来看调香和烹饪十分类似。如胡椒十分辛辣，不经过调味无法直接食用，但将其与适量的调味汁混合在一起时就会产生美味的效果。因此，必须充分掌握各种单体香料原有的气味，以及它们和哪些香料能完美配合，以怎样的比例混合等。

二、香料香精的三值

任何一门学科，只有应用数学并满足一些公认的数学规律以后，人们才认为它是科学的。例如达尔文的"进化论"与孟德尔的"遗传学"。三值理论让调香这门古老的艺术走上科学的道路，香料香精的三值包括香比强值、留香值和香品值。掌握了香料香精三值理论，调香师会对每一次调香工作更加胸有成竹，更能调出令人满意的香精来。

（一）香比强值

阈值，指最低嗅出浓度，是第一个用于香料香气强度评价的术语。一个香料的阈值越小，它的香气强度越大。阈值的倒数一般被认为是该香料的香气强度值，但香气强度的度量并没有这么简单。

众所周知，乙基香兰素的香气强度比香兰素强约 3 倍，可在有些资料中乙基香兰素的阈值却比香兰素高。α-突厥酮在水中的阈值是 0.000 01 mol/m^3，β-突厥酮在水中的阈值是 0.007 5~0.5 mol/m^3，前者的香气强度绝不可能是后者的 750 倍。水杨酸甲酯在水中的阈值是 0.3 mol/m^3，石竹烯在水中的阈值是 0.5 mol/m^3，而二者的香气强度一般认为相差 10 倍以上。这些例子都说明，香气强度与阈值不存在一定的数学关系。

　　如果把一个常用的单体香料的香气强度人为地确定一个数值，其他单体香料都拿来同它比较（香气强度），就可以得到各种香料单体相对的香气强度数值。林翔云在 1995 年提出，把苯乙醇定为 10，其他单体香料都与它相比较得到的一组数据，称为香比强值（用 B 表示）。香精的香比强值可以用香料组分的香比强值和配方计算出来，下面以茉莉香精（组成见表 4-1）为例进行说明。

表 4-1　茉莉香精的组成及其香比强值

香料名称	用量/%	香比强值
乙酸苄酯	50	25
芳樟醇	10	100
α-戊基桂醛	10	250
苯乙醇	10	10
苄醇	10	2
水杨酸苄酯	4	5
吲哚	1	600
羟基香茅醛	5	160

　　茉莉香精香比强值的计算：$0.5×25+0.1×100+0.1×250+0.1×10+0.1×2+0.04×5+0.01×600+0.05×160＝62.9$。

　　香比强值的应用很广泛，对于用香厂家来说，通过香比强值可以直观地知道购进或准备购进的香精香气强度有多大，因为香气强度关系到香精的用量，从而直接影响到配制成本。如配制一款洗发香波，原来用一种茉莉香精，香比强值是 100，加入质量分数为 0.5%，现在想改用另一种香精，香比强值是 125，显然加入的质量分数为 0.4% 就可以。

　　加香的目的无非是盖臭、赋香和增效。未加香的半成品和原材料有许多是有气味的，要把这些异味掩盖住，香气强度当然要大一些。若能得到这些原材料香比强值的资料，通过计算，就能估计至少要用多少香精才能盖得住。最简单的方法，是用一种已知香比强值的香精加到未加香的半成品中，得出至少要多少香精才能盖住异味，间接得出这种半成品的香比强值，其他香精要用多少很容易就可以算出来了。例如白矿油的加香，未经脱臭的白矿油香比强值高达 10 以上，想要用少量的香精掩盖其臭味几乎不可能。把白矿油用物理或化学方法脱臭到一定的程度，用一种香比强值 200 的香精加入 0.5% 时几乎嗅闻不出白矿油的臭味，可以算出这个脱臭白矿油的香比强值等于或小于 1。

（二）留香值

一种香料或者一种香精留香久不久是调香师和用香厂家特别关心的问题。对调香师来说，调配每一种香精都要用到"头香""体香""基香"三大类香料，也就是说留香久的和留香不久的香料都要用到，而且用量要科学，这样配出的香精香气才能均匀散发且平衡和谐。对用香厂家来说，希望购进的香精加入自己的产品后能经得起仓库储藏、交通运输、柜台待售等长时间的考验，到使用者手上时仍香气宜人。

1954 年，朴却发表了 330 种香料的挥发时间表，把香气不到 1 天就嗅闻不出的香料系数定为 1，100 天和 100 天后才嗅闻不出的香料系数定为 100，其他香料的系数就是它的留香天数。林翔云扩大了这个实验，去掉了目前不常用的香料，修正了一些数据，增加了现在常用的香料，香料数量有 2000 多种；并将朴却的嗅闻系数（也就是留香天数）称为留香值（用 L 表示）。常用香料三值表的其中一列即为各种香料的留香值。

根据这些数据可以计算香精的留香值，计算方法与香比强值的算法一样。编者以茉莉香精（组成见表 4-2）为例进行说明。

表4-2　茉莉香精的组成及其留香值

香料名称	用量/%	留香值
乙酸苄酯	40	5
芳樟醇	19	10
水杨酸苄酯	10	100
α-戊基桂醛	10	100
羟基香茅醛	5	80
丁香油	1	22
卡南加油	10	14
安息香膏	5	100

茉莉香精留香值的计算：$0.4×5+0.19×10+0.1×100+0.1×100+0.05×80+0.01×22+0.1×14+0.05×100=34.52$。

这个值更准确地应叫作香精的计算留香值。由于各种香料混合后互相发生化学反应，产生了留香更久的物质，计算留香值同实际留香天数存在差距。香水香精的实际留香天数几乎都超过 100，而计算留香值是不可能达到 100 的。

香料的留香值与香精的计算留香值用途很广。调香师在调香的时候可以利用各种香料的留香值，预测调出香精的计算留香值，必要时加减一些留香值较大的香料，使调出的香精留香时间在预期范围内。用香厂家在购买香精时，先向香精厂家询问该香精的计算留香值是否符合自己的加香要求，这是很有必要的。二次调香时，计算留香值也很重要。希望留香好一点的话，计算留香值大的香精多用一些。需要注意的是，计算留香值太大的香精往往香气呆滞、不透发，尤其是一些低档香精。

香料的留香值与它的分子结构、相对分子质量、沸点和蒸气压等都有直接的关系，与香比强值和阈值也有关系。而且，香料的留香值与它的成分即香料单体和纯度直接相关。如苯甲酸乙酯可能由于提纯不够或储存时分解产生了少量苯甲酸而使其留香值增大，混合物（如天然香料等）则由于内部各种香料单体的含量变动而表现不同。

混合物（如天然香料等）的留香值主要决定于其中沸点较高、蒸气压较低的香料单体的含量。同一种天然香料，用水蒸气蒸馏法得到精油的留香值就比用萃取法得到的低；以低沸点成分为主体的天然香料（如芳樟叶油等），杂质越多留香越久。在香料贸易中，一些不法商人往香料里加入无香溶剂，如加入乙醇则降低留香值，加入油脂、香蜡、各种浸膏等则会提高留香值。因此，留香值常作为天然香料质量指标的一项内容。

有了各种香料的留香值数据后，调香者很容易通过调整配方，使一种香精的留香值（计算留香值）达到一定的范围而不大改变香气格调，这就是调香时使用定香剂的意义。

（三）香品值

香料本来是无所谓"品位"的，比如吲哚，直接嗅闻像鸡粪一样的恶臭，质量分数稀释到1%以下时却有茉莉花一样的香气。其实大部分香料直接嗅闻时香气都不好，稀释以后也不一定都变好。各种香料的香气在调配成香精时发挥它的作用，使用不当不但发挥不了作用，有时反而会破坏整体香气。因此，如果要给每一种香料一个品位值的话，只能放在一个香气范围内考察它的表现。如乙酸苄酯一般都用于调配茉莉香精，就看它本身像不像茉莉花香，很像的话分数给得高一些，不太像的话分数就给得低一些。香品值（用 P 表示）的概念就是按这个思路创造出来的。

所谓香品值，就是一个香料或者香精品位的高低。由于这是一个相对的概念，需要一个参比物，而且这个参比物应该是大家比较熟悉的，比如茉莉花香。国人提到茉莉花香，马上想起小花茉莉鲜花（不是茉莉浸膏，也不是茉莉净油）的香气，而西方人一提到茉莉花香想起的是大花茉莉鲜花的香气。要给一个茉莉香精定香品值，把它的香气同天然的茉莉鲜花（中国常用小花茉莉，西方常用大花茉莉）比较，如果人为定最低为 0 分，最高（天然茉莉花香的香气）100 分，至少 12 人来打分，去掉一个最高分，去掉一个最低分，然后取平均值，就是这个茉莉香精的香品值。

应用香品值时要注意，可能出现使用的某种香料香气不好，而常用香料三值表中这种香料的香品值却是高的，或者使用的一种香料香气非常好，而表中给这种香料的香品值却不高。需要指出的是，表中的香品值是指该香料在调配香精时利用的是它的主体香气时的品位值，如果调配香精时利用的是它的次要香气的话，要根据该香料的香味另外给它一个香品值。如乙酸苄酯用于配制茉莉香精时香品值是80，而用于配制果香香精（乙酸苄酯有水果香气）时香品值只有10~30。

香精的香品值可以按配方中各个香料的香品值、用量比计算出来。计算方法同香比强值、留香值一样，计算出来的香品值叫作计算香品值，它同实际香品值（让众人评价打分，取平均值）是不一样的。调配一种香精，如果它的实际香品值小于计算香品值则可以认为调香失败，实际香品值超过计算香品值越多，调香就越成功。所谓调香，就是要极大地提高香料的香品值。

用香厂家向香精制造厂购买香精时，可以要求后者提供该香精的计算香品值，然后组织一个临时评香小组给这个香精打分，这就是所谓的实际香品值（最高分100，最低分0）。如果实际香品值超过计算香品值，这个香精就比较符合要求。

（四）香料香精实用价值的综合评价

香料香精的三个值，每一个值都只是反映一种香料或者香精的一个方面，三个值结合才能反映这个香料或者香精整体的轮廓。如一个玫瑰香精的香比强值是150，计算留香值是60，计算香品值是50，那么这个香精还不错，香气强度适中，留香较好。香料、香精的综合评价分 $Z = B \times L \times P / 1000$，简称综合分，上述玫瑰香精的综合分是450。

常用香料三值表已经列出了各种常用香料通过三值计算出来的综合分，调香师和其他香料工作者可以根据这个表中的数据对各种香料进行评价、比较、选用，新开发的香料可以自己测定三值并计算其综合分。

三值理论的用途很广，这个理论从提出到现在短短的十几年时间里已经得到广泛的应用。在调香、用香、加香实践、香料香精的生产与贸易、新香料的开发与评价等，三值理论都已成为不可或缺的一个工具、一把尺子。在数学气味学里，计算一种香料或香精香气的分维也离不开三值理论。

三、调香专业术语

为了更好地从事香料香精行业有关工作，正确理解与调香有关的基本概念是非常重要的基础。在调香工作中所用术语，大体上可划为有关香气或香味方面的描述用词，对香精香气结构解析时的用语，以及叙述香精中不同香料组分的作用方面的术语。

气息：是指用嗅觉器官所感觉到的或辨别出的一种感觉，它可能是令人感到舒适愉快的，也可能是令人厌恶难受的。"气息"这个术语，在英语中相当于"odor"或"odour"。

香气：是指令人感到愉快舒适的气息的总称，它是通过人们的嗅觉器官感觉到的。在调香中香气包括香韵或香型的含义。"香气"这个术语，在英语中相当于"scent"，或"fragrance""perfume"等。

香味：是指令人感到愉快舒适的气息和味感的总称，它是通过人们的嗅觉和味觉器官感觉到的。"香味"这个词在调香中是用于描述食用香料或香精香味的特征，在英语中相当于"flavor"。

气味：是用来描述一种物质的香气和香味的总称。气味这个术语在英语中相当于"aroma"。

香韵：是用来描述某一香料、香精或加香制品的香气中带有某种香气韵调而不是整体香气的特征，这种特征常用有代表性的客观具体实物来表达或比拟。如：××带有玫瑰香韵，或带有动物香香韵，或带有木香香韵等。"香韵"这个术语，在英语中相当于"note"，有时也可用感觉上的特征来表达，如甜韵、鲜韵等。

香型：是用来描述某种香精或加香制品的整体香气类型或格调。如××的香气属于花香型，或属于果香型，或茉莉型，或东方香型，或古龙型等。"香型"这个术语，在英语中相当于"type"。

头香：是对香精（或加香制品）嗅辨中最初片刻时的香气印象，也就是人们首先能嗅感到的香气特征。头香亦可称为顶香，它是香精整体香气中的一个组成部分，一般是由香气扩散力较好的香料所形成的。"头香"这个术语，在英语中相当于"top note"。

体香：亦可称为中段香韵、中韵，是香精的主体香气。每个香精的主体香气都应有其各自的特征，它代表着这个香精的主体香气。体香应在头香之后，立即被嗅觉感到香气，而且能在相当长的时间中保持稳定和一致。体香是香精的主要组成部分，在英语中相当于"body note"或"middle note"。

基香：也叫尾香、底香或残香，是香精的头香与体香挥发后，留下的最后的香气。这个香气一般是由挥发性很低的香料或某些定香剂组成，是一种香精中留香时间最长的香味物质。基香这个术语在英语中相当于"basic note"。

和合（和合剂）：是指将几种香料混合在一起后，使之发出一种协调一致的香气。这是一种调香工作中的技巧。"和合"这个术语，在英语中相当于"blend"或"blending"。用作和合的香料，称为和合剂。

修饰（修饰剂）：是指用某种香料的香气去修饰另一种香料的香气，使之在香精中发出特定效果的香气。它也是调香工作中的一种技巧。"修饰"这个术语，在英语中相当于"modify"。用作修饰的香料，称为修饰剂，在英语中相当于"modifier"。

谐香：是由几种香料在一定的配比下所形成的一种既和谐又有一定特征性的香气，它是香精中体香的基础。"谐香"这个术语，在英语中相当于"accord"。

稳定性：在调香技艺中，稳定性有两种含义。一是指香精香气的稳定性，这就是说香精的整体香气，尤其是它的体香特征，要在较长的时期内不能有明显的变化。换句话说，就是要在较长的时期内，其香型稳定不变。二是指这个香精在加香介质中，除了香气特征、香型稳定外，还应不影响加香介质的色泽、澄清度、乳化等理化性能及原有的功能。

香势（气势）：亦可称为香气强度，是指香气本身的强弱程度。这种强度可通过香气的阈限值来判断，阈限值愈小则强度愈大。"香势"这个术语，在英语中相当于"odor concentration"。

嗅盲：是嗅觉缺损现象之一，是指完全丧失嗅感功能，完全嗅不出任何气息。在英语中，这种缺陷称为"anosmia"。

嗅觉暂损：是指由于患病（如神经受损、精神分裂）而对某些气息或香气的嗅感能力下降或暂时失灵。这种现象在英语中称为"hyposmia"。

嗅觉过敏：是指由于生理上的因素，对某些香气或气息的嗅感不正常，或是特别敏感或是特别迟钝。这种现象在英语中称为"hyperosmia"。

除此之外，一些专有名词在调香中同样具有重要的理论和实践操作意义。

精油：也称为香精油、挥发油或芳香油，是植物性天然香料的主要品种。对于多数植物性原料来说，主要是用水蒸气蒸馏法和压榨法制取精油。如玫瑰油、薄荷油、薰衣草油、鸢尾油、茴香油、冷杉油等，均是利用水蒸气蒸馏法制取。对于柑橘原料，则主要用压榨法制取精油，如红橘油、甜橙油、圆柚油、柠檬油等。

浸膏：是一种含有精油及植物蜡等呈膏状的浓缩非水溶剂萃取物，是植物性天然原料的主要品种。用挥发性有机溶剂浸提香料植物原料，然后蒸馏回收有机溶剂，蒸馏残余物即为浸膏。在浸膏中除含有精油外，尚含有相当量的植物蜡、色素等杂质，所以在室温下多数浸膏呈深色膏状或蜡状，如茉莉浸膏、桂花浸膏、墨红浸膏、晚香玉浸膏等。

酊剂：也称为乙醇溶液，是以乙醇为溶剂，在室温或加热条件下，浸提植物原料、天然树脂或动物分泌物所得到的乙醇浸出液，经冷却、澄清、过滤而得到的产品。如枣酊、咖啡酊、可可酊、黑香豆酊、香荚兰酊、麝香酊等。

净油：用乙醇萃取浸膏、香脂或树脂所得到的萃取液，经过冷冻处理，滤去不溶的蜡质等杂质，再经过减压蒸馏去除乙醇，所得到的流动或半流动液体统称为净油。净油比较纯净，是调配化妆品、香水的佳品。

香脂：采用精制的动物脂肪或植物油脂吸收鲜花中的芳香成分，这种被芳香成分所饱和的脂肪或油脂统称为香脂。香脂可以直接用于化妆品香精中，也可以经乙醇萃取制取香脂净油。

香膏：是香料植物由于生理或病理的原因而渗出的带有香成分的膏状物。香膏大部分呈半固态或黏稠液状，不溶于水，几乎全部溶于乙醇。其主要成分是苯甲酸及其酯类、桂酸及其酯类，如秘鲁香膏、吐鲁番膏、安息香膏、苏合香香膏等。

树脂：分为天然树脂和经过加工的树脂。天然树脂是指植物渗出植株外的萜类化合物因空气氧化而形成的固态或半固态物质，如黄连木树脂、苏合香树脂、枫树脂等。经过加工的树脂是指将天然树脂中的精油去除后的制品，如松树脂经过蒸馏后，除去松节油而制得的松香。

香树脂：是指用烃类溶剂浸提植物树脂类或香膏类物质而得到的具有特征香气的浓缩萃取物。香树脂一般为黏稠液体、半固体或者固体的均质块状物，如乳香香树脂、安息香香树脂等。

油树脂：一般指用溶剂萃取天然香辛料，然后蒸馏除去溶剂后制得的具有特征性香气或香味的浓缩萃取物。常用的溶剂有丙酮、二氯甲烷、异丙醇等。油树脂通常为黏稠液体，色泽较深，呈不均匀状态，如辣椒油树脂、胡椒油树脂、姜黄油树脂等。

四、调香技术

调香就是将有关香料经过调配达到具有一定香型或香韵（香气和香味）和一定用途的香精的一种技艺。它是香料香精工业中的重要一环。调香工作的目的也就是调配出人们喜爱的既安全又适合于加香产品性质的香精，使加香产品在使用或食用过程中具有一定的香味效果。

香精的香气或香味效果，被视为加香产品的"灵魂"，人们在使用加香产品时嗅觉和味觉上感到舒适和喜爱。掌握调香技艺，要有两方面的基本功：一方面要有调配处方的技艺，另一方面要有香精应用技术的基本知识。掌握香精的调配与处方技术，要具有辨香、仿香和创香三方面的知识和基本功。这三个方面是互相联系的，也是学习调香技艺过程中的三个阶段。这三个阶段既可循序进行，也可适当地交叉进行，使之相辅相成而不断深入。

（一）辨香、仿香、创香

所谓辨香，就是能够区分辨别出各类或各种香气或香味，能评定它的好坏以及鉴定其品质等级。如辨别一种香料混合物或加香产品，要求能够指出其中香气和香味大体上来自哪些香料，能辨别出其中不受欢迎的香气和香味来自何处。首先要掌握目前国内经常在使用的数百种（国外有数千种）单体香料及近百种香基、几十种成功的香精的性能，熟悉其香气特征和香韵分类，以及各香料间香气的异同和如何代用等知识，练好"辨香"这一基本功。从业者不仅要把辨香结果记录在纸上，而且要作为记忆长期保存在头脑中。

所谓仿香，就是要运用辨香的知识，将多种香料按适宜的比例调配成所需要模仿的香气或香味。仿香一般有两种。一种是模仿天然香气香味，这是因为某些天然香料价格昂贵或来源不足，要求我们运用其他的香料，特别是来源较丰富的合成香料，仿制出与被仿制对象具有相同或较近似的香气和香味的香精，替代这些天然产品。另一种是对某些国内外成功的加香产品和成品香精的香味的模仿，模仿时要注意专利权等事项。对于模仿天然品，可以参考一些成分分析的文献进行，但模仿一个加香产品的香气或香味则复杂和困难得多，要求有足够的辨香基本功和掌握仪器分析技术。

所谓创香，是运用科学与技术方法，在辨香和仿香的实践基础上，设计创拟出一种具有新颖、和谐的香气或香味（或香型）的香精，来满足某一特定的产品的加香需要，使创拟出的香精能达到经济、合理地运用香料，与加香产品的特点相适应等要求。要掌握好香料的应用范围，然后才能选用合适的品种来调配各种香精。在调配时要参考、分析资料，运用香精的香气特点，按照香韵格调（即类型，是用以描述一种独特香气的风格和调门的词汇），掌握好配方格局（指配方的组成规格及布局），表现出香气的艺术传感力。这需要多次重复、修改，不断地积累经验才能成功，要达到不仅是专家就是一般外行也能感到香气优雅、自然、和谐的程度。香精是调香师靠嗅觉的方法调配出来的、难以准确进行分析的、带有浓厚艺术风格的产品，经过调和后各种香料的香气已和谐地融合在一起，因此一位调香师调配出的香精，另一位调香师不可能轻易、传神地模仿出来。这不仅增加了香精的保密性，而且突出了香精的神秘性和趣味性。

（二）加香技术

一般要了解有关加香产品介质的特性及其加香要求，其工艺条件和加香产品的使用方法。不同的加香产品要调配不同的香精，共同的要求是：①香韵要吻合选定的要求；②不同的用途要用不同的香料来配方；③不同等级要选用不同的香料来适应成本的要求；④要注意香精的组成，正确选用主体、辅助、修饰和定香等香料；⑤头香、体香、基香三层香气要前后协调、稳定，即头香要有好的扩散力，头香、体香要浓厚、有骨有肉，基香要有一定的持久力，同时要注意色泽的影响，特别是在白色加香产品中；⑥要适应和遵从自然地理条件和风俗习惯，对不同的人、地区、气候，要分别对待；⑦处方中要注意各香料间的化学反应的可能性，如酯交换、水解、氧化、聚合、缩合等，谨慎地选用香料的品种；⑧日用香精必须对人体肤发安全，食用香精必须符合国际、国内的有关安全和卫生的规定。

（三）香精的基本组成

香精基本上由香基、调和剂、矫香剂和定香剂四部分香料组成。

（1）香基（或主剂，base），也叫基调剂，决定香精香气的类型，是赋予特征香气绝对必要的成分。它的气味形成了香精香气的主体和轮廓。它是一种混合香料，但不直接作为加香使用，而是作为香精中的一种香料来使用，具有一定的香气特征，代表某种香型。

（2）调和剂（blender），也叫和合剂。将几种香料混合在一起后，使之发出协调一致香气的技巧，称为和合。用于和合的香料称为调和剂。调和剂的作用在于调和各种成分的香气，使香气浓郁、圆润。

（3）矫香剂（modifier），又叫修饰剂或变调剂。用一种香料的香气去修饰另一种香料的香气，使之在香精中发出特定效果香气的技巧，称为修饰。用作修饰的香料称为修饰剂。修饰剂是一种使用少量即可奏效的暗香成分，衬托香基，使香气更加美妙。

（4）定香剂（fixative），也叫保留剂。它的作用是使全体香料紧密地结合在一起，并使其挥发速度保持均匀，总是以同样的状况发出香气，香料经过很长的时间后仍保持香精独特的香气。它可以是一种单体香料或几种单体香料的混合物，也可以是一种或几种天然香料的混合物。动物性香料、香根草之类高沸点的精油和高沸点的合成香料都可以作为定香剂使用，如食品香精中常用的香兰素、香豆素都是很好的定香剂。

（四）评香及注意事项

香料香精在空气中挥发、到达鼻腔、通过神经传到大脑后使人产生嗅觉。香气根据香料香精的挥发程度可分成三段。

1. 香气的三段

（1）头香（或顶香，top note）。挥发程度高，在评香条上一般认为在 2 h 以内挥发散尽、不留香气者为头香。这是香气给人留下的第一印象，相当于食物的"口味"。对香精来说，这种香气的"口味"是非常重要的。一般总是选择嗜好性强，能融洽地与其他香气合为一体，且清新爽快，能使全体香气上升，以及多少有些独创性的香气成分作为头香。因此，新的单体或单离香料对一名调香师来说更显重要。所有柑橘型香料、玫瑰油、果味香料、轻快的青香味香料都属此范围。困难在于香气与食品一样，必须经常变换"口味"，否则使人产生厌腻感，但要防止过于奇特的变化而使人不适应。

（2）体香（body note）。体香在评香条上香气持续 2~6 h，是显示香料香精香气特色的重要部分。适宜这部分的香料有茉莉、玫瑰、铃兰、丁香等花香，以及醛类、辛香料等各种香料。

（3）基香。基香挥发程度低而富有保留性，在评香条上香气残留 6 h 以上或几天或数月。

香气的设计是以各单体香料或香基的挥发性为基础，按照其挥发性由低到高的顺序，分别形成基香、体香和头香。作为基香部分的香料，最初发出的香气并不能使人产生快感，但经过一段时间后，逐渐变成了富有魅力的香气。作为头香的香料，乍闻之下，香气甚佳，但转瞬即逝。体香的香料对于化妆品来说，是由各种受人喜爱的花香型香料组成的，对于食品香精来说则是由各种醛类、辛香料组成的。调香师根据经验将上述各部分香料有机地组合起来，使各种香气取长补短，从始至终都发出美妙、芬芳的香气。并且要求各段香气之间的变化是平滑连续的，也就是说，各段香气之间的界限并不明确，而是和时光流逝那样，不知不觉地从早晨到了中午，从中午又到了晚上。在体香部分必须多少残留一些头香部分的主要香气，如各段之间香气的变化不是这样平滑连续的，则认为香气的连续性不好。在艺术性方面要求香气细腻、优雅、有独创性。在技术性方面则必须具有一定的香气强度、香气和谐自然、持久力强等特点。

尽管现代科学技术已经相当发达，但欲配出令人满意的香精，香原料的选用、用量的配比以及香精品质的评价，均需要用鼻子来鉴别。

2. 纸条辨香方法

在实际工作中，广泛被采用的是传统的纸条辨（评）香法。嗅辨时要用辨香纸（纸条或纸片），通常是用厚度适宜的吸水纸。纸条适用于液体样品，宜为宽 0.5~1 cm、长 10~18 cm，最好一端窄一些，以便在窄口瓶中蘸取样品。对固体样品用纸片，宜为长 8 cm、宽 10 cm；也可选择适当的溶剂配成溶液，按嗅液体样品方式进行。首先，在辨香纸上写明被辨对象的名称号码，甚至日期和时间。然后，如果是用纸条，将其一头浸入拟辨香料或香精（或其稀释溶液）中，蘸上 1~2 cm，对比时要蘸得相等；如果是用纸片，可将少量固体样品置于纸片中心。样品不能触及鼻子，要有一定距离，刚可嗅到为宜。随时记录嗅辨香气的结果，主要包括香韵、香型、特征、强度、挥发程度，并根据自己的体会用贴切的词汇来描述香气。每阶段都要记录，最后写出全貌。若是评比，则要求写出样品之间的区别，如有关纯度、相像程度、强度、挥发度等意见，最后写出评定好坏、真假等的评语。

3. 辨香与评香的注意事项

（1）工作场所要求通风良好，清净而温暖。不应在混杂有香气或灰尘的场所进行。室内在不使用时不能放置有香气物质，进入室内不能穿着有香气的工作服，不能吸烟。

（2）思想要集中。应舒适地坐着评辨，全神贯注，根据样品香气的强弱和特点，以及评辨者的嗅觉能力来掌握评辨的时间间隔。总体来说，一次评辨香气的时间不宜过长，要有间隔，有休息，使嗅觉恢复其敏感性，这样效果最好。一般来说，开始时的间隔是每次几秒，最初嗅的三四次最为重要；易挥发物要在几分钟内间歇地嗅辨；香气复杂的，有不同挥发阶段的，除开始外，可间歇5~10分钟，再延长至30分钟、1小时乃至1天，或持续若干天。要重复多次，观察不同时间段的变化，包括香气和挥发程度。

（3）严格选择标样。不同品种、不同地区、不同起始原料、不同工艺、不同等级，都应详细注明。装样品的容器，最好是深色（蓝、棕绿）的玻璃小瓶。标样要选择新鲜的，要满装于瓶中，盖紧（用后亦然），置阴凉干燥处或冰箱内存放，防止变质，经过一定时间后要更换（一般半年）。

（4）选择合适的香料或香精的浓度。香料或香精的浓度过大，嗅觉容易饱和，麻痹或疲劳，因此，有必要把香料或香精用纯净无臭的95%乙醇或纯净的邻苯二甲酸二乙酯稀释到1%~10%甚至更淡些，来辨别特别是香气强度高或是固态树脂态的样品。

4. 有关香气或香味的描述用词

常用于描述香气和香韵的词汇：花香、草香、木香、蜜甜香、脂蜡香、膏香、琥珀香、动物香、辛香、豆香、果香、酒香、青香、清香、甜香、土壤香、革香、药草香、焦气、樟脑样、树叶样、树脂样、烯样、粉香样、谷物样、蔬菜样、根样、坚果样、果汁样、肉香样、鱼腥样、膻气样、霉气样、黄样、苯酚样、金属样、脂肪气、油腻气、醚样、化学气、刺鼻的、催泪性的、窒息性的等。

也有用感觉或情感等比较抽象的词汇来描述的，如：酸、咸、苦、辛辣、刺激、凉、温、热、干、湿、强、弱、柔、刚、腻、淳润、坚硬、新鲜、陈、平滑、圆柔、尖刺、粗冲、愉快、不快、轻快、浓重、淡薄、丰满、喜爱、厌恶、文雅、粗俗、细腻、狂诱性、女性气质等。

五、调香的基本步骤及注意事项

香精处方工作应有一定的要求和方法，是调香技艺的具体表现。通过十多年的实践与探讨，在调香师叶心农的主持下，将日用化学品香精的调香技艺总结为"论香气、定品质、拟香气、制配方"的论说。就是说要进行香精处方，首先要明白各种香气的性质并能辨认各种香气的品类等级，随后才能根据要求去进行香气的拟配，直至取得符合应用的香精配方。可将它概括为"明体例、定品质、拟配方"三要点或称之为"三步法"。

（一）明体例

简单地说，明体例就是要求调香工作者运用论香气的知识和辨认香气的能力，去明确要设计的香精应该用哪些香韵去组成哪种香型。这是进行香精处方的基本要求，也是第一步。

所谓论香气，就是运用有关香料分类、香气（香韵）分类、香型分类、天然单离与合成香料的理化性质、香气特征与应用范围（包括持久性、稳定性、安全性、适用范围）等方面的理性知识，以及从嗅辨实践所积累的感性知识和经验，去明确要仿制（仿香）或创拟（创香）的香精中所含有或需要的香韵，弄清它应归属的香型类别。

先说仿香，倘若要去仿制某种天然香料（精油、净油等），就要弄清它归属的香气类别（针对拟仿制的试样），尽可能地查阅有关成分分析的资料，用嗅辨的方法或用仪器分析法与嗅辨相结合的方法，对其主要香气成分及一般香气成分有所了解，做到心中大体有数。仿制天然香料，我们视之为"单体方"，就是说它是一种香韵类别，如配制的玫瑰油是甜香韵的"单体方"，白兰花净油为鲜香韵的单体方，桂花净油为幽清香气的"单体方"，香柠檬油为果香韵的"单体方"，等等。

如果是仿制某一种香精（配制精油，单花的花香基香精除外）或加香产品的香气，调香工作者首先用嗅觉辨认的方法，大体上弄清其香气的特征，香气香型类别，以及挥发过程或使用过程中香气演变情况，判别它具有哪些香韵（是单体方还是复体方），各种香韵大体上主要是来自哪些香料。如果有条件，最好与分析工作者配合，用仪器分析（色谱、质谱、核磁共振、光谱等分析方法）和感官嗅辨相结合的方法，来判定其中主要含有哪些香料及其大致的相对配比情况。

在创香时，调香工作者要根据香精的使用要求（也就是要与加香介质的性质相适应），先构思拟出香型的主要轮廓和其中各香韵拟占的比重大小，也就是它的格局（多是"复方体"，如创拟一种以青滋香为主的花香——青滋香-动物香香型，或稍突出花的花香——古龙香型等），随后再按香型格局，考虑其中应有的香韵的主要香韵。如在花香中，是拟用单体花香（即一种花香）还是复体花香（即两种或两种以上的花香），也就是说，拟用哪种或哪些花香韵，是鲜韵还是清韵或是清甜韵等。又如在青滋香中，是拟用哪种或哪些青滋香，叶青还是苔青或是草青等，以何为主；在动物香中，是拟用麝香还是龙涎香或是灵猫香，以何为主；等等。最后再拟定该香型中各个香韵拟占的比重大小。

以上就是香精处方的第一步——明体例，在这一步中，无论是仿香还是创香的处方，调香工作者的审美观点与想象能力都是很重要的。

（二）定品质

香精处方工作，在明体例之后，第二步是定品质。这就是说，在明确了香精香型与香韵的体例的前提下，按照香精应用的要求，去选定香精中所需要的香料品种及其质量等级。

香料品种及其质量等级的选定，一是根据香精中各香韵的要求；二是根据香精应用的要求，也就是要适应加香介质特性和使用特点；三是根据香精的档次，也就是价格成本。换言之，定品质就是从香料品种的选用，来确定我们要仿制或创拟的香精的品质。

我们知道，一种香韵是由几种香气形成的香气韵调。天然香料是多种香成分所组成的混合物，按照它的香气特点，归属于某一类香韵。合成香料与单离香料，虽然它们是单一体，但它们有些也是由几种香气形成它们的香韵类别。在同一香韵（不论是花香的还是非花香的）中，根据香精的香型特点、应用与价格要求，都有许多香料品种（天然的、合成的、单离的）可以选择。所以，在明确了香精香型所需要的各种香韵后，对其中每一种香韵要选用哪些香料品种去组成香精的体香，是香精处方的第二个关键步骤。

调香工作者在创拟一种香型时，由于香精的应用要求和价格要求的不同，在该香型中各个香韵中所采用的香料品种应是有差别的，再者组成这个香型的各种香韵所占的比重大小也是有一定的灵活性的，这些都应在"定品质"中明确下来。在仿制某一个特定的香型时，其中各种香韵的组成与各种香韵应占有的比重大小，则应与被仿制的对象相等或十分近似（当然，在仿制某一个特定香型时，调香工作者可与分析工作者配合，用仪器分析与感官嗅辨相结合的方法来进行）。在创拟香精处方中，要处理好香型中各香韵间的比例关系，形成具有创新的体香，这在很大的程度上，取决于调香工作者的想象力、审美观与处方经验。

现举例来说明"定品质"的梗概。如所创拟的香型已明确为以青滋香为主的花香——青滋香-动物香，香精是作为高档香水中应用，每千克原料价格在 300 元左右；花香是以鲜韵、幽鲜韵与甜鲜韵为主的复体花香，青滋香是以叶青为主青为辅的青滋韵，动物香是以龙涎香与麝香并列为主、以琥珀香为辅的香韵。

因是以青滋香为主的花香——青滋香-动物香，所以从体香中这三类香韵的重量的比重上来说，青滋香占比应稍大一些。在具体香料品种的选用时，如对青滋香香韵（叶青及苔青），可从紫罗兰叶净油、除萜玳玳叶油、除萜苦橙叶油、橡苔净油、叶醇、庚炔羧酸甲酯、水杨酸顺式-正己烯-3-酯、二氢茉莉酮酸甲酯等中选用；对花香，可从小花茉莉净油、依兰油、树兰花油（以上3种代表鲜韵），铃兰净油、紫丁香净油（以上2种代表鲜幽韵），以及乙酸甲基苯基原酯、丙酸甲基苯基原酯（用以比拟栀子花的甜鲜香韵），鸢尾酮、甲基紫罗兰酮、玫瑰醇（用来补充甜韵）等中选用；对动物香，可从环十五内酯、环十五酮、龙涎香醚、麝香酊、麝香105（以上5种代表动物香），甲基柏木基醚、麝葵籽油、岩蔷薇净油、除萜香紫苏油（以上4种代表琥珀香）等中选用。以上在天然香料中多采用净油与除萜精油，是为了提高香精在乙醇溶液中的溶解能力，防止香水发生混浊，减少过滤操作中的损耗。此外，木香、辛香、果香等有时也可酌量用些，作为修饰之用。

（三）拟配方

香精处方中，最后一步是"拟配方"。这就是在明确了要仿制或创拟的香精的体例（明体例）和根据香精的用途、用法、质量等级所选出的香料（包括香精基、定香剂等，下同）的品种（定品质），进入具体的处方工作的阶段。拟配方这一步的最终目的和要求，就是通过配方试验（包括应用效果试验）来确定香精中应采用哪些香料品种（包括其来源、质量规格、特殊的制法要点、单价）和它们的用量，有时还要确定这种香精的调配工艺与使用条件的要求等。

拟配方，一般要分两个阶段来进行。第一阶段，是用选出的各种香料，通过配比（品种及用量）试验来初步达到原提出的香型与香气质量（包括持久性、稳定性）要求。从香型、香气上说，也就是使香精中各香韵组成之间，香精的头香、体香与基香之间达到互相协调，以及持久性与稳定性都达到预定的要求。在这个阶段中，主要是用嗅感评辨方法对试配比的小样进行配方调整（如是仿制，必要时可结合仪器分析结果来进行），取得初步确定的香精整体配方，即先从香精试样的香气上做出初步结论。第二阶段，是将第一阶段初步认为满意的香精试样进行应用试验，也就是将香精按照加香工艺条件的要求加入介质中并观察评估其效果。在这个阶段，也包括对第一阶段初步确定的配方做进一步修改的工作，通过应用试验，除了最后确定香精的配方外，还要确定其调配方法，在介质中的用量和加香条件，以及有关注意事项等。为了取得这些具体数据需要进行的试验与观察的内容，主要包括以下几个方面：①确定香精调配方法，如配方中各个香料（包括辅料）在调配时加入的先后次序，香料的预处理要求，对固态和极黏稠的香料的熔化或溶解条件要求等；②确定香精加入介质中的方法及条件要求；③观察与评估香精在加入介质之后所反映出香型香气质量，与该香精在单独时所显示的香型、香气质量是否基本相同（必须时可结合仪器分析方法来对照比较），以及与介质的配伍适应性；④观察与评估香精加入介质后，在一定时间和一定的条件下（如温度、光照等），其香型、香气质量（持久性与稳定性）是否符合预期的要求；⑤观察与评估香精加入介质后的使用效果是否符合要求；⑥确定该香精在该介质中的最适当的用量，其中包括从香气、安全及经济上的综合性衡量。

一个香精，从配方结构来剖析，可分为头香、体香与基香三个相互关联的组成部分，也可以视之为香精香气的三个相互衔接的层次。这三个组成部分或层次中所用全部香料品种与其配比数量，形成了香精的整体配方。在拟配方的第一个阶段中，如何去拟配香精的初步整体配方的方法，调香工作者们会有其独自的具体试配处方方法，总的说来都属于尝试与误差法（trial and error method），但仍可概括分为两类方法。

第一类方法是先通过试配去取得香精的体香部分的配比，随后以此体香试样为基础，进行加入基香或头香香料的试配，最后取得香精的初步整体配方，在试配体香部分时，可从少数几个体香核心香料品种开始，先找出最适宜的配比（也就是先去形成香精体香的谐香），然后再逐步增加试验加入其他的组成体香的香料品种，去取得体香部分的配方。如果是创拟性的香精，这就要求体香部分的香型符合原构思设想的要求，而且应该有与众不同的香气特征。体香部分的香料从质量配比来衡量，一般宜占整个香精的一半以上。在确定体香部分的配比后，我们认为先在其中试验加入基香部分的香料，最后再试验加入头香部分的香料，去取得香精的初步整体配方。当然，在取得体香部分配比后，在试验加入基香和头香香料的过程中，也有可能对已初步确定的体香中香料的配比略做调整，以期求得在香气上的和谐、持久和稳定。

第二类方法是直接进行香精的初步整体配方的试拟与配制试样。虽然在试拟配方时，也包括头香、体香和基香三个组成部分所需的香料（包括品种与用量），但不同于第一类方法的分阶段进行三个组成部分的试配过程。在采用第二类方法时，调香工作者在处方时是根据仿制或创拟对象的香型与香气质量的要求，经过仔细思考后，在配方单（纸或簿）上，一次写出所用的香料品种与其配比用量，一般是先写下头香部分，其次是体香部分，最后是基香部分。当然，其中应包括有关和合（协调）、修饰、定香的香料或辅料，经过小样试配，评估，修改配方，再试配，再评估，直到认为满意后，确定为香精的初步整体配方。

以上两类处方方法的采用，调香工作者可按具体情况自由选定，我们认为，就初学调香者来说，以用第一类方法较为适宜。一方面，由于初学者对不同香料之间香气和合、修饰与定香的效应，以至它们之间的相互抵触或损伤作用还不太熟悉，而且对香料香气记忆积累也比较少，所以采用分层（体香、基香、头香）分步试配、评估的方法，可以取得比较殷实而深刻的体验；尤其是在开始进行创拟性的工作中，将会有更多的机会去发现和锻炼如何取得新颖而独特的香韵组合。另一方面，用这类方法进行处方，还可有助于调香者培养有条理的处方方式方法，减少盲目性。对于已获得一定香精处方经验的调香工作者来说，一般多偏于采用第二类方法，特别是在进行配制精油（已有一定的成分分析资料的品种）的拟方时，或在已定型（有配方的或已有大体配比资料的）的香精基础上进行部分改变格调或增加香韵的处方时，或在仿制一个已有大体成分分析结果的香精时。

(四) 注意事项

（1）要有一定式样的拟方单或配方纸、配方簿，应注明下述内容：香精名称或代号；委托试配的单位及其提出的要求（香型、用途、色泽、档次或单价等）；处方及试配的日期及试配次数的编号；所用香料（及辅料等）的品名、规格、来源、用量（如有特殊制备方法应加附注说明）；处方者与配样者签名；各次试配样的评估意见。

（2）在试配小样时，对香气十分强烈而配比用量又较小的香料，宜先用适当的无嗅有机溶剂如豆蔻酸异丙酯、二聚丙二醇等，或香气极微的香料如苯甲酸苄酯等稀释至10%（或5%、1%、0.1%）的溶液，按配方中该香料的用量百分比计算后配入（从配方总量中，扣除其中含溶剂的数量）稀释后溶液。

（3）香精配方中各香料（包括辅料）的配比，一般宜用质量百分比或千分比表示。如遇特殊情况，也可兼用质量与容量比。

（4）在试配小样时，每次质量一般宜为10 g（便于计量及节约用料）。在试配体香部分时，如所用香料品种较少且配比大小不过分悬殊，每次小样试配量可减少至5 g或更小一些；如配方中香料品种较多且配比大小较为悬殊，每次配样可大于10 g，以减少称量中的误差。

（5）对在室温中呈极黏稠或呈固态而不易直接倾倒的香料，可用温水浴（40℃左右）小心熔化后称量使用。对粉末状或微细结晶状的香料，则可直接称量于试样容器中，并借搅拌使其溶解于配方中其他液态香料中；如必须通过加热使之溶解，则也要在温水浴上小心搅拌使之迅速溶解，要尽量缩短受热时间。

（6）在称量小样前，对所用的香料，都要按配方纸上注明的逐一核对和嗅辨，以免出差错。

（7）称量小样时，所用的容器与工具均应洁净、干燥，不沾染任何杂气。

（8）对初学香精处方的调香工作者来说，在配小样时，最好在每称量一种香料混匀后，即在容器口上嗅认一下其香气。

（9）每次试配的小样，都要注明对其香气评估意见和发现的问题。

（10）对整体配方，都要先粗略地计算其原料成本，以便衡量是否符合要求。

第二节　食用香精制备技术

香精作为一种重要的食品添加剂，已广泛应用于方便面、肉制品、冷冻调理食品、调味品等众多休闲食品中，能有效改善产品的风味和口感，对终端产品的品质起着至关重要的作用。随着食品工业的快速发展，多种现代食用香精制备技术在香精生产中得到了应用，主要的制备技术有以下几种。

一、生物酶解技术

酶是由生物活细胞产生的具有催化功能的蛋白质，是非常有效和特异性高的生物催化剂。催化反应条件温和，常温、常压即可。蛋白质在酶解过程中可逐渐降解为相对分子质量越来越小的肽段，最后形成氨基酸的混合物。酶水解蛋白质不产生消旋作用，不破坏氨基酸，产品理化性质稳定，营养价值高。生物酶解技术工艺易控制，反应温度低，时间短，无环境污染。因此利用酶生物技术进行蛋白质的水解越来越受到重视。天然蛋白质具有复杂的结构与组成，而酶具有专一性，因此不能简单使用一种酶进行水解，必须依靠多种酶协同作用来对蛋白质进行水解。应着重考察酶解效果与酶解过程中的 pH、反应时间、温度及底物浓度等因素的关系。在肉味香精行业中，蛋白酶得到了非常广泛的应用，其他各类的酶比如淀粉酶、纤维素酶、脂酶、果胶酶、脂肪氧化酶等在肉味香精的生产中也具有一定的应用前景。

利用蛋白酶可以将不同的氮源物质如肉类、骨泥、大豆分离蛋白、谷朊蛋白等，定向水解成为具有特定风味的风味前驱体［如水解动物蛋白（HAP）、水解植物蛋白（HVP）］。内切蛋白酶如木瓜蛋白酶，可以将蛋白质从肽链中部切断，生成一定相对分子质量大小的多肽片段；外切蛋白酶如风味酶，可以将蛋白质从肽链氨基末端切断，生成单个氨基酸。胰蛋白酶主要水解由赖氨酸和精氨酸等碱性氨基酸残基的羧基组成的肽键，产生羧基端为碱性氨基酸的肽；糜蛋白酶主要水解由芳香族氨基酸如酪氨酸、苯丙酸等残基的羧基组成的肽键，产生羧基端为芳香族氨基酸的肽。再通过外切蛋白酶的作用，就可以得到特定的氨基酸和多肽片段。多肽片段和氨基酸都是肉味香精的风味前驱体（氨基供体），经美拉德反应可以产生肉味或坚果等风味。

淀粉酶可以通过监控还原糖值（DE 值），将淀粉水解成具有一定 DE 值的淀粉糖浆，其中含有的麦芽糖、葡萄糖等还原糖（羰基供体）在氨基酸（氨基供体）等存在的条件下可以参与美拉德反应，产生肉味或坚果等风味。

利用纤维素酶分解大葱、洋葱等植物的细胞壁纤维素，同时利用果胶酶分解其中的果胶物质，使植物细胞中与之结合的风味物质（含硫化合物如烯丙基硫醚等）充分释放，利用该蔬菜抽提物，通过热反应加工可以得到风味独特的肉味香精。

脂肪氧合酶及脂酶均可以作用于脂肪，产生脂肪酸氢过氧化物和脂肪水解产物，这些物质能够参与肉味香精热反应，并产生特定的脂肪香气，增强肉味香精的特征。

二、脂肪控制氧化技术

脂质分解主要涉及的反应有氧化反应、饱和与不饱和脂肪酸的降解，该过程会产生许多挥发性化合物。氧化反应分解脂质中的不饱和烃基链，会生成氢过氧化物这一中间体，并有游离基的反应历程。在这些氢过氧化物形成的过程中，游离基反应会更进一步，会形成具有挥发性香味的酸、酮、醛、醇、呋喃、内酯，以及脂肪族碳氢化合物等的非游离基型产物，其中挥发性成分主要有醛类、醇类与酮类化合物，这些物质对肉的特征香味起着至关重要的作用。另外，经大量的科学实验证明，对于肉的特征风味产生，脂质及其衍生物作用至关重要，Pearson 等人发现在加热动物脂肪时会产生特征性肉香味。

油脂的氧化状态以过氧化值、茴香胺值和酸值来表征。过氧化值表征氧化形成的初级产物——氢的过氧化物的含量，它是次级产物的前体，通过它们的分解和热解，可提供肉香味物质或肉香味前体物。茴香胺值表征脂肪氧化形成的羰基化合物，尤其是不饱和醛类的含量，这类化合物对肉风味形成具有重要贡献。酸值表征脂肪氧化形成的羧酸类化合物含量，必须控制在较低范围，否则脂肪氧化产物的酸味偏重。

围绕脂肪控制氧化制备肉味香精的研究，国内外均有相关报道。早在 20 世纪 70 年代，Tetsuo Aishima 等人的专利中报道，将动物脂肪加热到 150～170℃，通入空气或氧气使之氧化，再与发酵酱油混合加热，可制得具有浓郁牛肉香味的香精。近年来学者们分别对猪脂、牛脂、羊脂、鸡脂进行了脂肪控制氧化技术研究，以过氧化值、茴香胺值和酸值来表征脂肪的氧化状态，考察了氧化温度、氧化时间、空气流速等因素对脂类控制氧化的影响，确定了氧化较优工艺条件，制得了具有不同特征风味的肉味香精。

以脂类为原料，用氧化脂肪参与热反应制备的肉味香精，是获得良好肉香风味的较好途径。采用脂肪控制氧化技术制备的肉味香精，不仅肉味浓郁、和谐，而且各种肉的特征性香味突出。与发达国家相比，我国在脂肪氧化控制技术方面仍存在明显的差距，特别在氧化机制、工艺技术的研究方面有待进一步加强。

三、美拉德反应

美拉德反应又称非酶褐变反应、羰氨反应，主要是指还原糖与游离氨基酸或蛋白质分子中的游离氨基酸，在一定条件下发生的一系列反应，可产生一些风味物质。1912 年，法国化学家 Louis Maillard 发现，甘氨酸和葡萄糖一起加热时形成褐色产物类黑素。后来的研究发现，这类反应不但影响食品的颜色，而且对食品香味的形成影响极大。1953 年，化学家 Hodge 把这个反应正式命名为 Maillard（美拉德）反应。美拉德反应过程可以分为初期、中期和末期三个阶段，每个阶段又可细分为若干反应（图4-1）。

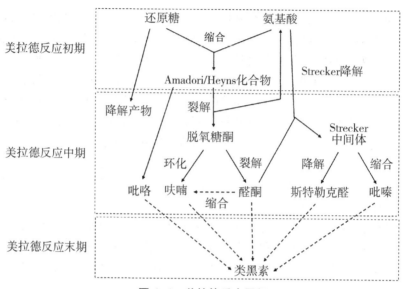

图 4-1　美拉德反应历程

第一阶段，将氨基和醛糖化合物通过缩合反应产生席夫碱（Schiff base），再利用其不稳定性将其环化，产生相对应的 N-取代醛糖基胺，接着发生阿马道里（Amadori）分子重排使 1-氨基-1-脱氧-2-酮糖（果糖基胺）形成，无挥发性香味物质的前体成分即初级反应产物，食品的香味与色泽不会因初级反应产物而发生变化。

第二阶段，果糖基胺共分成三条主要路线进行：①1,2-烯醇化反应，在酸性环境中进行，然后进行脱氨与脱水，最终使羟甲基醛生成；②2,3-烯醇化反应，在碱性环境中进行，之后对其进行脱氨，最后产物为还原酮类化合物和二羧基；③进行氨基酸和二羧基的反应后，再对产物进行裂解反应，得到含羰基化合物或者双羰基化合物，或与氨基进行反应，发生醛类的斯特勒克（Strecker）降解反应，或参与终极阶段的反应。

第三阶段，通常可以借助与氨基酸降解产物或氨基化合物等其他中间产物进行反应，将羰基与呋喃的中间产物转变为芳香化合物，该阶段主要有两类反应：有类黑素生成的聚合反应和羟醛缩合反应。美拉德反应过程中会产生类黑素，还有含氮、硫、氧等的杂环化合物。肉香味物质的重要成分就包括含氮杂环的吡嗪类、含硫杂环的噻吩类、含氧杂环的呋喃类等物质。

美拉德反应产物与反应时间、温度、pH、溶剂等有重要关系，也与参与反应的糖（包括单糖、寡糖和多糖）、氨基酸、蛋白质等有很大关系。

（一）环境因素

（1）反应时间。反应时间越长，产生的香味中间体越多，香味越浑厚浓郁，但容易发生过度的焦糖化反应而产生苦味，甚至会产生一些不利于风味的物质和致癌物质；反应时间过短，则不能形成足够的风味和色泽。

（2）反应温度。20~25 ℃即可发生羰氨反应，30 ℃以上反应速度较快，大于 80 ℃时反应速度受温度和氧气含量影响较小。在相同条件下，加热时间越长，反应颜色越深。平均每升高 10 ℃，反应速度相差 3~5 倍。但温度过高，食品中的营养成分会受到破坏，还可能产生一些花生焦化、油脂焦化后的有毒有害物质。

（3）pH。pH 对美拉德反应的影响比温度、时间的影响更大。当初始 pH>3.0 时，反应速度随 pH 升高而加快。pH<7.0，反应不明显；pH>7.0，反应速度明显加快；pH>11.0，反应颜色变化明显减弱。还有研究发现，在弱偏碱性或中性条件下，能得到较好的焦糖风味与烤香味。

（4）水分活度。水分活度在 0.3~0.7 时，美拉德反应较快；低于或高于此范围，反应速度则相对较慢。在无水的情况下，反应几乎不发生。

（5）反应压力。反应压力和反应体系中的 pH 共同影响美拉德反应。在常压，pH 为 6.5 时，反应速度较快；pH 为 8 和 10.1 时，在 6000 MPa 的高压下，反应速度更快。

（二）反应物

（1）糖类。糖的结构和种类都能直接影响反应的速度，一般来说，戊糖>己醛糖>己酮糖>双糖，开环核糖>环状核糖，半乳糖>果糖。在还原性单糖中，五碳糖反应速度：核糖>阿拉伯糖>木糖；六碳糖反应速度：半乳糖>甘露糖>葡萄糖。还原性双糖随相对分子质量增大而反应速度变慢。

（2）氨基酸。氨基酸能影响反应速度和产生的香味物质。反应速度：氨基在 ε-位或末位>α-位，碱性氨基酸>酸性氨基酸。同一种糖和不同的氨基酸反应会产生不同的风味。

（3）反应物浓度。一般随着反应物浓度的增加，反应的速度随之增加，但因为美拉德反应是羰氨之间的反应，所以，反应进程和速度与反应物之间的羰基和氨基之比有着重要的联系。

多次的科学实验证明，肉类风味化合物主要是通过美拉德反应产生的。改变温度、时间等工艺条件会产生风味不同的香味物质。美拉德反应技术可用于肉香味、海鲜香味、咖啡香味、奶油香味、面包香味、米饭香味、烟草香味等食用香精的制备。例如，烤牛肉与烤猪肉香味可由核糖分别与谷胱甘肽、半胱氨酸反应而得。美拉德反应作为产生肉香味的重要反应之一，无疑备受人们的关注。寻找新型的原料，研究新的反应模式，引进新的生产技术，对生产品种丰富、令人满意的咸味香精具有重要的现实意义。

四、微胶囊技术

微胶囊技术研究大约始于 20 世纪 30 年代，当时大西洋海岸渔业公司（Atlantic Cost Fishers）提出了在液体石蜡中，以明胶为壁材制备鱼肝油-明胶微胶囊的技术。1932 年，英国开始进行用阿拉伯胶制取香精胶囊的研制工作。美国 NCR 公司于 1954 年首次推出了利用微胶囊制作的无碳复写纸，实现了微胶囊技术在商业中的应用。随后研究者利用高分子材料包覆药物，制成了具有缓释功能的微胶囊。微胶囊技术在 20 世纪 70 年代发展迅速，其应用范围逐渐扩大。80 年代出现了许多微胶囊合成新技术，并且微胶囊的粒径缩小至纳米级。

微胶囊是指一种具有聚合物壁壳的微型容器或包装物。微胶囊技术是将某种物质包或封存在一种微型胶囊内，使之与外界环境隔绝，最大限度地保持内容物原有的色、香、味及性能和生物活性的技术。微胶囊颗粒的粒度一般都在 $5 \sim 20 \ \mu m$ 范围内，但在某些应用中，这个范围可以扩大到 $0.25 \sim 100 \ \mu m$。当胶囊粒度小于 $5 \ \mu m$ 时，因布朗运动加剧而很难将其收集；而当粒度超过 $200 \ \mu m$ 时，其表面静电摩擦系数会突然减小，从而使其失去微胶囊的作用。微胶囊的壁厚度通常在 $0.2 \sim 10 \ \mu m$ 范围内。通过不同的壁材、芯材和制备方法，可以制得具有不同形貌、结构和性能的微胶囊。微胶囊的形状一般呈球形、肾形、粒状、块状等。囊壁可以是单层结构的，也可以是多层结构的，囊壁包埋的核心物质可以是单核的，也可以是多核的，从而满足多样的应用要求。

香料香精微胶囊是微胶囊技术中的一个重要分支，也是微胶囊技术的一个颇为典型的应用，指的是以液体香料香精为芯材的微胶囊。在加工或使用过程中，外部压力、摩擦、pH、酶、温度、光等条件的刺激，使微胶囊破裂或者被包裹物通过微胶囊壁扩散，从而使被包裹物质释放到周围环境中发挥作用。香料香精微胶囊化的主要目的有以下几种：①保护敏感成分。微胶囊化可使香精免受外界不良因素的影响，大大提高香精耐氧、耐光、耐热能力，增强了香精的稳定性，从而防止变质和损失。②抑制风味成分的挥发损失。香精的组成成分通常有几十种，甚至上百种，许多组分挥发性极高，组分的挥发不仅造成香精组成的挥发损失，甚至使香精香型失真。而微胶囊化因囊壁有密封作用，使香精的挥发受到了抑制，香气保留完整，从而提高了香精的储藏和使用稳定性。③具有缓慢释放作用。微胶囊化可以使风味物质达到控制释放的效果，典型的例子就是口香糖中微胶囊香精的使用。这种口香糖产品进入口腔后，囊壁溶化，囊中香精外逸释放，香气浓郁，使其在口腔中的留香时间延长。④改变香精常温物理状态。微胶囊化能将常温为液体或半固体的香精转变为自由流动的粉末，使其易于与其他配料混合，有利于加工、运输和储藏。⑤避免香精成分与其他食品成分反应。微胶囊化可将香精中的活性成分隔离保护起来，消除一些风味化合物对食品加工的影响。

微胶囊造粒（微胶囊化）的基本原理：针对不同的芯材和用途，选用一种或几种壁材进行包覆。一般而言，油溶性芯材应采用水溶性壁材，而水溶性芯材必须采用油溶性壁材。微胶囊内部装载的物料称为芯材（或囊心物质），外部包覆的壁膜称为壁材（或称为包囊材料）。芯材可以是单一的固体、液体或气体物质，也可以是固-液、液-液、固-固或气-液等混合体。食品香精中易挥发的香精、香料之类的配料或添加剂，通常称为气体芯材。壁材又称膜材料、包囊材料、成膜材料。对微胶囊产品而言，选择合适的壁材非常重要，不同的壁材在很大程度上决定着产品的物化性质。选择壁材的基本原则是：能与芯材相配伍，但不发生化学反应，能满足食品日化等工业的安全卫生要求，同时还应具备适当的渗透性、吸湿性、溶解性和稳定性等。

无机材料和有机材料都可以作为微胶囊的壁材，但目前常用的是高分子有机材料，包括天然和合成两大类。常用的有以下几种：①植物胶，包括阿拉伯树胶、琼脂、藻酸盐、卡拉胶等；②多糖，包括黄原胶、阿拉伯半乳聚糖、半乳糖甘露聚糖和壳聚糖等；③淀粉，包括玉米淀粉、马铃薯淀粉、交联改性淀粉和接枝共聚淀粉等；④蛋白质，包括明胶、玉米蛋白和大豆蛋白等；⑤纤维素，包括羟甲基纤维素、羧乙基纤维素、二醋酸纤维素、丁基醋酸纤维素等；⑥聚合物，包括聚乙烯醇、聚苯乙烯和聚丙烯酰胺等；⑦蜡与类脂物，包括石蜡、蜂蜡、硬脂酸和甘油酸酯等。

微胶囊化的常用方法目前已达200多种，根据其性质，囊壁形成机制和成囊条件，大致可分为物理法、化学法和融合二者的物理化学法，当然其中有许多还处于实验或者专利阶段。目前研究较成熟的香精微胶囊化的技术主要有喷雾干燥法、挤压法、分子包埋法、凝聚法及玻璃化技术、物理吸附等。

（一）喷雾干燥法

喷雾干燥法是一种较早采用且很实用的制备微胶囊的方法，20世纪50年代，喷雾干燥就已经实现了香精的微胶囊化，用来防止活性成分的降解或氧化和把液体香精转换为固体香精。经过半个多世纪的发展，该技术已经很成熟，而且成本相对低廉、操作简单。喷雾干燥的主要原理是将香料（芯材）和壁材混合成乳状液通过喷头的作用进行雾化，液滴以细微的球状喷入热空气中，当其中的水分蒸发后，分散在液滴中的固体（壁材）即被干燥并形成近乎球状的粉末，而香精则被壁材包裹在球里面的空间内，不受外界环境因素的影响。

喷雾干燥得到的胶囊颗粒均匀，适合于一些热敏物质的包埋。具有操作成本低、设备易得、工艺流程简便、生产能力较高、微胶囊大小可控等优点。但是该法制得的胶囊颗粒直径一般小于 100 μm，使得流动性较差，包囊的囊心物质一部分可能会黏结在胶囊的外表，易造成氧化。干燥中较高的温度会造成高挥发性物质的损失和热敏风味物质的破坏，还会产生暴沸的蒸汽，使产品颗粒表面呈多孔的结构而无法阻止氧气进入，产品的货架寿命较短（该法制得的微胶囊的货架寿命一般为 1 年）。

（二）挤压法

喷雾干燥和挤压法是香精胶囊化中最常用的两种方法。目前，挤压法几乎都是用来包埋易挥发和不稳定的香精，是最受推崇的香料香精的微胶囊化方法。将芯材物质分散于熔化了的糖类物质中，然后将其挤压通过一系列模具并进入脱水液体，这时糖类物质凝固变硬，同时将芯材物质包埋于其中，得到一种硬糖状的微胶囊产品，这便是挤压法生产的简单过程。其特点是整个工艺的关键步骤基本上是在低温条件下进行的，而且能在人为控制的纯溶剂中进行，因此产品质量较好。它的工作原理是将混悬在一种液化的碳水化合物介质中的混合物经过一系列模孔，用压力将其挤进一种凝固液的溶液中，当混合物接触到凝固液时，包囊材料从溶液中析出，对囊心包覆并发生硬化，形成挤压成型的细丝状微胶囊。

挤压法能够形成致密完整的玻璃态壁材，具有优良的阻隔性能，得到的香精微胶囊其货架寿命可以达到 5 年，并且风味损失小。挤压法在 20 世纪 50 年代就已经出现，但是由于其较低的包埋率（8%）和它的硬糖颗粒物性限制了这一技术的广泛应用。挤压法得到的颗粒一般都较大，这也是该技术的一个缺陷。

（三）分子包埋法

所谓分子包埋法，是利用环糊精做载体，在分子水平上进行包结，芯材和壁材通过氢键、范德华力和疏水效应等作用连接。环糊精是 1891 年 Villiers 从芽孢杆菌属淀粉杆菌的淀粉消化液中分离出来的。经淀粉酶酶解得到 α、β、γ 三种环糊精，分别由 6、7、8 个吡喃葡萄糖单元以 α-1,4-糖苷键连接而成。其中，β-环糊精溶解度低，容易结晶，分离，提纯，无毒性，易生物降解，已经发展成为超分子化学中最重要的主体。β-环糊精有疏水性内腔，可利用其疏水性以及空间体积匹配效应，与具有适当大小、形状和疏水性的分子通过非共价键的相互作用形成稳定的包合物。对于香料、色素及维生素等，在分子大小适合时都可与环糊精形成包合物。形成包合物的反应一般只能在水存在时进行，当 β-环糊精溶于水时，其环形中心空洞部分也被水分子占据，当加入非极性外来分子时，由于疏水性的空洞更易与非极性的外来分子结合，这些水分子很快被外来分子置换，形成比较稳定的包合物。

该技术的主要优点是包合物的特殊热化学稳定性，在干燥状态下的产品 200 ℃时胶囊才会分解。另外因为该包覆过程是可逆的，它赋予胶囊独特的缓释属性，很多情况下，人们需要芯材（特别是香精）在合适的时间和合适的位置释放，β-环糊精得到的微胶囊能很好地满足这一需求，所以该技术引起了研究人员广泛的兴趣。但是该方法的收率太低，在5%至16%之间，而且任何比洞穴大的分子都不能被包埋，再加上该技术成本高，所以很难进行规模的商业生产，不过近年来关于该技术特别是其缓释机制的实验室研究众多。

（四）凝聚法

凝聚是发生在胶体溶液中的一种现象，通常被认为是最原始的胶囊制备方法。因为人们最早就是利用凝聚法成功地制备了蓝色素染料，进而实现了无碳复写纸的工业化。现在的凝聚法主要用来包埋香精油，是一种非常有前景的特殊的微胶囊化技术，因为该法制得的微胶囊包埋率可达到99%，这是其他制备技术望尘莫及的。凝聚法微胶囊化是将芯材首先稳定地乳化分散在壁材溶液中，然后通过加入另一物质，或者调节pH和温度，或者是采用特殊的方法，降低壁材的溶解度，从而使壁材自溶液中凝聚包覆在芯材周围，实现微胶囊化的过程。整个过程中，混合物需不停搅拌，必要时可添加合适的稳定剂来避免胶囊的凝结。该技术工艺简单，易控制，形成的壁膜致密，释放性能优良，可制成十分微小的胶囊颗粒，粒径不到1 μm。

明胶/阿拉伯胶系统是研究最为深入的适合于凝聚的胶质系统，当然最近也有报道许多新的具有优良特性的凝聚系统，比如蒸朊、几丁质、大豆蛋白及一些复合系统，如明胶/羧甲基纤维素，球蛋白/阿拉伯胶等。以明胶-阿拉伯树胶混合胶体溶液制备复凝聚相，必须满足以下四个条件：①在配制的胶体溶液中，明胶和阿拉伯树胶的浓度不能过高。当两种物质的浓度均在3%以下时，得到的凝胶产率较高。②适当的pH是保证带正、负电荷的高分子电解质发生凝聚的必要条件。溶液的pH在4.5以下，可以保证不同制法的明胶在溶液中为带正电荷的粒子，而阿拉伯树胶在这种pH下仍为带负电粒子。因此，一般凝聚使用的pH为4.0~4.5。③反应体系温度要高于明胶水溶液胶凝点，而明胶溶液的胶凝区间在0~5 ℃，为保证复凝聚相的产生，反应体系温度通常保持在4 ℃左右。④反应体系中的无机盐含量要低于盐析效应临界值。通常混合体系中盐含量较低，不会影响凝聚相的产生。主要因素是前三个条件。

尽管凝聚法有着无可比拟的优势，但该技术所需费用非常昂贵，操作起来也复杂，而且乳化和凝聚过程中壁材的最佳浓度不好统一，因为乳化过程的最佳浓度往往和高包埋率所需的浓度不同。凝聚法包埋香精还容易造成挥发组分的蒸发、活性成分的溶解，以及因为部分芯材黏结在胶囊外而引起胶囊的氧化。而且因为复凝聚很不稳定，需要经常使用一种化学物质戊二醛作为交联剂，从而限制了其在食品上的应用。

（五）玻璃化技术

玻璃化微胶囊技术是指将芯材包封于玻璃态壁材中的一种微胶囊化方法。微胶囊化过程中，随着温度的变化，壁材可表现出玻璃态、高弹态和黏流态三种力学状态，玻璃态与高弹态之间的转变，称为玻璃化转变，玻璃化转变时对应的温度为玻璃化转变温度（t_g）。物质在 t_g 以下呈玻璃态，此时其自由体积非常之小，体系具有较大的黏度，高达 $10^{12} \sim 10^{14}$ Pa·s，分子流动阻力较大，使得体系中的分子扩散速率很小，分子间相互接触和反应速率亦很小，加香产品中常见的氧化、褐变、风味散失等很缓慢。通过玻璃化微胶囊技术，将香精包封于玻璃态壁材中，可抑制香精的挥发损失、保护香精敏感成分、避免香精成分与其他食品成分反应，以及达到控制释放效果。

玻璃化微胶囊技术是目前被认为最有前景的香料香精微胶囊化方法，特别适合于热敏性香精的包埋，目前国外 100 余种风味剂通过这种方法包埋，产品稳定性好，风味滞留期可达 2~3 年。瑞士 Firmenich 公司采用被认为是全球最先进的 Durarome 玻璃化微胶囊技术，已开发系列微胶囊香精，产品不需要使用抗氧化剂，仍具有超强的氧化稳定性，保质期可长达 4 年，可以为顾客提供天然、健康、新鲜的产品。

玻璃化微胶囊技术的基本原理，是首先将芯材微细化稳定分散于黏流态的壁材体系中，然后通过特殊的工艺在极短的时间使壁材从黏流态迅速转变成玻璃态包埋住分散其中的微细化芯材。国内玻璃化微胶囊技术的研究还是空白。目前，国外主要是通过加热熔融的方法使壁材处于黏流态，然后迅速将芯材微细化分散其中，接着进行快速冷却，得到包含微细芯材的玻璃态壁材，实现玻璃化微胶囊包埋。这种方法需要特殊的挤出设备，物料挤出前需惰性气体保护，产品粒度大，加工成本高。

（六）物理吸附

物理吸附可能是发展最缓慢、研究最少的香精微胶囊技术之一，它是通过物理吸附的作用，把香精吸附到具有很大表面积的微孔基质上。这些微孔基质作为吸附载体，可以降低平衡气压进而使吸附产生。由于受传统微孔基质（活性炭、硅藻土）的限制，这种技术一度被认为在食品工业上不可行，然而只有这种技术便于对香精胶囊的可控释放平衡进行动力学的研究，而且该技术吸附后的香精在解吸过程中几乎能够维持常数释放。该技术的关键是寻找创造具有足够大的表面积的微孔基质来吸附香精分子。

（七）其他技术

喷雾冻凝和喷雾冷却法，其基本过程和喷雾干燥相似，不同的是其过程无水分的蒸发。基本原理是在喷雾时降低温度，使表面液体转变为固体，形成固体颗粒，主要适用于壁材是植物油、脂肪和蜡的微胶囊生产。

旋转分离和离心共挤法的制备过程相似，都是雾化方法。旋转分离法是一种高效、实用的微胶囊技术，产量较高、设备简单可以安装在喷雾塔上；而离心共挤出法在生产大批量产品时条件要求高一些，在喷雾塔中需要安装多喷嘴设备。这两种方法制得的微胶囊产品具有良好的释放动力学特性，后者的产品释放速度较前者快，而较喷雾冷凝法慢。

超临界流体快速膨胀法/超临界抗溶技术是两种基于超临界流体（SCF）的新型微胶囊化方法，利用超临界流体具有低黏度、低密度、高溶解力、高扩散力、高分散性等优点。超临界流体快速膨胀法（RESS）常用来包埋热敏性的物料，其过程与喷雾干燥法相似，超临界抗溶（SAS）技术适用于多数能在强有机溶剂中溶解的分子，而目前这一技术用于微胶囊化的研究不多。香精是一种有着特殊属性的物质，近年来更是有许多生物香精出现，其生产储存要求更为严格，应用领域更加广泛，所以在选择工艺路线的时候，不仅需要考虑到香精本身的特性，还要考虑所采用高聚物壁材的性质，香精应用在什么类型的产品中，能否满足产品加工的要求；应尽量避免高温操作，同时还需要考虑到操作的可行性与经济性，选择合适的香精微胶囊制备技术。

五、纳米技术

纳米技术是指在纳米尺度（0.1～100 nm）上利用原子、分子结构的特性及其相互作用原理，直接操纵物质表面的分子、原子乃至电子来制造特定产品或创造纳米级加工工艺的一门新兴学科技术。伴随着微胶囊技术的迅速发展，Marty 等于 20 世纪 70 年代末提出了"纳米微胶囊技术"这一概念。纳米微胶囊技术是对传统微胶囊技术的改进。近年来，纳米微胶囊技术已经成为食品研究及应用领域的一个热点。纳米胶囊，即具有纳米尺寸（通常在 0.1～100 nm）的微胶囊，其颗粒微小，易于分散和悬浮在水中，形成均一稳定的胶体溶液。

由于粒径的变小，纳米胶囊具有了表面效应、体积效应、量子尺寸效应和宏观量子隧道效应等一系列独特的现象，纳米胶囊既保留了微胶囊的技术优势又弥补了胶囊的不足之处。纳米胶囊在食品工业中主要应用于食品添加剂（如色素、香料香精、抗氧化剂）、膳食补充剂和保健品等行业。将传统的香料香精制成纳米胶囊可提高香精的耐热性，从而增加其在糖果焙烤食品、膨化食品等中的稳定性，同时由于其纳米颗粒极其细小，还可明显地改善这些食品的口感。随着微胶囊技术的发展，出现了多种制备纳米胶囊的技术，主要包括乳液聚合法、界面聚合法、复凝聚法、纳米沉淀法和逐层自组装法。

（一）乳液聚合法

乳液聚合法是高分子聚合常用的方法，也是制备纳米胶囊的重要技术之一。乳液聚合体一般是由4种组分构成，即反应单体、分散介质、引发剂和乳化剂，其基本原理是在表面活性剂存在的情况下，通过剧烈振荡或机械搅拌的方法，使不溶于溶剂的囊心和单体乳化分散到溶剂中，并大部分增溶至表面活性剂胶束里，用高能辐射作用或引发剂引发聚合反应；此时，增溶在胶束里的单体会很快发生聚合，而仍分散在溶剂里的单体则会不断补充进入胶束里，直到单体全部转变成聚合物为止，生成的聚合物分子包覆在囊心周围形成纳米胶囊。有学者通过原位聚合法制备了聚氰基丙烯酸正丁酯包覆玫瑰香精纳米胶囊，将一定比例的玫瑰香精、乳化剂和去离子水在25℃下搅拌乳化均匀后，用盐酸调节pH，随后滴加氰基丙烯酸丁酯，待单体滴加完毕保温反应一定时间，用NaOH溶液调节pH至中性，反应结束制得纳米香精溶液，得到的香精纳米胶囊平均粒径为50~60 nm，其耐高温性高于普通玫瑰香精，具有良好的稳定性和缓释性。乳液聚合法工艺过程相对复杂，步骤较多，涉及pH调节、溶剂去除、颗粒分离等，给工艺放大带来许多问题，目前一般见于实验室研究。

（二）界面聚合法

界面聚合法的原理是将芯材、单体A分散或溶解于溶剂中得到溶液A，将溶液A通过带有电动机的注射器，使之形成纳米大小的带电球状液滴，滴入由单体B和溶剂组成的溶液B中（溶剂A和B互不相溶），于是两种单体即在纳米液滴表面发生缩聚反应，包覆囊芯，即形成纳米胶囊。界面聚合法为水难溶性的物质较理想的包埋方法之一，但是聚合物的聚合度不可控制，合成过程中的单体和预聚体有残留，并且在聚合过程中，芯材会与反应物发生交联反应，生物活性易受破坏，从而限制纳米胶囊的应用。

（三）复凝聚法

复凝聚法是相凝聚法的一种，其原理是利用两种带有相反电荷的水溶性聚合物在混合后发生凝聚反应，包覆芯材。将溶液混合后，通过调节体系的pH、温度、离子强度等条件，降低壁材的溶解度，使其析出在被包覆物上，再加入交联剂固化。

（四）纳米沉淀法

纳米沉淀法的原理是将聚合物溶于有机溶剂中，加入油溶性表面活性剂和被包裹物，得到的有机溶液在搅拌下加到含水溶性表面活性剂的水相中。聚合物能在油滴的表面沉积，从而形成稳定的胶体悬浮液，减压除去有机溶剂即得到纳米胶囊胶体溶液。但是该方法仅适合包埋那些易溶于有机溶剂（如乙醇、丙酮等）的疏水性物质，限制了水溶性物质的应用。

(五) 逐层自组装法

逐层自组装法是基于固体基质带有电荷的表面和溶液中带有相反电荷的聚合物电解质之间的吸附作用。自组装法又可分为嵌段聚合物在选择性溶剂中的自组装法和以微球为模板的自组装法。具体的制备方法是：将带过量正电荷的聚电解质分散在表面带有负电的粒子溶液中，搅拌使聚合物吸附，并停留足够长的时间，达到最大程度的表面中和。然后除去多余的聚电解质组分，再在混合体系中加入过量的带负电荷的聚电解质，与表面带正电荷的聚电解质粒子充分作用得到一双层膜。如此交替反复地重复此过程，便在粒子表面形成一个多层膜结构。

现代生活离不开香精，采用先进技术不断提高香精产品的品质是行业发展的趋势。自从纳米香精概念提出以来，纳米香精逐渐成为新兴的热点，已取得一些研究成果，纳米长效香精、纳米耐高温香精、透明纳米乳化香精等产品涌现出来。随着人们研究和认识的不断加深，纳米技术在香精方面的应用将越来越成熟，将为整个行业技术水平的提升起到积极的推动作用。

第三节　常见食用香精的制备与应用

食用香精是加香产品的"灵魂"，是食品添加剂的重要组成部分。食用香精在食品工业中应用广泛，且食用香精的种类多种多样，根据其香味类型、状态、用途等有不同的分类方法。按食用香精的香味类型分类，主要有水果香型、坚果香型、肉类香型、辛香香型、蔬菜香型等。本节主要介绍常见的这几类香精的制备与应用。

一、水果香型食用香精

水果香精作为食品香精家族中重要的成员，为食品工业的发展发挥了巨大的作用。水果香型的香精特点是有浓浓鲜果的味道，一般呈清新、香甜味，这类香精应用到产品中能散发出浓浓的果实味道，备受消费者喜爱。调配中水果香精一般需要天然精油类、酯类、酚类、内酯类、醛类、醇类、杂环类等香原料。水果香型的香精主要包括苹果香精、水蜜桃香精、草莓香精、橘子香精、香蕉香精等香型。

(一) 苹果香精

苹果香精是重要的果香味香型之一，是一种青甜香韵的果香型香精，在饮料、蛋糕、糖果等多个领域应用广泛。传统的苹果香精以玫瑰香韵来模拟其甜香韵，以乙酸苄酯、芳樟醇等衬托其青香，以异戊酸异戊酯、异戊酸乙酯作为苹果特征果香，再辅以乙酸乙酯、丁酸异戊酯、乙酸异戊酯、丁酸乙酯和柠檬醛来丰满果香。苹果香精在饮料、糖果、果冻、糕点、口香糖等中广泛应用，具有悠久的历史。由于天然苹果香成分非常复杂，加之新的苹果品种不断出现，苹果香精的配方种类繁多。在实际应用中，试图模仿某些特殊品种苹果的香味有时还是有一定的困难。

研究表明，反-2-己烯醛、反-2-己烯醇、己醛、乙酸、反-2-己烯酯、丁酸乙酯、2-甲基丁酸乙酯、乙酸己酯、丁酸己酯、1-丁醇、1-己醇、顺-3-己烯醛、顺-3-己烯醇、乙酸-3-己烯酯、乙酸反-2-己烯酯、乙酸异戊酯、β-大马酮、己酸乙酯、2-甲基丁酸丙酯等是天然苹果香味的重要特征性香成分。2-甲基丁酸乙酯具有强烈的成熟苹果香味；反-2-己烯醛、反-2-己烯醇、乙酸反-2-己烯酯、己醛等构成了苹果的新鲜-青香香味；2-甲基丁酸乙酯、乙酸己酯构成了苹果的水果香-酯香香味；乙酸异戊酯、2-甲基丁酸己酯、大马酮、芳樟醇等可赋予不同品种苹果的特征香味；苯甲醛构成了苹果的种子香味。

在苹果香精配方中，酯类化合物如乙酸戊酯、丁酸戊酯、戊酸戊酯、丁酸乙酯、异戊酸丁酯、乙酸异丙酯、丁酸甲酯这些成分通常占到50%。此外，乙酸乙酯、戊酸乙酯、异戊酸乙酯、壬酸乙酯、香草醛、柠檬精油、柠檬醛、香茅醛、玫瑰精油、香叶醇、橘子精油、香叶精油、庚酸乙酯、乙醛、癸醛、十四醛、十六醛、乙酸苏合香酯、二甲基苄基甲基乙酸酯、甲酸苄酯、异丁酸苯乙酯、异戊酸肉桂酯、茴油、松香甲酯、苯甲醛常作为辅助剂，对苹果香精配方起修饰作用。

苹果香精中常用到的酯类：甲酸环己酯、甲酸异戊酯、甲酸香茅酯、甲酸乙酯；乙酸丙酯、乙酸环己酯、乙酸-3-辛酯、乙酸香叶酯、乙酸橙花酯、丙酸乙酯、丙酸苄酯、丙二酸二乙酯、3-环己基丙酸烯丙酯、丙酸异戊酯；丁酸异戊酯、丁酸烯丙酯、丁酸甲基烯丙酯、异丁酸丁酯、丁酸反-2-己烯酯；戊酸乙酯、戊酸反-2-己烯酯、戊酸丁酯、环己基戊酸烯丙酯、异戊酸萜烯酯、异戊酸香茅酯、异戊酸香叶酯、异戊酸肉桂酯、异戊酸反-2-己烯酯、异戊酸苯乙酯；4-叔丁基环己基乙酸酯、己酸烯丙酯；辛酸己酯、辛酸异戊酯；壬酸乙酯、2-壬烯酸甲酯；十二内酯、γ-癸内酯、月桂酸异戊酯、顺-2-反-4-癸二烯酸乙酯、邻氨基苯甲酸顺-3-己烯酯、乳酸乙酯等。

羰基类：乙醛、正丁醛、反-2-庚烯醛、β-大马酮、甜瓜醛、柠檬醛、反-2-己烯醛、反-3-己烯醛、α-戊基桂醛、2,3,5,5-四甲基己醛、苯甲醛、β-紫罗兰酮、香叶基丙酮、丁酮、香茅醛、己醛、癸醛、十四醛、十六醛、苯甲醛、玫瑰醛、己基肉桂醛、香草醛或乙基香草醛、凤梨醛等。

羧酸类：甲酸、乙酸、丁酸、异丁酸、己酸、辛酸、草酸等。

醇类：2,4-壬二烯-1-醇、顺-2-己烯-1-醇、2,4-己二烯-1-醇、异丁醇、戊醇、己醇、庚醇、辛醇、反-2-己烯醇、顺-3-己烯醇、2-甲基-1-丁醇、异戊醇、6-甲基-5-庚烯-2-醇、玫瑰醇、橙花醇、香叶醇、芳樟醇、苯乙醇。

其他原料：包括辛醛二甲基缩醛、羟基香茅醛二甲基缩醛、香叶烯、甲基黑椒酚、丁香酚、甲基丁香酚、香叶素、茴香脑、γ-十一内酯、氢化松香甲酯、玫瑰油、茴香油、香叶精油、柠檬精油、橘子精油、苹果浓缩回收油、甜橙油、朗姆醚、苹果汁精油、藿香油、丁香精油、凤梨精油、苦杏仁油、柏木叶油、香兰素、麦芽酚等。

（二）水蜜桃香精

水蜜桃香精是一种带有桃子风味的果香型香精。调配桃子香精以 γ-十一内酯（桃醛）为主，还用到乙酸乙酯、丁酸戊酯、乙酸戊酯、戊酸戊酯等，所调配的桃子香精没有明显的桃味。近几年桃子香精的质量水平提高很快，市场上的桃味糖果和饮料很受人们欢迎。桃子的香成分中有较多的内酯类、酯类和苯甲醛，这与其他水果香成分不同。桃子具有坚果香，如似椰子、杏仁和酯类的果香，并带有一定的酸的和青的气味。

水蜜桃香精中常用到的醇类：乙醇、异丙醇、异丁醇、异戊醇、己醇、反-2-己烯醇、4-甲基戊醇、辛醇、壬醇、芳樟醇、α-松油醇、苄醇、苯乙醇。

醛类：乙醛、异戊醛、壬醛、苯甲醛、苯乙醛、糠醛、2,6-二甲基庚烯-5-醛。

酮类：α-紫罗兰酮、β-紫罗兰酮、2-壬酮、3-壬烯-2-酮、胡薄荷酮、诺卡酮。

酸类：乙酸、丙酸、异戊酸、2-甲基丁酸、己酸、辛酸、癸酸等。

酯类：甲酸戊酯、甲酸己酯、甲酸芳樟酯、甲酸香茅酯、甲酸香叶酯、乙酸甲酯、乙酸乙酯、乙酸丁酯、乙酸异丁酯、乙酸戊酯、乙酸异戊酯、乙酸己酯、乙酸-反-2-己烯酯、乙酸叶醇酯、乙酸辛酯、乙酸壬酯、乙酸癸酯、乙酸芳樟酯、乙酸苄酯、乙酸苯乙酯、丁酸乙酯、丁酸戊酯、戊酸乙酯、戊酸戊酯、戊酸芳樟酯、己酸乙酯、辛酸乙酯、辛酸芳樟酯、苯甲酸乙酯、苯甲酸己酯、水杨酸甲酯、桂酸甲酯、桂酸乙酯、癸二酸二乙酯。

内酯类：γ-戊酯、γ-己内酯、γ-庚内酯、γ-辛内酯、γ-壬内酯、γ-癸内酯、σ-癸内酯、γ-十一内酯、γ-十二内酯、σ-十二内酯。

天然精油：柠檬油、甜橙油、橘子油。

其他原料：硫代香叶醇、2-甲基-3-甲氧基噻唑、硫代薄荷酮、苯并噻唑、2-噻吩甲醛、二乙基二硫、香兰素。

（三）草莓香精

草莓属蔷薇科植物，有野生的和栽培的，野生的果实小，色泽深，香气较种植的品种强。草莓是受人喜爱的一种浆果，它不仅作为鲜果消费，食品工业也用以制成果酱、果汁等食品，香料香精工业也用它制成天然草莓香精。近几年来，国内对草莓的培植和消费也在逐步发展。

草莓的香气由青、甜、酸三种香韵组成，而以青、甜香韵为主。传统调配草莓香精一般都以具有近似草莓香味的3-甲基-3-苯基缩水甘油酸乙酯（草莓醛）和3-苯基缩水甘油酸乙酯（草莓酯）为主香，以庚炔羧酸甲酯、乙酰乙酸乙酯、乙酸苄酯、茉莉净油、紫罗兰叶净油等赋予其青香韵，以肉桂酸甲酯、肉桂酸乙酯、玫瑰醇、苯乙醇、香叶油、玫瑰花油、α-紫罗兰酮、β-紫罗兰酮、麦芽酚、乙基麦芽酚、香兰素等构成其甜韵，酸韵则由乙酸、丁酸、异丁酸等构成。此外，再饰以具有果香的酯类香料。

草莓香精的香气分路（%）：青香韵15~40，香草焦糖香韵20~40，花香韵1~5，酸香韵3~15，牛奶香韵3~10，白脱香韵1~5，果香韵10~50。随着合成香料的不断发展，可供调配草莓香精时选用的品种也随之增多，乙醇、叶醇及其酯类，反-2-己烯醛，2,5-二甲基-4-羟基-3(2H)-呋喃酮，2-甲基-2-戊烯酸、2-甲基-4-戊烯酸及其酯类等，对提高草莓香味的香真度均有一定效果。

常见的草莓香精配方如下：

配方1：麦芽酚17.25，乙醇（95%）362.05，甘油530.00，冰乙酸10.00，C_{16}醛30.25，乙酸苄酯22.75，香兰素11.25，肉桂酸甲酯4.25，邻氨基苯甲酸甲酯2.25，庚炔羧酸甲酯0.20，水杨酸甲酯2.25，β-紫罗兰酮2.25，γ-十一内酯2.25，丁二酮2.25，茴香脑0.75。

配方2：乙酸乙酯40.0，丁酸乙酯10.0，苯甲酸乙酯5.0，肉桂酸甲酯1.0，丁酸异戊酯15.0，乙酸异戊酯10.0，α-紫罗兰酮0.5，甜橙油1.0，香兰素2.0，肉桂醛0.5，乙醇（95%）630.0，蒸馏水150.0。

配方3：庚酸乙酯100.0，茴香醛100.0，茉莉香基100.0，紫罗兰香基100.0，乙基香兰素50.0，邻氨基苯甲酸甲酯50.0，α-紫罗兰酮12.5，麦芽酚7.5，丁香油125.0，胡椒醛325.0，乙醇280.0。

（四）橘子香精

橘子香精主要是仿制橘子果肉的香味特征的一种香精。组成橘子香味的关键成分是醛类、醇类和酯类，其中产生清甜果香的微量成分是丁酸乙酯、2-甲基丁酸乙酯、甜橙醛等。橘子的果皮和果肉的气味有一定差别，果皮有明显的脂蜡气味，甚至更劣者有较厉害的松脂气息而香味较差。果肉有清甜的橘子果香，这正是人们吃橘子时所感触到的怡人香味。调配橘子香精，主要是仿制橘子果肉的香味特征。组成橘子香味的关键成分是醛类、醇类和酯类，其中产生清甜果香的微量成分是丁酸乙酯、2-甲基丁酸乙酯、甜橙醛等。

所涉及的原料包含天然精油类（蒸馏橘子油、冷榨橘子油、蒸馏甜橙油、蒸馏广柑油、除萜橘子油、除萜甜橙油）、醛类（乙醛、丙醛、己醛、辛醛、壬醛、癸醛、香茅醛、甜橙醛等）、醇类（己醇、辛醇、壬醇、癸醇、十一醇、芳樟醇、香叶醇等）、酯类（乙酸乙酯、乙酸芳樟酯、乙酸香茅酯、乙酸香叶酯、丁酸乙酯、异丁酸乙酯、2-甲基丁酸乙酯等）、其他原料（乙酸、丙酸、香兰素、麦芽酚、乙基麦芽酚等）。

（五）香蕉香精

香蕉香味浓郁，甜香可口，常见品种有梅花点蕉、芭蕉、火蕉等，其中数梅花点蕉香味最好。国际上也有巴拿马香蕉，外形较大，但口感和风味不及我国香蕉。香蕉香精配方常以乙酸乙酯、乙酸异戊酯、丁酸异戊酯等香料为主，模拟香蕉香味，再辅以橘子油增加天然新鲜感，留香也常以丁香油、香兰素打底。

常见的香蕉香精配方如下：

配方1：乙酸异戊酯60，丁酸乙酯3，丁酸异戊酯10，异戊酸异戊酯5，除萜橘子油5，丁香油0.7，香兰素0.8，乙醇（95%）800，蒸馏水115.5。

配方2：乙酸异戊酯535，丁酸异戊酯120，异戊酸异戊酯60，香兰素24，乙醛（40%）120，芳樟醇40，己酸乙酯24，洋茉莉醛24，丙酸苄酯22，除萜甜橙油31。

配方3：紫罗兰香基7.2、芳樟醇40.0、丙酸苄酯22.0、戊酸戊酯60.0、己酸乙酯24.0、丁酸戊酯120.0、胡椒醛24.0、乙醛120.0、香兰素24.0、乙酸戊酯534.8、香豆素24.0。

配方4：乙酸异戊酯68.0、甜橙油5.0、丁酸戊酯15.0、橙叶油0.5、丁酸乙酯6.0、丁香油2.0、戊酸戊酯2.0、桂叶油0.2、庚酸乙酯0.3、香兰素1.0。

二、坚果香型食用香精

坚果是植物的果核，富含大量的油脂、蛋白质，它们会使坚果向外散发出迷人气味，闻起来十分油润且香浓。部分坚果中，还携带香兰素这类物质，它们的香味也会让人有甘甜、醇厚的感觉。类似坚果的香气，比较常见的香气有杏仁香、可可香等，坚果香是果香与油脂香的混合香，年份较长、陈化度较高的熟茶里会出现坚果香。

（一）咖啡香精

咖啡香精是具有咖啡香味特征的多种香味物质的混合物，主要作用是给相应的食品提供咖啡香味，其香味效果是各种香料化合物分子共同作用的结果。关于咖啡香精制备的报道不多，美国通用食品公司1986年申请采用咖啡研磨机加工制备液体咖啡香精的专利，采用大豆、薏米、大麦等为原料，经烘焙、粉碎、恒温浸提而研制出具有咖啡风味的产品；尚未有热反应制备咖啡香精的报道。

咖啡特有的香气及苦味是由烘焙产生的挥发性成分咖啡因、多酚和氨基酸、糖类反应生成的。烘焙咖啡的主要成分为噻吩、吡嗪、呋喃类等。烘焙咖啡香气按香韵分类，大体分为烘焙香（焦香）、酸香、甜香、酒香。不同品种咖啡的成分特征也稍有不同，根据香韵进行分析。①烘焙香：咖啡豆经烘焙后才产生浓郁的特有的焦苦味。主要可参考用的香原料有糠基硫醇、2,6-二甲基吡嗪、2,5-二甲基吡嗪、2,3,5-三甲基吡嗪、四甲基吡嗪等。糠基硫醇又称咖啡硫醇，是具有高冲击性的香料。其香气阈值为 $0.005×10^{-9}$，有极强的穿透扩散力。将其稀释到 $0.01×10^{-9}$ ~ $0.5×10^{-9}$ 时，就会散发焙烤咖啡的香气，而在 $1×10^{-9}$ ~ $10×10^{-9}$ 时，可嗅出夹杂有硫化物的气息。②甜香：呋喃类、麦芽酚、甲基环戊烯醇酮用量稍多。③酸香：适量的酸味让咖啡香气更丰富完美，在咖啡调配中可稍加乙酸、丙酸、丁酸、巴豆酸等。④酒香：少量的酒香赋予咖啡醇厚的感觉，因此可加入适量的醇类，比如戊醇、己醇、丙醇等。

香精调配在每一路香韵的原料选择中，要考虑到头香、体香、基香三段香气的衔接，并使之紧密相连、散发自然，同时注重香精产生味觉的效果。咖啡是调配香精中难度比较大的一种，其中的重要物质还未被检测出来，其要点是以天然萃取物为主体，再配以部分单体香料。调配中使用的主要单体香料包含酯类（水杨酸甲酯、乙酸苯乙酯、甲酸糠酯）、羰基类—醛（异戊醛、5-甲基糠醛、糠醛、己醛等）、羰基类—酮（3-羟基-2-丁酮、2,3-丁二酮、2,3-戊二酮、3,4-己二酮、甲基环己烯醇酮等）、酸类（乙酸、丙酸、丁酸、异戊酸、巴豆酸等）、醇类（2-糠醇、芳樟醇、戊醇、己醇等）、酚类（愈创木酚、4-甲基愈创木酚、2,6-二甲基苯酚、4-乙基愈创木酚、麦芽酚）、内酯类（丙位丁内酯）、呋喃类（2-乙酰基呋喃、呋喃醇等）、含硫化合物（糠基甲基硫醚、2-乙酰基噻吩、2-甲基-3-甲硫基-呋喃）。

（二）可可香精

可可产于热带地区，非洲与拉丁美洲较多，亚洲次之。可可果壳坚硬，生的没有气味，焙炒后有香味。可可香精是一种与可可风味气味类似的食品添加剂，具有赋香、增香、矫味、固香的作用，多为水油两用香精，常用于糖果、烘焙、炒货、方便食品、液体饮料、调配酒、乳制品的制作。

可可香精中常用到的醇类：异戊醇、2-戊醇、己醇、香叶醇、芳樟醇、苄醇、松油醇、糠醇。

醛类：乙醛、异丁醛、异戊醛、乙醛、辛醛、壬醛、癸醛、苯甲醛、苯乙醛、糠醛、5-甲基糠醛。

酮类：丁二酮、2-戊酮、2-庚酮、2-辛酮、2-壬酮、苯乙酮。

酸类：丙酸、2-甲基丁酸、异戊酸、己酸、癸酸。

酯类：乙酸乙酯、乙酸丁酯、乙酸戊酯、乙酸香叶酯、乙酸松油酯、乙酸芳樟酯、乙酸苄酯、乙酸苯乙酯、乙酸糠酯、丙酸乙酯、丁酸戊酯、己酸乙酯、庚酸乙酯、辛酸乙酯、苯甲酸乙酯、桂酸乙酯。

内酯类：γ-丁内酯、γ-戊内酯、γ-己内酯、γ-壬内酯。

酚类：愈创木酚、丁香酚。

吡咯类：2-甲酰基吡咯、2-乙酰基吡咯。

吡嗪类：2,5-二甲基吡嗪、2-甲基吡嗪、2,3,5-三甲基吡咯嗪、2-甲基-3-乙氧基吡嗪、四甲基吡嗪。

其他原料：可可酊、香兰素、麦芽酚、二甲基硫醚。

（三）杏仁香精

炒杏仁的挥发性香成分主要包含：

醇类：丁醇、2-甲基丁醇、戊醇、己醇、庚醇、1-辛烯-3-醇、苯乙醇、糠醇、5-甲基糠醇、3-甲硫基丙醇。

醛类：己醛、反-2-己烯醛、庚醛、反-2-庚烯醛、辛醛、2-辛烯醛、壬醛、2-壬烯醛、2,4-壬二烯醛、癸醛、反-2-癸烯醛、2,4-癸二烯醛、2-十一烯醛、苯甲醛、苯乙醛、2-苯基丁烯醛、糠醛、5-甲基糠醛、5-羟甲基糠醛。

酮类：3-羟基-2-戊酮、4-甲基-3-戊烯 2-酮、2-庚酮、2-癸酮、α-紫罗兰酮、β-紫罗兰酮、2-甲基四氢呋喃-3-酮。

酯类：甲酸辛酯、乙酸糠酯、糠酸甲酯、糠酸乙酯、丁内酯、γ-辛内酯、γ-壬内酯。

吡咯类：N-甲基-2-乙酰基吡咯、N-乙酰基-2-甲基吡咯、N-糠基吡咯、2-乙酰基吡咯。

吡嗪类：2-甲基吡嗪、2-甲基-6-乙基吡嗪、2,5-二甲基吡嗪、2,6-二甲基吡嗪、2,5-二甲基-3-乙基吡嗪、2,6-二甲基-3-乙基吡嗪、三甲基吡嗪、2,5-二乙基-3-甲基吡嗪、2,6-二乙基-3-甲基吡嗪、2,5-二甲基-3-乙烯基吡嗪、2-乙酰基吡嗪、5-甲基-2-乙酰基吡嗪、6-乙基-2-乙酰基吡嗪、2-乙基-5-乙酰基吡嗪、2-乙酰基-5-甲氧基吡嗪、2,5-二乙酰基吡嗪、2-(2-呋喃基)吡嗪、2-(2-呋喃基)-3-甲基吡嗪。

其他类：2-乙酰基-6-烯丙基吡啶、5-甲基喹啉、2-戊基呋喃、甲基糠基醚等。

杏仁香精的特征性香料是苯甲醛，其他常用的香原料包含苯甲醇、糠醇、5-甲基糠醇、糠醛、5-甲基糠醛、1,3-二苯基-2-丙酮、甲酸乙酯、乙酸异戊酯、乙酸糠酯、糠酸乙酯、苯甲酸乙酯、肉桂酸环己酯、γ-十一内酯、2-乙酰基吡咯、4-甲基-5-羟乙基噻唑、2-甲基吡嗪、2-甲基-3-甲硫基吡嗪、2-甲基-5-甲硫基吡嗪、2-甲基-6-甲硫基吡嗪、2,3-二甲基吡嗪、三甲基吡嗪、香兰素、乙基香兰素等。杏仁香精参考配方见表4-3。

表4-3 杏仁香精配方

序号	化合物名称	添加比例
1	苯甲醛	2
2	香兰素	0.5
3	二氢香豆素	0.5
4	甜橙油	0.5

(四) 花生香精

炒花生的香成分主要包含:

烯类:月桂烯、柠檬烯、蒎烯、桧烯、γ-松油烯。

醇类:丁醇、异丁醇、2-甲基丁醇、戊醇、异戊醇、2-戊醇、3-戊醇、1-戊烯-3-醇、己醇、2-己醇、3-己醇、庚醇、辛醇、1-辛烯-3-醇、壬醇、月桂醇、环己醇、α-松油醇、苄醇、苯乙醇。

酚类:苯酚、愈创木酚、4-乙烯基愈创木酚。

醛类:丙醛、丁醛、异丁醛、2-丁烯醛、2-甲基丁醛、2-甲基-2-丁烯醛、2-苯基-2-丁烯醛、戊醛、异戊醛、2-戊烯醛、2-甲基戊醛、2-甲基-2-戊烯醛、2,4-戊二烯醛、己醛、2-乙基己醛、2-己烯醛、2,4-壬二烯醛、庚醛、2-庚烯醛、2,4-庚二烯醛、辛醛、2-辛烯醛、壬醛、2-壬烯醛、2,4-壬二烯醛、癸醛、2-癸烯醛、2,4-癸二烯醛、反,反-2,4-癸二烯醛、十一醛、2-十一烯醛、2,4-十一碳二烯醛、月桂醛、2-十二烯醛、肉豆蔻醛、2-十四烯醛、2-十六烯醛、苯甲醛、苯乙醛、肉桂醛、二丁醇缩乙醛。

酮类:丙酮、2-丁酮、3-甲基-2-丁酮、2,3-丁二酮、2-戊酮、4-甲基-2-戊酮、3-戊烯-2-酮、2,3-戊二酮、环戊酮、2-甲基环戊酮、甲基环戊烯醇酮、2-己酮、环己酮、2-庚酮、4-庚酮、2-辛酮、2,3-辛二酮、2-壬酮、2-癸酮、2-十一酮、苯乙酮、苯丙酮、香芹酮。

酸类:乙酸、丙酸、丁酸、异丁酸、2-甲基丁酸、戊酸、异戊酸、己酸、庚酸、辛酸、壬酸、癸酸、十一酸、月桂酸、十三酸、肉豆蔻酸、2-十四烯酸、2-十六烯酸、9-十八烯酸、11-十八烯酸、乙酸甲酯。

酯类:乙酸乙酯、乙酸丁酯、乙酸异戊酯、乙酸苯酯、丙酸苯乙酯、丁酸乙酯、γ-丁内酯、γ-戊内酯、δ-戊内酯、3-甲基-γ-丁内酯、γ-辛内酯。

呋喃:2-丁基呋喃、2-戊基呋喃、2-乙酰基呋喃、5-甲基-2-乙酰基呋喃。

吡咯:N-甲基吡咯、2-甲基吡咯、N-乙基吡咯、N-糠基吡咯、2-乙酰基吡咯、2-丙基吡咯。

噻吩:2-甲基噻吩、2-乙基噻吩、5-甲基-2-甲酰基噻吩、2-乙酰基噻吩、2-乙酰基四氢噻吩、四氢噻吩-3-酮、2-甲基四氢噻吩-3-酮。

噻唑：2-甲基噻唑、4-甲基噻唑、5-甲基噻唑、4,5-二甲基-2-异丙基噻唑、2,5-二甲基-4-丁基噻唑、4,5-二甲基-2-丙基噻唑、2,4-二甲基-5-乙基噻唑、2-乙酰基噻唑、苯并噻唑。

吡啶：3-甲氧基吡啶、2-戊基吡啶、2-乙酰基吡啶。

吡嗪：吡嗪、2-甲基吡嗪、3-甲基-2-乙基吡嗪、5-甲基-2-乙基吡嗪、6-甲基2-乙基吡嗪、5-甲基-2,3-二乙基吡嗪、3-甲基-2,6-二乙基吡嗪、2-甲基-5-乙烯基吡嗪、2-甲基-6-乙烯基吡嗪、2-甲基-6-丙基吡嗪、5-甲基-2-异丙基吡嗪、2-甲基-3,5-二乙基吡嗪、2-甲基-6-丙烯基吡嗪、2-甲基-3-异丁基吡嗪、2,3-二甲基吡嗪、2,5-二甲基吡嗪、2,6-二甲基吡嗪、2,3-二甲基-5-乙基吡嗪、2,5-二甲基-3-乙基吡嗪、2,6-二甲基-3-乙基吡嗪、3,5-二甲基-2-乙基吡嗪、3,6-二甲基-2-乙基吡嗪、2,5-二甲基-3,6-二乙基吡嗪、2,5-二甲基-3-乙烯基吡嗪、2,5-二甲基-3-丙基吡嗪、2,5-二甲基-3-异丙基吡嗪、三甲基吡嗪、3,5,6-三甲基-2-乙基吡嗪、四甲基吡嗪、2-乙基吡嗪、2,5-二乙基吡嗪、乙基乙烯基吡嗪、2-乙烯基吡嗪、2-丙基吡嗪、2-异丙基吡嗪、2-异丙烯基吡嗪、2-乙酰基吡嗪、2-乙酰基-6-甲基吡嗪、2-乙酰基-5-甲基吡嗪、2-乙酰基-6-乙基吡嗪。

含硫类：丙基丁基硫醚、3-甲硫基丙醛、二甲硫醇缩乙醛、硫杂环己烷、3-甲基硫杂环己烷、4-甲基硫杂环己烷、甲硫醇、二甲基二硫醚、甲基丙基二硫醚、甲基苯基二硫醚、二丙基二硫醚、甲基丁基二硫醚、丙基丁基二硫醚、二仲丁基二硫醚、二甲基三硫醚、甲基乙基三硫醚、二丙基三硫醚、二丁基三硫醚、甲基(2-甲基-3-呋喃基)二硫醚等。

花生香精的特征性香料是2-甲基-5-甲氧基吡嗪和2,5-二甲基吡嗪，其他常用的香原料包含苯乙醇、异戊醛、己醛、辛醛、2,4-庚二烯醛、2,3-辛二烯醛、2-壬烯醛、2,4-壬二烯醛、癸醛、2,4-癸二烯醛、苯甲醛、苯乙醛、苯乙酮、乙酸丁酯、月桂酸丁酯、γ-辛内酯、γ-壬内酯、2-乙酰基呋喃、5-甲基糠醛、2-乙酰基吡咯、4-甲基-5-羟乙基噻唑、4-甲基-5-羟乙基噻唑乙酸酯、香兰素、乙基香兰素、麦芽酚、乙基麦芽酚、苯甲醛二甲硫醇缩醛以及各种吡嗪类香料。花生香精参考配方见表4-4。

表4-4　花生香精配方

序号	化合物名称	添加比例
1	己醇	0.5
2	苯甲醇	10
3	愈创木酚	0.5

序号	化合物名称	添加比例
4	异戊醛	0.5
5	己醛	0.2
6	辛醛	0.3
7	5-甲基糠醛	0.5
8	苯甲醛	1
9	苯乙醛	0.3
10	苯乙酮	1
11	乙酸异戊酯	1
12	γ-辛内酯	0.5
13	γ-壬内酯	1.5
14	N-甲基-2-乙酰基吡咯	0.5
15	乙基香兰素	2.5
16	4-甲基-5-羟乙基噻唑	1
17	乙基麦芽酚	0.5
18	2,4-二甲基-5-乙酰基噻唑	0.5

三、肉类香型食用香精

肉味香精的成分是乙基麦芽酚，是食品添加剂的一种食用香料香精。肉味香精可以模仿牛肉、猪肉、羊肉等多种味道，以天然原料为主，再辅以部分人造香料，使香气更加浓郁、圆润、醇厚。主要应用于各种方便食品的调味包，熟肉制品，复合调味品（如鸡精等），速冻调理食品，膨化休闲小食品，菜肴及酱卤制品等。主要功能是为产品增香提味，提高产品附加值，如作为苦味、腥味和骚味的驱逐剂，还能改善口感，延长食品的储存期。香型主要有肉香型（猪、鸡、牛、羊、鸭等）和海鲜香型（虾、鱼、蟹、鲍鱼等）。

（一）鸡肉香精

鸡肉香精通常有热反应型鸡肉香精（美拉德反应）和调配型鸡肉香精。在鸡肉香精配方中，具有肉香味的香料如2-甲基-3-巯基呋喃及其衍生物是必不可少的，但羰基化合物尤其是不饱和脂肪醛类化合物在鸡肉香精中的作用也同样重要，它们对鸡肉的特征香味贡献更大。

在鸡肉挥发性成分中发现的羰基化合物，主要有：

醛类：乙醛、丙醛、苯丙醛、丙烯醛、丁醛、2-甲基丁醛、3-甲基丁醛、2-丁烯醛、反-2-丁烯醛、2-甲基-2-丁烯醛、3-甲基-2-丁烯醛、2-异丙基-2-丁烯醛、戊醛、2-甲基戊醛、4-甲基戊醛、2-戊烯醛、反-2-戊烯醛、反-2-甲基-2-戊烯醛、4-甲基-2-戊烯醛、己醛、5-甲基己醛、2-己烯醛、反-2-己烯醛、己二烯醛、庚醛、顺-2-庚烯醛、反-2-庚烯醛、2-甲基-2-庚烯醛、2,4-庚二烯醛、反,顺-2,4-庚二烯醛、反,反-2,4-庚二烯醛、辛醛、辛烯醛、2-辛烯醛、反-2-辛烯醛、2,4-辛二烯醛、壬醛、2-壬烯醛、反-2-壬烯醛、顺-3-壬烯醛、2,4-壬二烯醛、反,顺-壬二烯醛、癸醛、2-癸烯醛、反-2-癸烯醛、顺-4-癸烯醛、2,4-癸二烯醛、顺,反-2,4-癸二烯醛、反,反-2,4-癸二烯醛、反,顺-2,4-癸二烯醛、反,顺,顺-2,4,7-癸三烯醛、十一醛、2-十一烯醛、反-2-十一烯醛、反,顺-2,5-十一碳二烯醛、十二醛、反-2-十二烯醛、反,顺-2,4-十二碳二烯醛、反,反-2,6-十二碳二烯醛、反,顺-2,6-十二碳二烯醛、十三醛、反-2-十三烯醛、反,顺-2,4-十三碳二烯醛、反,顺,顺-2,4,7-十三碳三烯醛、十四醛、反,顺-2,4-十四碳二烯醛、十五醛、十六醛、十六碳二烯醛、十七醛、苯甲醛、2,5-二甲基苯甲醛、4-乙基苯甲醛、丙基苯甲醛、苯乙醛、胡椒醛、糠醛、茴香醛、反式肉桂醛。

酮类：丙酮、1-羟基-2-丙酮、2-丁酮、3-甲基-2-丁酮、3-羟基-2-丁酮、3-丁烯-2-酮、2,3-丁二酮、2-戊酮、3-戊酮、4-甲基-2-戊酮、4-羟基-4-甲基-2-戊酮、1-戊烯-3-酮、2,3-戊二酮、2,4-戊二酮、己酮、2-己酮、4-己烯-3-酮、2-庚酮、6-甲基-2-庚酮、6-甲基-5-庚烯-3-酮、2-辛酮、3-辛酮、1-辛烯-3-酮、3-辛烯-2-酮、3,5-辛二烯-2-酮、2-甲基-3-辛酮、2,3-辛二酮、2-壬酮、2-壬烯酮、2-癸酮、5-十一酮、3,5-十一碳二烯-2-酮、2-十五酮、环戊酮、2-甲基环戊酮、苯乙酮、薄荷酮。

此外，鸡肉中的香成分主要包含柠檬烯、戊醇、己醇、2-乙基-1-己醇、3-辛烯醇、糠醇、α-松油醇、4-松油烯醇、苯甲醇、芳樟醇、肉桂醇、茴香醇、丁香酚、乙酸、丙酸、丁酸、戊酸、己酸、庚酸、辛酸、壬酸、豆蔻酸、丁内酯、香豆素、麦芽酚、2-戊基呋喃、2,5-二甲基-4-羟基-3(2H)-呋喃酮、1-戊硫醇、3-甲硫基丙醛、甲基吡嗪、2,6-二甲基吡嗪、苯并噻唑等。

（二）牛肉香精

在牛肉香精的构成中，香气化合物成分超过 1000 种，其中含硫化合物的作用最为重要，在牛肉挥发性香气成分中的占比也是最多的，目前共发现 160 多种含硫化合物。

一般来说，构成牛肉香精的风味成分主要包含硫化氢、甲硫醇、乙硫醇、丙硫醇、2,2-二甲基丙硫醇、丁硫醇、仲丁硫醇、异丁硫醇、叔丁硫醇、2-甲基丁硫醇、3-甲基-2-丁硫醇、戊硫醇、己硫醇、庚硫醇、辛硫醇、壬硫醇、1-甲硫基乙硫醇、苄硫醇、萘硫醇、β-甲基巯基丙醛、1,3-丙二硫醇、1,4-丁二硫醇、1,5-戊二硫醇、1,6-己二硫醇、二甲基硫醚、甲基乙基硫醚、二乙基硫醚、环硫乙烷、1,2-环硫丙烷、甲基丙基硫醚、烯丙基甲基硫醚、二乙基硫醚、二异丙基硫醚、丙基异丙基硫醚、二烯丙基硫醚、甲基丁基硫醚、乙基丁基硫醚、乙基异丁基硫醚、二丁基硫醚、甲基戊基硫醚、二戊基硫醚、二异戊基硫醚、甲基辛基硫醚、甲基壬基硫醚、甲基苯基硫醚、甲基苄基硫醚、乙烯基苯基硫醚、氧硫化碳、二乙酰基硫醚、1,1-二甲基乙硫醇、硫代乙酸甲酯、硫代乙酸乙酯、硫代丙酸乙酯、二甲基二硫醚、甲基乙基二硫醚、甲基乙烯基二硫醚、二乙基二硫醚、甲基丙基二硫醚、甲基异丙基二硫醚、二丙基二硫醚、二异丙基二硫醚、二丁基二硫醚、二仲丁基二硫醚、二异丁基二硫醚、二叔丁基二硫醚、二苯基二硫醚、双(甲硫基)甲烷、双(甲硫基)乙烷、1,3-二噻烷、1,4-二噻烷、二硫化碳、二甲基三硫醚、甲基乙基三硫醚、二乙基三硫醚、二甲基四硫醚、二甲基砜、2,4,6-三甲基-1,3,5-三噻烷、2,2,4,4,6,6-六甲基-1,3,5-三噻烷、1,3-二硫戊环、2-甲基-1,3-二硫戊环、3,5-二甲基-1,2,4-三硫戊环、2,5-二甲基-1,3,4-三硫戊环、3-乙基-5-甲基-1,2,4-三硫戊环、3-异丙基-5-甲基-1,2,4-三硫戊环、1-(2-噻吩基)-1-丙酮、1-(2-甲基-5-噻吩基)-1-丙酮、噻吩、2-甲基噻吩、3-甲基噻吩、2,3-二甲基噻吩、2,5-二甲基噻吩、2-乙基噻吩、2-丙基噻吩、2-丙烯基噻吩、5-甲基-2-丙基噻吩、2-丁基噻吩、2-叔丁基噻吩、3-叔丁基噻吩、2-戊基噻吩、2-己基噻吩、2-庚基噻吩、2-辛基噻吩、2-十四烷基噻吩、3-十四烷基噻吩、2-羟甲基噻吩、2-丁酰基噻吩、2-庚酰基噻吩、2-辛酰基噻吩、2-噻吩醛、3-噻吩醛、5-甲基-2-噻吩醛、2,5-二甲基-3-噻吩醛、2-乙酰基噻吩、3-乙酰基噻吩、5-甲基-2-乙酰基噻吩、四氢噻吩、2-甲基四氢噻吩、2,5-二甲基四氢噻吩、四氢噻吩-3-酮、2-甲基四氢噻吩-3-酮、硫代苯酚、2-甲基硫代苯酚、2,6-二甲基硫代苯酚、2-叔丁基硫代苯酚、2,4,6-三甲基-5,6-二氢-1,3,5-二噻嗪、2,4,6-三甲基全氢化-1,3,5-二噻嗪、噻唑、2-甲基噻唑、4-甲基噻唑、2,4-二甲基噻唑、2,4,5-三甲基噻唑、2-甲基-4-乙基噻唑、4-甲基-5-乙基噻唑、2,4-二甲基-5-乙基噻唑、2,4-二甲基-5-乙烯基噻唑、4-甲基-5-(2-羟基乙基)噻唑、2-乙酰基噻唑、苯并噻唑、甲基苯并噻唑、糠硫醇、5-甲硫基糠醛、5-巯基甲基糠醛、2-甲基-3-呋喃硫醇、2-甲基-3-甲硫基呋喃、双(2-甲基-3-呋喃基)二硫醚、二糠基二硫醚、糠基硫醚、甲基糠基硫醚、2-甲基-3-呋喃基二硫醚等。此外，还含有噻唑啉及提供基础香味的乙基麦芽酚等物质。在调香过程中，牛肉香精中常用的风味化合物见表4-5。

表4-5　牛肉香精中常用的风味化合物

序号	化合物名称	香味特征
1	1-疏基-1-甲硫基乙烷	洋葱香味和肉香味
2	3-甲硫基丙醛	肉香味、洋葱香味和肉汤香味
3	2-甲基环戊酮	烤牛肉香味
4	3-甲基环戊酮	烤牛肉香味
5	5-甲基糠醛	焦香味、焦糖香味、肉香味
6	5-甲硫基糠醛	肉香
7	2-甲基-3-疏基呋喃	牛肉汤，烤肉香味
8	2-甲基-3-甲硫基呋喃	肉香
9	2-甲基-3-呋喃基二硫醚	炖肉香味
10	二（2-甲基-3-呋喃基）二硫醚	肉香、洋葱、大蒜、脂肪
11	2-甲基-3-疏基-4-四氢呋喃	肉香
12	2-噻吩基甲醛	五香肉风味、坚果和炒货风味
13	2-甲基-1,3-二硫杂环戊烷	烤肉味
14	3,5-二甲基-1,2,4-三硫杂环戊烷	炖牛肉味道
15	2,4,6-三甲基-1,3,5-三硫杂环己烷	肉香
16	3-甲基-1,2,4-三硫杂环己烷	肉香
17	噻唑	烤肉香味
18	2,4-二甲基噻唑	烤牛肉香味
19	2,4-二甲基-5-乙基噻唑	肉香味、坚果香味
20	2-甲硫基苯并噻唑	肉香味、可可香味
21	2,4,5-三甲基-3,4-噻唑啉	肉香味、烤香味
22	2,4,5-三甲基噁唑	烟熏香味
23	2,4,5-三甲基-3,4-噁唑啉	肉香味

（三）猪肉香精

猪肉是畜禽肉风味成分较为复杂的一种肉类，经过多年的研究和探索，其风味组成已检测出上千种，不同风格的猪肉香精配方也相继出现。猪肉香精是发展比较早的一类肉味香精，最早主要用于各种香肠、火腿肠、罐头等食品，如今在方便面调料、豆制品、速冻食品、汤料等中的应用也很普遍。

　　猪肉特征香味不能归因于任何单一的化合物，而是许多挥发性和不挥发性化合物共同作用的结果。一般认为基本肉香味主要来源于2-甲基-3-巯基呋喃、二(2-甲基-3-呋喃基)二硫醚等含硫化合物，它们一般是由瘦肉中的水溶性前体物质产生的。

　　不同肉的特征香味是由脂肪和脂溶性物质产生的。在煮猪肉中鉴定出的脂肪氧化挥发性香成分有α-蒎烯、2-甲基-2-丁烯醛、戊醛、己醛、庚醛、3-甲基己醛、辛醛、壬醛、癸醛、十二醛、十三醛、十四醛、十五醛、十六醛、十七醛、十八醛、反-2-戊烯醛、2-己烯醛、反-2-己烯醛、2-庚烯醛、反-2-庚烯醛、反-2-辛烯醛、2-壬烯醛、反-2-壬烯醛、顺-4-癸烯醛、2-十一烯醛、2-十二烯醛、反-2-十三烯醛、顺-2-十三烯醛、反-2-十四烯醛、顺-2-十四烯醛、17-十八烯醛、16-十八烯醛、15-十八烯醛、9-十八烯醛、2,4-庚二烯醛、反,反-2,4-庚二烯醛、2,4-壬二烯醛、2,4-癸二烯醛、反,反-2,4-癸二烯醛、2,4-十一碳二烯醛、糠醛、5-甲基糠醛、苯甲醛、4-甲氧基苯甲醛、2,3-戊二酮、3-己酮、2-庚酮、2-辛酮、2-壬酮、2-癸酮、2-十一酮、2-十三酮、2-十四酮、2-十五酮、2-十六酮、2-十七酮、2,3-辛二酮、戊醇、1-戊烯-3-醇、己醇、庚醇、辛醇、反-2-庚烯醇、1-辛烯-3-醇、壬醇、反-2-壬烯醇、1-壬烯-3-醇、十一醇、月桂醇、2-十四醇、2-十五醇、2-十七醇、雪松醇、α-松油醇、糠醇、2-甲基呋喃、2-乙基呋喃、2-丁基呋喃、2-戊基呋喃、愈创木酚、4-乙基愈创木酚、丁香酚、异丁香酚、茴香脑、肉豆蔻酸、棕榈酸、油酸、亚油酸、棕榈酸乙酯、丁内酯、甲基吡嗪、吲哚等，这些化合物对于猪肉的特征香味有很大影响。

　　目前工业化生产和应用的猪肉香精配方一般由两种方式制备：一是由猪肉(猪骨)酶解物、水解动物蛋白、酵母提取物、还原糖、氨基酸等，通过热反应制备的热反应猪肉香精；二是由香料调配成的猪肉香基。实际生产中一般是在热反应猪肉香精冷却到一定温度后，再加入猪肉香基熟化。三种常见的猪肉香精配方见表4-6、表4-7、表4-8。

表4-6　猪肉香精配方 (1)

序号	化合物名称	添加比例
1	4-甲基-5-羟乙基噻唑	6
2	乙基麦芽酚	22
3	3-巯基-2-丁醇	25
4	2-甲基-3-巯基呋喃	9
5	甲基(2-甲基-3-呋喃基)二硫醚	15

序号	化合物名称	添加比例
6	二糠基二硫醚	9
7	二丙基二硫醚	6
8	烯丙基甲基二硫醚	8

表4-6中的猪肉香精配方，调配出的猪肉香精具有烤香、菜香，干涩感强，透发性好。配方中的二丙基二硫醚和烯丙基甲基二硫醚具有葱蒜、韭菜样香味，使整体香味类似韭菜饺子馅样香味。

表4-7 猪肉香精配方（2）

序号	化合物名称	添加比例
1	四氢噻吩-3-酮	0.5
2	4-甲基-5-羟乙基噻唑	30
3	4-甲基-5-羟乙基噻唑乙酸酯	20
4	2-甲基吡嗪	5
5	2,3-二甲基吡嗪	5
6	3-巯基-2-丁酮	1
7	呋喃酮	1
8	2-戊基呋喃	5
9	2-乙酰基呋喃	2
10	2-甲基-3-甲硫基呋喃	10
11	二(2-甲基-3-呋喃基)二硫醚	1.5

表4-7中的猪肉香精配方，因为加入油脂味化学物质较多，香精整体呈现出较弱的猪肉味和肉感，表现出比较重的油脂味和脂肪味。虽然该香精猪肉的强度较弱，但是整体的适应性较强，适合多种产品的使用。

表4-8 猪肉香精配方（3）

序号	化合物名称	添加比例
1	盐	45
2	烟熏液	5
3	糠醛	0.1
4	愈创木酚	0.1

序号	化合物名称	添加比例
5	异丁香酚	0.1
6	乙醇	0.1
7	壬酸	0.1
8	油酸	1
9	阿拉伯胶	8
10	水	0.5

表4-8中的猪肉香精配方中加入了烟熏物质。火腿香精和熏肉香精是猪肉香精中很有特色的一类，其主要生产方法与猪肉香精类似，可以通过火腿（肉或骨）酶解物热反应先制得热反应香精，再用火腿或熏肉香基强化，其香基配方中有烟熏味香料。常用的烟熏味香料是烟熏液和一些酚类香料。烟熏液是由山胡桃木等不完全燃烧产生的烟气制成的，主要成分是酚类化合物。火腿香精和熏肉香精也可以用猪肉和猪骨热反应制备，调香时适当增加酚类香料和烟熏液的用量。

（四）海鲜香精

海鲜香味是一个很笼统的概念，具体来说，海鲜的味道包括鱼类、虾蟹、贝类等食品食材的味道和烹饪、焙烤等散发出来的味道。

鱼香味是由挥发性的提供香气的物质和非挥发性的提供味道的物质构成的。非挥发性的提供味道的物质可分为两类：一类是含氮化合物，包括游离的氨基酸、低相对分子质量的肽类、核苷酸类化合物；另一类是不含氮的化合物，包括有机酸、糖类和无机组分。挥发性的香气物质涉及醇、醛、酮、含硫、含氮化合物等。鱼类中游离氨基酸的含量比贝类低。氨基乙酸提供鱼类的甜蜜香味，组氨酸、谷氨酸提供海鲜产品的肉香，肽和游离氨基酸如天冬氨酸、丝氨酸、谷氨酸、亮氨酸是鱼露香味的重要来源。1-辛烯-3-醇是许多淡水鱼和海鱼的挥发性香成分。2-甲基-3-巯基呋喃是金枪鱼的香成分，在鱼和贝类海鲜香精中应用非常普遍。反,顺-2,6-壬二烯醛和顺-3-己烯醇对香鱼特征香味起重要作用。己醛和反-2-己烯醛存在于鱼脂肪自动氧化产物中，提供青香和黄瓜样香气。反,顺,顺-2,4,7-癸三烯醛和反,反,顺-2,4,7-癸三烯醛对鱼香和鳕鱼肝油的香气有重要贡献。

贝类海鲜的香味也涉及嗅觉和味觉两方面。一般来说，刺激嗅觉的主要是挥发性物质，刺激味觉的主要是非挥发性物质。挥发性化合物对于贝类香味极为重要，最重要的挥发性化合物有醇类、醛类、酮类、呋喃类、含氮化合物、含硫化合物、烃类、酯类和酚类化合物。二甲基硫醚是炖牡蛎、蛤的香气成分，十二醇是煮虾、蟹、蛤的重要香气成分，2-丁氧基乙醇是煮小龙虾尾的重要香成分，N,N-二甲基-2-苯乙胺是煮虾的特征性香成分，顺，顺，顺-5,8,11-十四碳三烯-2-酮和反，顺，顺-5,8,11-十四碳三烯-2-酮也是煮虾的香成分，3,6-壬二烯-1-醇赋予牡蛎以甜瓜和黄瓜样香气。吡嗪类对于煮小龙虾、煮螃蟹、生的和发酵的虾、烤虾和煮磷虾的香味贡献很大。烷基吡嗪，包括甲基吡嗪、2,5-二甲基吡嗪、2,6-二甲基吡嗪，具有烤香、坚果-肉香香气，是煮小龙虾尾的香成分。酰基吡嗪赋予煮小龙虾尾、煮扇贝和螃蟹以爆玉米花香气。吡咯能赋予煮小龙虾甜的和淡的焦香特征。2-乙酰基吡咯存在于烤虾和喷雾干燥的虾粉挥发性香成分中，具有焦糖样香气。三甲胺是煮螃蟹香气的重要来源。2-甲基噻吩是煮小龙虾尾、煮螃蟹的香成分，提供洋葱和汽油样香气。3,5-二甲基-1,2,4-三噻烷是煮牛肉、煮小龙虾、煮虾的挥发性香成分，赋予煮磷虾洋葱样香气。噻吩具有烤虾香气，是煮磷虾、煮虾、蒸蛤和烤鱿鱼干的重要挥发性香成分。表4-9列举了部分可用于海鲜香精的香料。

表4-9　常用于海鲜香精调配的化合物

序号	化学物质名称	香味特征
1	6-甲基喹啉	鱼香味和动物香味气息
2	二甲基硫醚	硫黄、奶油、番茄、鱼香、扇贝等味道
3	六氢吡啶	动物制品的香味和调味料香味等
4	吡啶	鱼肉香味、氨物质的味道
5	焦木酸	辛辣的烟熏香气和味道
6	2-甲基-3-呋喃硫醇	肉香味和鱼肉香味
7	2-乙酰基吡咯	鱼肉香味
8	异戊胺	刺激性的、氨物质的味道
9	苯乙胺	氨物质所具有的味道，鱼肉香味
10	三甲胺	强烈的氨物质味道，海鲜味和鱼的味道
11	4,5-二甲基噻唑	鱼肉香味、氨物质的味道
12	4-甲硫基-2-丁酮	番茄味、奶酪味、鱼肉的香气
13	喹啉	强烈的令人产生呕吐感的味道，不愉悦的味道
14	四氢吡咯	氨物质的味道，鱼香、贝类物质味道，类似海藻等味道
15	2,5-二羟基-1,4-二噻烷	烤肉、肉汤、鸡蛋、烤面包等味道

序号	化学物质名称	香味特征
16	1,4-二噻烷	海鲜味道，香辛调味料如大蒜、洋葱、吡啶等味道
17	甲基乙基硫醚	硫黄的味道，少许番茄等植物的味道，以及肉和金属等物质的味道

鱼肉中发现的香成分主要包含柠檬烯、α-金合欢烯、反式-β-金合欢烯、石竹烯、丁醇、戊醇、1-戊烯-3-醇、反-2-戊烯醇、己醇、顺-3-己烯醇、2-甲基己醇、2-乙基己醇、庚醇、1-庚烯-4-醇、辛醇、3-辛醇、1-辛烯-3-醇、反-2-辛烯-1-醇、2-甲基-3-辛醇、壬醇、1-壬烯-3-醇、2-壬烯-1-醇、顺-3-壬烯-1-醇、十一醇、十二醇、苯甲醇、苯乙醇、雪松醇、桉叶油醇、反式橙花叔醇、戊醛、异戊醛、己醛、2-己烯醛、2,4-己二烯醛、庚醛、反-2-庚烯醛、反,反-2,4-庚二烯醛、辛醛、2-辛烯醛、反-2-辛烯醛、2,4-辛二烯醛、壬醛、反-2-壬烯醛、反,反-2,4-壬二烯醛、反,反-2,6-壬二烯醛、癸醛、2-癸烯醛、反-2-癸烯醛、顺-4-癸烯醛、反-4-癸烯醛、反,反-2,4-癸二烯醛、十一醛、2-十一烯醛、月桂醛、十三醛、肉豆蔻醛、十五醛、苯甲醛、苯乙醛、3-乙基苯甲醛、4-丙基苯甲醛、肉桂醛、6-甲基-5-庚烯-2-酮、2-丁酮、2,3-丁二酮、3-羟基-2-丁酮、2-戊酮、2-甲基-3-戊酮、3-辛酮、3-辛烯-2-酮、2,3-辛二酮、2,5-辛二酮、3,5-辛二烯-2-酮、2-壬酮、2-十一酮、2-十一烯酮、苯乙酮、乙酸、月桂酸、豆蔻酸、十五酸、棕榈酸、苯甲酸、甲酸乙酯、甲酸辛酯、乙酸乙酯、己酸乙酯、己酸乙烯酯、丁内酯、2-甲基四氢呋喃-3-酮、2,3,5,6-四甲基吡嗪、苯并噻唑、2-巯基-4-苯基噻唑、吲哚等。

蟹中发现的香成分主要包含柠檬烯、丁醇、戊醇、2-戊醇、1-戊烯-3-醇、己醇、辛醇、1-辛烯-3-醇、3-癸烯醇、2-乙基癸醇、2-丙基癸醇、2-丁烯醛、2-甲基丁醛、3-甲基丁醛、2-甲基-2-丁烯醛、戊醛、4-甲基-3-戊烯醛、己醛、2-己烯醛、庚醛、4-庚烯醛、辛醛、壬醛、癸醛、2,4-癸二烯醛、苯甲醛、4-乙基苯甲醛、3-甲基-2-噻吩甲醛、苯乙醛、糠醛、丙酮、2-丁酮、1-羟基-2-丙酮、3-羟基-2-丁酮、3-戊酮、1-戊烯-3-酮、2-庚酮、6-甲基-2-庚酮、6-甲基-5-庚烯-2-酮、2-辛酮、3,5-辛二烯-2-酮、2-甲基-3-辛酮、2-壬酮、2-癸酮、苯乙酮、乙酸丁酯、愈创木酚、2-乙基呋喃、2-丁基呋喃、2-戊基呋喃、2-(2-戊烯基)呋喃、2-己基呋喃、2-庚基呋喃、2-甲基呋喃酮、三甲胺、吡嗪、甲基吡嗪、2,3-二甲基吡嗪、2,5-二甲基吡嗪、三甲基吡嗪、2-乙烯基-6-甲基吡嗪、3-乙基-2,5-二甲基吡嗪、吡啶、2-乙基吡啶、2-戊基吡啶、吡咯、二甲基硫醚、2-甲基噻吩、2-乙酰基噻唑、三甲胺等。

　　虾中发现的香成分主要包含 D-柠檬烯、丁醇、戊醇、1-戊烯-3-醇、顺-2-戊烯醇、2-乙基己醇、1-辛烯-3-醇、反-2-辛烯-1-醇、壬醇、2-壬醇、苯乙醇、D-薄荷醇、柏木醇、2-甲基丁醛、3-甲基丁醛、戊醛、2-甲基-2-戊烯醛、己醛、庚醛、顺-4-庚烯醛、辛醛、壬醛、癸醛、苯甲醛、2-丁酮、2-戊酮、1-戊烯-3-酮、3-戊烯-2-酮、2,3-戊二酮、6-甲基-5-庚烯-2-酮、3-辛酮、6-辛烯-2-酮、顺,反-3,5-辛二烯-2-酮、反,反-3,3-辛二烯-2-酮、2-壬酮、2-十一酮、苯乙酮、2-茨酮、茶香酮、香叶基丙酮、乙酸、乙酸甲酯、乙酸乙酯、乙酸丁酯、丁酸丁酯、3-甲基-丁基乙酸酯、庚酸乙酯、棕榈酸乙酯、水杨酸甲酯、2-乙基呋喃、2-戊基呋喃、2,5-二甲基吡嗪、2-乙基-3-甲基吡嗪、三甲基吡嗪、四甲基吡嗪、吡啶、二氧化硫、甲硫醇、二甲基硫醚、二甲基三硫醚、2-乙酰基噻唑、4,5-二甲基噻唑、苯并噻唑、三甲胺、N,N-二甲基甲酰胺等。

　　表4-10、表4-11、表4-12是常用的几款海鲜香精配方。

表4-10　鱼肉香精配方（1）

序号	化合物名称	添加比例
1	苄醇	15
2	2,6-二甲氧基苯酚	10
3	异戊醛	5
4	2-辛酮	5
5	2-乙酰基呋喃	150
6	4-乙基愈创木酚	150
7	2-甲基-3-呋喃硫醇	0.5
8	1,4-二噻烷	1.5

　　海鲜香精的制备方法与其他肉味香精类似，各种鱼肉或海鲜的肉酶解后进行热反应，再经过调香，是现在制备海鲜香精最常用的方法。酶解一般控制在中性条件下进行，温度一般在45~50℃，酶解时间为3~5 h，常用的酶有木瓜蛋白酶、中性蛋白酶和复合风味蛋白酶等。热反应可以在常压回流或密闭加压下进行，一般控制温度在115~125℃，时间0.5~1.5 h。

表4-11 鱼肉香精配方（2）

序号	化合物名称	添加比例
1	二甲基一硫醚	0.9
2	乙基麦芽酚	0.6
3	5-甲基糠醛	0.9
4	异戊酸	0.5
5	3-甲硫基丙醛	1.5
6	3-甲硫基丙醇	0.3
7	癸酸	0.3
8	十二烷基酮	0.6
9	甲基甲硫基吡嗪	0.3
10	反-2-庚烯醛	1.5
11	2-甲基-3-巯基呋喃	1.5

利用表4-11配方生产的鱼肉香精具有腥味、生青味、花香，鱼肉味不明显，建议补充2,5-二甲基-2,5-二羟基-1,4-二噻烷等香料。

表4-12 虾蟹香精配方

序号	化合物名称	添加比例
1	1-辛烯-3-醇	10
2	苄醇	15
3	异戊醛	5
4	2-乙酰基呋喃	10
5	四氢吡咯	1
6	2-甲基吡嗪	1
7	三甲基吡嗪	10
8	4,5-二甲基噻唑	4.5
9	2-甲基-3-巯基呋喃	2.5

利用表4-12配方生产的虾蟹香精具有刺激性的气味、牛肉味、芥末味、腥味、韭菜馅味、塑料味。

四、辛香型食用香精

辛香类物质一般为一些醛、酮，以及脂肪酸、醇、酯、烷烃、烯烃和杂环等有机化学物质，会散发特有的香气，属于食品中的香味物质。辛香型食用香精有花椒、茴香、姜、蒜、辣椒等，较常用于加香中。

(一) 花椒精油

花椒精油（Chinese prickly ash oil）是从花椒果壳中提取出来的具有天然麻辣味的稠膏状流体，作为工业（医药、食品、军事等）加工辅料使用。而花椒油一般被认为是一种复合调味油，以花椒风味为基调，由多种调味品调和而成，和花椒精油不是同一种物质。

高纯度、高浓度的花椒精油浓缩品，具有香气浓郁、麻味醇正、使用方便等特点，既可作为食品添加剂和调味品使用，又是医药、化工不可或缺的高价值原料；加热至45 ℃以上为黄绿色液体，又叫花椒树脂，是含有多种成分的混合物。花椒精油中的主要香气成分见表4-13。

表4-13　花椒精油配方

序号	化合物名称	添加比例
1	β-水芹烯	24.30
2	4-羟基-3,5-二甲氧基苯乙酮	17.30
3	4-(4-甲氧苯基)-2-丁酮	7.61
4	土青木香	6.94
5	月桂烯	6.38
6	缬草妇醇	3.32
7	芳樟醇	1.08
8	乙酸芳樟醇	1.02
9	叶油醇	0.95
10	苯乙酸甲酯	0.88
11	(E,E)-2,4-庚二烯醛	0.87

花椒精油是花椒香气的主要有效成分，每千克精油相当于60~100 kg原料花椒所具有的香气程度，可直接或稀释后用于调制产生花椒的特有香气，是食品加工企业和香料行业理想的调香原料。

目前花椒精油的提取方法已经有很多种，常见的有水蒸气蒸馏法、有机溶剂萃取法、超声辅助萃取法、超临界萃取法等。这些方法得到的花椒精油主成分虽然大致相同，但不同方法提取精油的效率、香气和香味成分、各化学物质含量具有一定差异。

(二) 大蒜香精

我国是世界上产量最大和地位最重要的大蒜生产国与出口国，主要产区集中在山东和河南两地，据不完全数据统计，两省份年产量约 200 万 t。但是相对于高产量的种植现状，国内大蒜深加工规模较小、程度较低，主要出口初级产品和原料性产品，产品在国际市场缺乏竞争力，因此应加快大蒜深加工开发，使大蒜产业向精细化和高附加值方向发展。

国内大蒜油萃取主要采取传统水蒸气蒸馏法，是以优质麻油作溶剂、提取大蒜素而制成，其制备包括筛选、浸泡、去皮、打浆、液化、恒温、离心、蒸馏、过滤等多道工序。该法工序繁杂，而且需适当温度，极其容易损失有效的活性成分。国内开发的超临界 CO_2 萃取大蒜油的技术，已经取得突破，可以实现工业化生产。具体工艺过程为：在一个具有冷却器、预加热器和加热器的系统中，将一定量大蒜装入萃取器中，然后开启二氧化碳钢瓶，二氧化碳由加压泵抽出，经过预加热器加热到所需温度后进入萃取器，萃取后物质经过分离器分离。经过研究发现适宜的萃取压力为 16 MPa，萃取温度为 35 ℃，最佳萃取时间为 3 h。

一般萃取后的大蒜油，制备成胶丸剂供应市场，在制备成胶丸过程中可以添加多种维生素、矿物质离子、烟酸等，既起到保护大蒜油稳定性的效果，又使得胶丸营养更丰富，起到良好的保健作用。提取大蒜油后的大蒜颗粒中其他的营养成分不受破坏，均能很好地保存下来，可以用于制备大蒜精或粉。

大蒜精油的配方举例见表 4-14。

表 4-14　大蒜精油配方

序号	化合物名称	添加比例
1	二烯丙基二硫醚	32.03
2	烯丙基甲基二硫醚	26.79
3	烯丙基甲基三硫醚	25.33
4	3-乙烯基-3,6-二氢二噻英	5.24
5	1,2-二硫戊烷	4.35
6	邻苯二甲酸二丁酯	1.06
7	3,5-二乙基-2-甲基-吡嗪	0.98
8	反-2-己烯醛	0.68
9	4-异丙基苯甲醛	0.65

大蒜香精的主香剂是大蒜油、大蒜油树脂、二烯丙基硫醚，其他常用的香料有二烯丙基硫醚、苄硫醇、丁硫醚、糠硫醇、甲硫醇、3-甲硫基丙酸甲酯、二糠基二硫醚、甲基糠基硫醚、异丙基糠基硫醚、硫代乙酸糠酯、甲基丙基二硫醚、二丙基二硫醚、2-甲基硫代苯酚、烯丙基甲基三硫醚、环戊硫醇、二

烯丙基三硫醚、二甲基三硫醚、二丙基三硫醚、硫代乙酸乙酯、甲基丙基三硫醚、硫代丁酸甲酯、异硫氰酸-3-甲硫基丙酯、硫代丙酸烯丙酯、硫代丙酸糠酯、1-戊烯-3-酮、硫代乙酸丙酯、3-甲硫基-1-己醇、2,3-丁二硫醇、1-丁硫醇、反-2-丁烯酸乙酯、2-巯基-3-丁醇、苯硫酚、3-(糠硫醇)丙酸乙酯、2-甲基-2-丁酸甲硫酯、甲基乙基硫醚等。大蒜香精配方举例见表4-15。

表4-15　大蒜香精配方

序号	化合物名称	添加比例
1	大蒜油	10.0
2	二烯丙基硫醚	0.6
3	二烯丙基二硫醚	1.5
4	烯丙基甲基二硫醚	0.8
5	二丙基二硫醚	0.5
6	丙硫醇	0.2
7	2,3-丁二硫醇	0.1

（三）生姜香精

姜经过水蒸气蒸馏可制得姜油，姜油具有姜的特征香味，在调香中使用很方便，不足之处是缺少姜的辛辣味。姜用挥发性溶剂萃取，然后除去溶剂得到生姜油树脂，生姜油树脂具有生姜特有的香味和辛辣味。常用的溶剂为超临界二氧化碳、乙醇、丙酮、二氯甲烷、三氯甲烷等。

已经检测出的姜的香成分有100多种，主要包含对伞花烃、α-姜烯、α-姜黄烯、α-蒎烯、α-水芹烯、α-松油烯、α-檀香烯、α-古芸香烯、α-倍半水芹烯、β-蒎烯、β-水芹烯、β-月桂烯、β-古芸香烯、β-榄香烯、β-姜烯、β-水芹烯、β-石竹烯、β-金合欢烯、β-红没药烯、γ-松油烯、γ-榄香烯、莰烯、依兰烯、苧烯、α-香柠檬烯、δ-杜松烯、三环萜烯、崖柏烯、桧烯、罗勒烯、2-丁醇、2-甲基3-丁烯-2-醇、2-庚醇、2-壬醇、香茅醇、香叶醇、橙花醇、橙花叔醇、玫瑰醇、α-金合欢醇、芳樟醇、龙脑、异龙脑、α-松油醇、α-桉叶醇、β-桉叶醇、γ-松油醇、顺式香芹醇、反式香芹醇、异胡薄荷醇、榄香醇、α-红没药醇、桉叶油素、丁醛、2-甲基丁醛、戊醛、异戊醛、己醛、反-2-己烯醛、辛醛、壬醛、癸醛、十一醛、香茅醛、橙花醛、香叶醛、桃金娘烯醛、顺式柠檬醛、2-己酮、2-庚酮、6-甲基-5-庚烯-3-酮、2-壬酮、2-十一酮、樟脑、龙脑、香芹酮、乙酸、己酸、辛月桂酸、乙酸乙酯、乙酸2-庚酯、乙酸2-壬酯、乙酸香茅酯、乙酸香叶酯、乙酸松油酯、乙酸芳樟酯、乙酸龙脑酯、乙酸薄荷酯、异龙脑酯、姜辣素、姜酮、异丁香酚、姜烯酚、二氢姜酚、六氢姜黄素、玫瑰呋喃、环氧玫瑰呋喃等。

生姜香精中常用姜油、生姜油树脂作主香剂,其他常用的香料有丁香油、乙酸龙脑酯、α-姜烯、β-姜烯、八乙酸蔗糖酯、月桂酸对甲苯酯、姜酮、对异丙基苄醇、菝葜浸液、加州胡椒树油、月桂酸对甲苯酯、4-羟基-3-甲氧基苄基-8-甲基-6-壬烯酰胺等。生姜香精配方举例见表4-16、表4-17。

表4-16　生姜香精配方(1)

序号	化合物名称	添加比例
1	姜油	20
2	丁香油	1
3	柠檬油	0.5
4	乙酸乙酯	7.2
5	丁酸戊酯	4

表4-17　生姜香精配方(2)

序号	化合物名称	添加比例
1	姜油	150
2	辣椒油树脂	20
3	姜油树脂	100
4	柠檬油	25

(四)八角茴香香精

八角茴香亦称大茴香、大料,木兰科八角属,常绿乔木,我国主产于广西、广东、贵州、云南等地,世界上其他国家和地区也在积极引种。水蒸气蒸馏八角茴香果实,得八角茴香油。蒸馏成熟干果实,出油率为8%~12%;鲜果实出油率为2%~3%。

八角茴香油的提取方法有水蒸气蒸馏法和超临界CO_2萃取法,因为成本和工艺原因,工业上以水蒸气蒸馏法使用居多。

(1)水蒸气蒸馏法。各种食用香料植物中精油成分的沸点(包括八角茴香油的沸点)为150~300℃,将香料植物的含香部分如根、茎、叶、花、果、籽、树皮等适当粉碎后,均匀装在蒸馏锅中,与水蒸气接触时,从茴香油细胞和组织中渗出的精油和水分形成多相、多组分系的混合物。八角茴香油是与水不相混合的两相混合物,互不相溶混合物的蒸气全压等于各个组分蒸气压的总和。因此,在八角茴香油的蒸气压和水的蒸气压之和等于蒸馏锅内压力的情况下,在低于100℃的温度下,八角茴香油就能与水蒸气一起被蒸馏出来,这就是蒸馏法提取茴香精油的基本原理，也是蒸馏法能在比较低的温度下将精油提取出来的原因。八角茴香原料置于精油蒸馏仪中，加水蒸馏 5 h，用水蒸气将油蒸出，通过冷凝、油水分离得到八角茴香精油，得率 7.5%。

（2）超临界 CO_2 萃取法。该方法相对于水蒸气蒸馏法，提取产物具有更多的风味和滋味化合物和更高的品质，但萃取成本也远远高出水蒸气蒸馏法。具体的操作方法为：准确称取 250 g 八角茴香原料，装入萃取罐中，通入 CO_2，在压力 16 MPa、温度 35 ℃、反应时间 2 h、CO_2 流量 30 L/h 条件下，对八角茴香进行连续萃取，萃取物进入分离罐进行分离，CO_2 气化后循环使萃取物从分离罐底部放出，得率 10.5%。表 4-18 为八角茴香精油配方。

表 4-18　八角茴香精油配方

序号	化合物名称	添加比例
1	反式茴香脑	82.77
2	柠檬烯	5.36
3	草蒿脑	2.46
4	β-石竹烯	1.02
5	α-香柠檬烯	0.99
6	3-蒈烯	0.56
7	β-雪松烯	0.49
8	茴香醛	0.35
9	异石竹烯	0.26
10	芳樟醇	0.11
11	香叶醇	0.09

五、蔬菜香型食用香精

蔬菜香味的形成与水果完全不同，因为蔬菜没有水果那样的成熟期。虽然有些蔬菜在生长时能产生部分香味，但是大部分蔬菜的特征香味是在细胞破裂时产生的。如刀切洋葱或咀嚼蔬菜时使细胞破裂后，香味前体物和细胞中的酶相互混合，在酶的作用下产生挥发性香味物质。在细胞破裂之前就产生香味的蔬菜有芹菜（含有苯并呋喃酮和芹子烯）、芦笋（含有 1,2-二硫戊环-4-羧酸）和柿子椒（含有 2-甲基-3-异丁基吡嗪）。

（一）黄瓜香精

黄瓜的香成分主要包含反,顺-2,6-壬二烯-1-醇、乙醛、丙醛、己醛、反-2-己烯醛、顺-3-己烯醛、壬醛、反-2-壬烯醛、反,顺-2,6-壬二烯醛、丙酮、2-甲氧基-3-异丙基吡嗪、2-甲氧基-3-丁基吡嗪等。

黄瓜香精的特征性香料成分是反,顺-2,6-壬二烯醛、反-2-壬烯醛和反,顺-2,6-壬二烯-1-醇。黄瓜香精中还包含以下常用的香料成分。①醇：1-戊烯-3-醇、叶醇、香叶醇、反-2-壬烯-1-醇、顺-6-壬烯-醇、2,4-壬二烯-1-醇、反-3-顺-6-壬二烯-1醇；②醛：乙醛、丙醛、己醛、反-2-己烯醛、2-辛烯醛、壬醛、2-壬烯醛、顺-6-壬烯醛、反,反-2,6-壬二烯醛、2,4-十一碳二烯醛、甜瓜醛、α-戊基肉桂醛、α-己基肉桂醛、柠檬醛；③酮：3-甲基-5-丙基-2-环己烯-1-酮、3-癸烯-2-酮；④酯：乙酸乙酯、乙酸丁酯、乙酸叶醇酯、顺,反-2,6-壬二烯-1-醇乙酸酯、丙酸叶醇酯、丁酸乙酯、异丁酸肉桂酯、2-甲基戊酸乙酯、顺-3-己烯醇甲酸酯、丙二酸二乙酯、丁二酸二乙酯、苯甲酸叶醇酯、苯乙酸顺-3-己烯酯；⑤其他香料：1,3,5-十一碳三烯、2,6-壬二烯醛二乙缩醛、1-己硫醇。黄瓜香精的配方见表4-19。

表4-19 黄瓜香精配方

序号	化合物名称	添加比例
1	叶醇	2.5
2	香叶醇	2
3	己醛	1.5
4	反-2-己烯醛	1
5	壬醛	1
6	反,顺-2,6-壬二烯醛	0.25
7	α-戊基肉桂醛	2.5
8	柠檬醛	0.5
9	乙酸丁酯	2.5
10	丁酸乙酯	0.5
11	乙酸叶醇酯	1
12	丙酸叶醇酯	1.5

（二）番茄香精

番茄是保健蔬菜之一，番茄汤具有防癌功效。番茄香精的特征性香料成分是顺-3-己烯醛、顺-4-庚烯醛和2-异丁基噻唑。另外，β-紫罗兰酮、己醛、β-大马酮、1-戊烯-3-酮和异戊醛等香料对于番茄香味也特别重要。番茄酱的香味主要归因于二甲基硫醚、β-大马酮、β-紫罗兰酮、顺-3-己烯醛和己醛。

番茄香精中还包含以下常用的香料成分。①醇：异丁醇、异戊醇、1-戊烯-3-醇、己醇、顺-2-己烯-1-醇、顺-3-己烯-1-醇、1-辛烯-3-醇、3-辛烯-2-醇、顺-6-壬烯-1-醇、香叶醇、香茅醇、芳樟醇、α-松油醇；②醛：乙醛、异戊醛、2-戊烯醛、4-甲基-2-戊烯醛、2-苯基-4-戊烯醛、己醛、反-2-己烯醛、顺-2-己烯醛、反-2-反-4-己二烯醛、反,反-2,4-壬二烯醛、反-2,4-癸二烯醛、苯甲醛、苯乙醛、大茴香醛、洋茉莉醛；③酮：3-羟基-2-丁酮、2,3-戊二酮、3-甲基-2-(2-戊烯基)-2-环戊烯-1-酮、2-甲基-2-庚烯-6-酮、2-壬酮、β-紫罗兰酮、香叶基丙酮、反-2-(3,7-二甲基-2,6-辛二烯基) 环戊酮；④酸：丙酸、丁酸、辛酸、3-己烯酸；⑤酯：乙酸丙酯、乙酸α-异甲基紫罗兰酯、乙酸反-2-辛烯-1-酯、顺,反-2,6-壬二烯-1-醇乙酸酯、丙酸香茅酯、丁酸松油酯、乳酸顺-3-己烯酯；⑥含硫香料：1-己硫醇、3-甲硫基丙醛、3-甲硫基丁醛、4-甲硫基-2-丁酮、3-甲硫基-1-己醇、3-甲硫基丙酸甲酯、二甲基硫醚、甲基乙基硫醚、甲基丙基二硫醚、甲基苄基二硫醚、甲基 (2-甲基-3-呋喃基) 二硫醚；⑦杂环香料：N-糠基吡咯、2-异丁基噻唑、2-异丙基-4-甲基噻唑、4-甲基噻唑、苯并噻唑、2,3-二乙基-5-甲基吡嗪、2-异丙基-3-甲氧基吡嗪、2,5-二羟基-1,4-二噻烷；⑧酚：香兰素、乙基香兰素、麦芽酚、乙基麦芽酚；⑨其他香料：金盏花净油、丙酮丙二醇缩酮、4-庚烯醛二乙缩醛。番茄香精的配方见表4-20。

表4-20 番茄香精配方

序号	化合物名称	添加比例
1	异戊醛	0.05
2	异戊醇	0.05
3	己醛	0.05
4	反-2-己烯醛	0.05
5	叶醇	0.1
6	异戊酸	1.0
7	3-甲硫基丙醛	0.05
8	3-甲硫基丙醇	0.05
9	甲基庚烯酮	1
10	2-异丁基噻唑	0.025
11	芳樟醇	0.05
12	丁香酚	0.1

序号	化合物名称	添加比例
13	突厥烯酮 2 号	0.1
14	β-紫罗兰酮	0.5
15	二甲基硫醚	0.1
16	α-松油醇	0.1
17	乙酸	0.1

（三）蘑菇香精

蘑菇是国际公认的保健蔬菜之一，蘑菇汤能增强人体的免疫功能。蘑菇的香成分主要包含莰烯、石竹烯、辛烯、2-甲基-1-丁醇、3-甲基丁醇、正戊醇、己醇、1-庚烯-3-醇、2-庚烯-4-醇、3-辛醇、2-壬烯-1-醇、环辛醇、3-辛酮、1-辛烯-3-醇、2,4-癸二烯醛、糠醛、大茴香醛、3-甲基环戊酮、1-辛烯-3-酮、己酸、十五酸、棕榈酸、亚油酸、9-十八碳烯酸、α-羟基庚酸、肉桂酸甲酯、大茴香酸甲酯、1,2,4,6-四硫杂环庚烷、香菇素、棕榈酸乙酯、亚油酸乙酯、2-戊基呋喃、二甲基二硫醚、二甲基三硫醚、二甲基四硫醚、硫氰酸苯乙酯、异硫氰酸苄酯、3-甲基噻吩、三乙胺、苯乙胺、乙酰胺、对甲基亚硝氨基苯甲醛、2-甲基吡嗪、2,3-二甲基吡嗪、2,5-二甲基吡嗪、2,6-二甲基吡嗪、三甲基吡嗪、四甲基吡嗪、2-乙基-5-甲基吡嗪、2-乙基-2,5-二甲基吡嗪、2-乙基-3,5,6-三甲基吡嗪等。

蘑菇香精的主香剂是1-辛烯-3-醇、1-辛烯-3-酮和香菇素。蘑菇香精中还包含以下常用的香料。①醇：2-庚烯-4-醇、庚烯-3-醇、3-辛醇；②醚：甲基苯乙醚、苄基乙醚、二苄醚；③醛：2-癸烯醛、反-2-顺-6-十二碳二烯醛、糠醛、大茴香醛；④酮：1-羟基-2-丁酮、3-庚酮、2-辛酮、3-辛酮、3-羟甲基-2-辛酮、3-辛烯-2-酮、2,3-十一碳二酮、2-十三酮、戊基糠基酮；⑤酸：己酸、2-羟基庚酸、9-癸烯酸；⑥酯：乙酸-1-辛烯-3-酯、乙酸石竹烯酯、丙胺丁酯、2-甲基丁酸辛酯、反-2-甲基-2-丁烯酸苄酯、辛酸壬酯、辛酸苯乙酯、苯甲酸肉桂酯、肉桂酸甲酯、茴香酸甲酯、糠酸甲酯、糠酸辛酯、3-甲硫基丁酸乙酯、γ-十二烯-6-内酯；⑦含氮香料：三乙胺、苯乙胺、2-乙酰基吡咯、2-甲氧基-3-（1-甲基丙基）吡嗪；⑧含硫香料：3-甲硫基-1-己醇、2-甲基-5-甲硫基呋喃、4-甲硫基-2-丁酮、二糠基硫醚、1,4-二噻烷；⑨其他香料：2,5-二甲基-4-甲氧基-3(2H)-呋喃酮等。蘑菇香精的配方见表4-21。

表4-21　蘑菇香精配方

序号	化合物名称	添加比例
1	1-辛烯-3-醇	35
2	己酸	2
3	苯乙醇	5.5
4	乙酸芳樟醇	1
5	1-辛烯-3-酮	20
6	芳樟醇	0.5
7	苯甲醛	1.5

（四）土豆香精

土豆的香成分受加工工艺的影响较大。生土豆的香成分主要包含1-辛烯-3-醇、戊醛、己醛、2-辛烯醛、苯乙醛、2-戊酮、2-庚烯酮、2-甲氧基-3-乙基吡嗪、2-甲氧基-3-异丙基吡嗪、2-甲氧基-3-丁基吡嗪、2-甲氧基-3-异丁基吡嗪。

烤土豆中含有大量的吡嗪类化合物，主要包含2-甲基吡嗪、3-甲基-2-乙基吡嗪、5-甲基-2-乙基吡嗪、6-甲基-2-乙基吡嗪、2-甲基-5-乙烯基吡嗪、2-甲基-6-乙烯基吡嗪、3-甲基-2-异丁基吡嗪、5-甲基-2-异戊基吡嗪、甲基乙基异丁基吡嗪、5-甲基-2,3-二乙基吡嗪、3-甲基2,5-二乙基吡嗪、3-甲基-2,6-二乙基吡嗪、3-甲基-2-异丁基吡嗪、3-甲基-2-异丁烯基吡嗪、2,3-二甲基吡嗪、2,5-二甲基吡嗪、2,6-二甲基吡嗪、2,5-二甲基-3-乙烯基吡嗪、3,5-二甲基-2-乙基吡嗪、3,6-二甲基-2-乙基吡嗪、2,5-二甲基-6-异丙基吡嗪、3,6-二甲基-2-异丁基吡嗪、二甲基异丁烯基吡嗪、3,6-二甲基-2-异戊基吡嗪、三甲基吡嗪、3,5,6-三甲基-2-乙基吡嗪、2-乙基吡嗪、2,5-二乙基吡嗪、2,6-二乙基吡嗪、三乙基吡嗪等。

煮土豆的香味主要是由氨基酸和还原糖的热反应，以及块茎中存在的油脂的自动氧化作用产生的。主要包括下列化合物：乙醇、丙醇、丁醇、2-甲基丁醇、己醇、1-辛烯-3-醇、反-2-辛烯醇、苯甲醇、香叶醇、芳樟醇、橙花醇、α-松油醇、乙醛、丙醛、3-甲硫基丙醛、丙烯醛、2-甲基丁醛、3-甲基丁醛、2-丁烯醛、戊醛、异戊醛、己醛、庚醛、辛醛、反-2-辛烯醛、壬醛、2-壬烯醛、2,4,6-壬三烯醛、2,4-癸二烯醛、2-癸烯醛、2-十一烯醛、苯甲醛、苯乙醛、丙酮、2-丁酮、丁二酮、2-戊酮、2-己酮、2-庚酮、2-辛酮、2-壬酮、反-2-壬烯酮、2-癸酮、水杨酸甲酯、硫化氢、甲硫醇、乙硫醇、丙硫醇、2-丙硫醇、叔丁硫醇、二甲基硫醚、甲基乙基硫醚、甲基丙基硫醚、二乙基硫醚、甲基丙基硫醚、二甲基二硫醚、甲基乙基二硫醚、甲基丙基二硫醚、甲基异丙基二硫醚、3,5-二甲基-1,2,4-三硫杂环戊烷、呋喃、2-戊基呋喃、三甲基噻唑、2-乙酰基噻唑、苯并噻唑、2,3-二甲基吡嗪、2-甲氧基-3-乙基吡嗪、2-甲氧基-3-异丙基吡嗪等。

新鲜炸土豆片的香气与所用的油脂有很大关系，主要由戊醛、己醛、2-己烯醛、庚醛、2-庚烯醛、辛醛、2-辛烯醛等化合物提供。

土豆香精的主香剂是3-甲硫基丙醛、甲基丙基硫醚和2-异丙基-3-甲氧基吡嗪。土豆香精还包含以下常用的香料成分。①醇：顺-2-己烯-1-醇、1-辛烯-3-醇；②醛：2,4-癸二烯醛、2-十一烯醛；③酮：3-辛烯-2-酮；④缩羰基香料：3-氧代丁醛二甲缩醛、丙酮丙二醇缩酮；⑤杂环香料：2-庚基呋喃、2-乙酰基呋喃、三甲基噻唑、4-甲基-5-乙烯基噻唑、苯并噻唑、2-乙酰基噻唑、2,3-二甲基吡嗪、2,5-二甲基吡嗪、2,6-二甲基吡嗪、2,3,5-三甲基吡嗪、2-乙基吡嗪、2-乙基-3,5(或6)-二甲基吡嗪、2-甲基-5-乙基吡嗪、2-甲基-3-乙基吡嗪、5-甲基-2-乙基吡嗪、2,3-二乙基吡嗪、2,3-二乙基-5-甲基吡嗪、2-甲基-3,5(或6)-甲硫基吡嗪、2-异丁基-3-甲氧基吡嗪、2-乙酰基-3-乙基吡嗪、2-甲氧基-3-(1-甲基丙基)吡嗪；⑥含硫香料：甲基乙基硫醚、2-甲硫基乙醛、3-甲硫基丙醛、3-甲硫基丁醛、4-甲硫基-2-丁酮、二甲基二硫醚、甲基丙基二硫醚、甲基糠基二硫醚、二糠基二硫醚、D-L-(3-氨基-3-羧丙基)二甲基氯化硫；⑦其他香料：麦芽酚、2,5-二甲基-4-甲氧基-3(2H)-呋喃酮。土豆香精的配方见表4-22。

表4-22　土豆香精配方

序号	化合物名称	添加比例
1	2-乙基-3-甲基吡嗪	0.2
2	丁二醇	0.2
3	2-乙酰基-3-乙基吡嗪	1.0
4	糠醛	0.2
5	3-甲硫基丙醛	2

参考文献

[1] 林翔云. 三值理论在日化调香实践中的应用［J］. 日用化学品科学，2015，38（3）：4-8.

[2] 林翔云. 调香术［M］. 北京：化学工业出版社，2013.

[3] 肖作兵，牛云蔚，杨斌. 肉味香精研究进展［J］. 香料香精化妆品，2007（4）：27-30.

[4] 郑家伦, 李晨, 陆利霞, 等. 美拉德反应制备咸味香精研究进展 [J]. 中国调味品, 2016, 41 (12): 129-132.

[5] 于海艳, 杨剑, 张兴. 香精微胶囊制备技术新进展及其发展趋势分析 [J]. 食品与发酵工业, 2007, 33 (2): 108-113.

[6] 石如芳, 罗秋平, 黄锦密, 等. 微胶囊的制备及应用研究进展 [J]. 广州化工, 2022, 50 (14): 17-20.

[7] 邓晶晶, 彭姣凤. 纳米香精的制备和应用研究进展 [J]. 中国食品添加剂, 2014, 6 (3): 188-193.

[8] 肖作兵, 牛云蔚. 香精制备技术 [M]. 北京: 中国轻工业出版社, 2019.

[9] 孙宝国, 陈海涛. 食用调香术 [M]. 3 版. 北京: 化学工业出版社, 2017.

第五章　香料香精检测分析技术

　　香料香精行业是国民经济中科技含量高、配套性强、与其他行业关联度高的行业，其产品应用广泛。一旦香料香精的类型和含量改变，加香产品就不可避免地受到影响，这种变化极易使产品失去原有的风格。因此，为了保证产品质量，需要不断优化香料香精配方，以确保产品的味道和香气在加工储藏过程中没有改变。研究香料香精配方，自然离不开对香料香精的检测。此外，香料香精工业与人们的生活紧密相连，香料香精的质量与人们的身体健康关系极大，无论是食用香料还是食用香精，都要进行严格的质量检测。检测的项目一般包含感官评价、理化检测、化学分析和仪器分析四个方面。

第一节　感官评价

　　感官评价（sensory evaluation），又称感官分析（sensory analysis）或感官检验（sensory test）。在国际标准 ISO 5492 中，感官评价的定义为"Science involved with the assessment of the organoleptic attributes of a product by the senses"，即用感觉器官评价产品感官特性的科学。感官评价是用于唤起、测量、分析和解释通过视觉、触觉、嗅觉、味觉及听觉感知到的食品及其他物质特性或性质的一门科学。

　　虽然近 20 多年来，分析仪器有了快速的发展，但对于许多风味物质，人类鼻子仍比当今的分析检测仪器更灵敏。如人的鼻子对香气感应是 10^{-7} μg/kg，人们能区别几千种气味，8 个分子就能激发一个嗅感神经元，40 个分子就能提供一种可辨认的感觉，而先进的色谱-质谱联用仪检测限仅大于 1 μg/kg。在大多数情况下，仪器分析技术的手段只是辅助验证的手段，一般要以感官评价为主体。感官评价是一种将人与产品、工厂与市场、产品与品牌、生存与享受紧密关联起来的分析技术。利用感官评价技术可以测得人感知的产品质量，了解人们对产品的功能需求和情感需求，并根据消费者对产品质量的满意度，针对性地进行产品设计、生产和营销。在应用上，感官评价很大程度上仍作为一种经验型技术而非科学分析型的技术。目前，感官评价已经成为食品、香料香精等众多行业进行新产品研发、原料替换、产品改善、质量控制、消费者调研等许多工作的重要手段之一。

一、感官分析检验方法

在本质上,感官评价可以说是基于感觉差别的一种心理测量。以"差别"为核心,常见的感官分析检验方法主要包括差别检验、标度和类别检验、描述分析检验、消费者接受性与偏爱性检验等。

(一) 差别检验

差别检验是感官分析中最常使用的一种方法,其目的是确定两种(或以上)产品之间是否存在感官差异或检验产品之间是否相似,主要用于产品成分在加工、处理等变化前后、储藏前后或储藏不同时段的比较,质量控制中产品与标准样品的比较,以及确定原料替换后的产品相似比较。对于检查结果的分析,均采用查表方式,找出对应的临界值,从而判断样品之间是否具有显著性差异。差别检验主要包括成对比较检验、三点检验、二/三点检验、五中取二检验、"A"-"非A"检验等方法,具体见表5-1。

表5-1 差别检验方法分类和对应的数据分析

方法名称	数据分析
成对比较检验(单边、双边)	查成对比较双(单)边检验表
三点检验	查三点检验表
二/三点检验	查二/三点检验表
五中取二检验	查五中取二检验表
"A"-"非A"检验	χ^2检验
差异对照检验	方差分析、t检验
简单差异检验	χ^2检验

在对差别检验进行改进前,首先需要明确消费者判断差异是否存在标准,以及他们所采用的标准是否一致。有研究报道,差别检验中判断差异是否存在,主要有两个标准:β-标准和τ-标准。β-标准是人判断某种特性存在的临界值,只有感受到的特征强度高于自己大脑设定的β-标准,才会认为该特性存在,否则不存在。τ-标准是人定义差异存在的一个差值,感受到的差异大小如果超过大脑设定的差值,就会判断有差异,否则不存在。

为了控制β-标准和τ-标准,目前常用的差别检验都属于强迫选择型,即强迫人做出差异判断。根据试验样品的组成不同,也将强迫型差别检验分为定向检验和非定向检验,具体见图5-1。

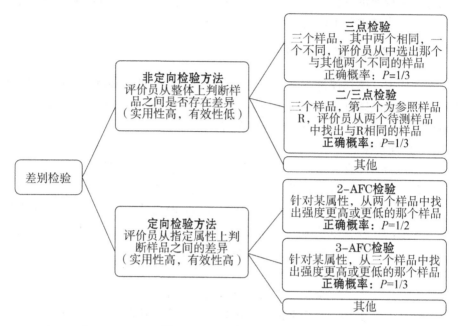

图 5-1　差别检验方法分类

（二）标度和类别检验

标度和类别检验，是指为了解产品感官特性的强弱、产品整体印象的好坏，而对产品的感官特性强度差异或质量特点进行判断的方法。其目的是估计差别的顺序或大小以及样品应归属的类别或等级。通常使用的方法包括排序法、标度法、评分法、分类法、评估法等，具体见表 5-2。

表 5-2　标度和类别检验方法分类和对应的数据分析

方法名称	特点	数据分析
排序法	将样品按照强度等级或者其他性质进行排序	Friedman 检验
标度法	评价员根据一定范围的标尺进行评判	χ^2 检验、方差分析、t 检验、回归分析
评分法	要求评价员把样品的品质特性以数字标度形式来品评的一种检验方法	方差分析、t 检验
分类法	评价员评定样品后，划出样品应属的预先定义的类别的评定方法	χ^2 检验
评估法	评价员在一个或多个指标的基础上，对一个或多个样品进行分类、排序的方法	回归分析

（三）描述分析检验

描述性分析可以为产品提供量化描述，可获得所有可感知的感觉，包括视觉、听觉、嗅觉、味觉和动觉等，当然评估也可以只针对某个方面进行。描述性分析的步骤是：建立感官特性描述词→确定感官特性顺序→确定参比性→评价感官特性强度→分析样品的协调性和整体性，主要用于新产品感官特性的说明、产品的比较、产品感官货架期的检验等方面，是由具有较高能力的评价小组进行的更加精细的感官分析。采用的方法主要包括风味剖面分析、质构剖面分析、定量描述分析、时间-强度描述分析、系列描述分析等。

（1）风味剖面分析（flavour profile method），属于定性描述分析方法。由4~6人组成的评价小组对一个产品能够被感知到的所有气味和风味，它们的强度、出现的顺序，以及余味进行描述、讨论，达成一致意见之后，由评价小组组长进行总结，并形成书面报告。其分析结果报告可以是描述图表，图形可以是扇形、半圆形、圆形和蜘蛛网形等。特点是灵敏性高，但参评人数少，个别人对结果的影响大。

（2）质构剖面分析（texture profile method），即对食品质地、结构体系从其机械、几何、表面特性、主体特性等方面进行感官分析，分析从开始咬食品到完全咀嚼食品所感受到的以上这些方面的存在程度和出现的顺序。各属性定义一般由评价小组商讨决定，各属性所采用参照样品标度则根据文献或国标确定。此外，在质地剖面时，所有评价员在培训和实际评价时所用样品均必须相同，包括样品准备、呈递顺序等。质地剖面分析已广泛应用于谷物面包、大米、饼干和肉类等多种食品的感官评定。该分析方法主要包括以下五个阶段：咀嚼前→咬第一口→咀嚼阶段→剩余阶段→吞咽阶段，特点是参比样品确定比较困难。

（3）定量描述分析（quantitative descriptive analysis，QDA），是在风味剖面分析和质地剖面分析的基础上，用统计学的方法对品评结果进行分析的方法。评价小组由10~12名经过筛选和培训的品评人员组成。该方法培训时间短，工作容易开展，通过统计结果能够弱化人为作用的影响，但不具有绝对可比性。该方法具有以下优势：建立对产品所有属性进行评价的词汇表，适用于所有产品，对评价员数量和培训都有严格要求，利用定量标度和重复试验，具有系统数据分析模型等。

（4）时间-强度描述分析，主要适用于感官性质的强度会随时间而发生变化的产品，对这类产品通常用感官性质的时间-强度曲线来进行分析说明。一般使用专门的仪器并借助计算机系统来完成试验。

（5）系列描述分析，其特征是使用"词典"的标准术语作为描述词汇，目的使结果更趋于一致。通过该方法得到的结果不会因为试验地点和试验时间的变化而改变。

(四) 消费者接受性与偏爱性检验

消费者接受性与偏爱性检验主要用于消费者对不同产品的喜好程度或偏好程度进行测量，一般包括接受性测试和偏爱性测试两大类。接受性测试是指对某个产品的喜好程度进行测量，而偏爱性测试是对某个产品相对于其他产品面对消费者所表现出的吸引力进行测量。消费者接受性与偏爱性检验中主要的技术方法包括排序偏爱检验、成对偏爱检验等。该方法结果直观简单，可以实现对不同消费对象和产品间的结果比较和进行进一步统计分析，广泛用于产品维护、产品改进或优化、新产品开发、市场潜力评价、产品分类研究和广告定位支持等方面，已经成为众多企业进行产品研发及市场调研的重要途径。

（1）排序偏爱检验，是采用排序法进行偏爱测试，由消费者按喜好程度对样品进行排序。一般情况下，对消费者进行偏爱测试时，样品数量不宜过多，一般为4~7个，否则消费者可能出现厌烦情绪。为了解消费者对产品的喜好程度，可采用标度的方法将消费者对产品的情感状态从不喜欢到喜欢的程度进行量化赋值。常用的标度有9点、7点、5点喜好标度，其中9点喜好标度是食品行业中进行食品接受性测试最常用的方法，同时也是在测量产品喜好度方面最有效的方法，对偏爱度进行排序也非常有效。9点喜好标度是从9个语义词中选出最能体现自己对产品喜好的描述，包括极喜欢、很喜欢、喜欢、有点喜欢、谈不上喜不喜欢、有点不喜欢、不喜欢、很不喜欢、极不喜欢。通常将"极不喜欢"赋值为1，然后依次增大，直到"极喜欢"赋值为9，常作为等距标度使用。

（2）成对偏爱检验，是第一个被用来进行消费者测试的感官分析方法，在市场研究方面得到了非常广泛和较好的应用。它要求评价员从两个随机编号的样品中选出一个更喜欢的样品，具有操作方法简单易行、信息量有限、不能给出偏爱程度等特点。

二、感官分析检验指标

一种香料或香精的优劣，除理化指标可判断外，其香气和香味只能靠人的感官评价。全部的原材料在用于调配香精前都要进行感官评价，全部配好的香精在送到客户之前也要进行感官检验，确保产品能够最终被接受。

为了能够准确地进行感官评价描述，对于香气强的原料或香味浓的最终产品评定时有以下要求：①被评定的原料必须稀释到适当浓度，避免使嗅觉和味觉无法接受；②在各种样品和各批样品评定之间必须留有一定的时间，以使感觉恢复；③重复评定应在另一时间以相反顺序进行，以消除任何遗留的影响。一般情况下，稀释程度将取决于最初样品的强度以及所选用的评定介质，例如，合成香料：将0.1 g（液体0.1 mL）溶于5 mL 5%乙醇，将0.02 mL溶液加入 100 mL 介质中。精油：将 0.25 mL 精油与 1 mL 95%乙醇混合，加0.05 mL 溶液至 100 mL（g）的介质中。油树脂：将 0.25 g 油树脂溶于 10 mL 90%乙醇中，摇匀，并使任何不溶物沉淀，将 0.5 mL 的上层清液加入 100 mL 介质中；另一方法是用一个合适的混合器将 0.25 g 油树脂分散于 100 g 盐内，取 0.5 g 混合物加入评定介质中尝味。香精：将 0.02 mL（如粉末香精，取 0.02 g）的香精溶于 50 mL（g）的评定介质中。

（一）香气评价

香气是香料香精的重要性能指标，通过香气的检验可以辨别其香气的浓淡、强弱、杂气，了解掺杂和变质的情况。香料香精香气的检验，主要是评价员采用与同种标准质量的香气香料相比较，从而评定样品与标准样品的香气是否相符。香气评价时的条件很重要，绝不能让其他香气干扰评价员的判断。评价员在评价香气时必须全神贯注，稍不留意，就会严重影响评香结果。评价香气首先要求以统一的、最好是标准的方式将样品暴露于鼻腔感受器，在整个评价香气过程中，四周温度和相对湿度应尽可能保持稳定。评价香气方式可以用两个鼻孔自然呼吸，也可以用一个鼻孔用力嗅闻。一般按下列方法之一向评价员出示样品：

（1）液体样品：用标准闻香纸（一般长 140~150 mm，宽 5~6 mm），不带任何其他气味。将嗅香纸浸入样品 1~2 cm 深，离鼻腔 2.5 cm 通过鼻孔吸气，每次 2~3 s，连续评价香气应有节奏。当评价两种香气时不能第一种用左鼻孔，另一种用右鼻孔。

（2）固体样品：可直接（或擦在清洁的手肤上）嗅香，也可选择适当的溶剂配成液体样品，然后按嗅液体样品方式进行。

（3）喷雾样品：用标准的嗅闻卡片，在标准距离按标准时间喷雾，以确保样品剂量均匀。

评价香气仅限于直接比较两个具有类似性质和强度的样品。不可用于两种以上的样品进行多重比较或无比较可能的样品，那样评价员必须靠记忆去区分所嗅闻的香气是什么。香气是不断变化的，一般评价香气应在如下间隔时间内进行：蘸后就闻，再分别隔 1 h、2 h、6 h 嗅闻一次，过夜之后或不少于 18 h 后再嗅闻一次。每一次间隔之间，闻香纸应在室温下夹在合适的夹子上，同其他闻香纸相互隔开，并远离高浓度杂气味。不用闻香纸的另一种方法是：将样品置于密封容器内，使样品蒸汽在评价香气前达到平衡。如果是液体、油树脂等，取 5 mL（g）置于一个 100 mL 的瓶口塞紧的容器内；如果是干燥的原料，将具有代表性的样品置于试验容器内，样品数量为容器总高度的 1/4。评价香气之前，容器在恒温（20~25 ℃）下至少静放 1 h。评价香气必须有控制地嗅闻，使吸进的为气相部分。在重复嗅闻之间必须使挥发性气体达到平衡，一般间隔 5 min 即可。胶囊香精的香气不能直接评价，常用以下操作：取 5 g 物料，加 25 mL 沸水，放在盖得不紧的容器内打旋，静放使之达到平衡，20 min 后温度降至 50 ℃时即可评价。

（二）香味评价

香味评价的条件比香气评价的要求更高，一般需要在专门的香味评定房间进行，为了获得有意义的结果，评价香味时必须集中注意力。研究表明，存在其他评价员，或者环境不安静，或评价员匆忙的状况，都将严重影响评价香味结果的精确性。如果没有专用的评定房间，那么最好能在房中腾出一块地方。此外，评价香味时还应谨慎对待下列状况：

（1）外来杂味。由于评价员使用香皂、香水和盥洗水等，因而常常随身携带异味。在评价香味前，所有评价员需使用未加香的肥皂或洗涤剂洗手，并停止使用有香气的化妆品。吸烟者更是异味的来源，因此强烈要求吸烟者必须在评价香味前至少 30 min 内不吸烟。

（2）光照条件。在整个评价香味阶段，评价员必须感觉舒适（但不能太舒适），光线太亮或太暗都将影响评判。利用特殊的有色灯可能会消除样品的各种颜色差异，但对评价员有抑制作用。是否需要消除无关特征，也需谨慎把握。即使最终产品有外表特征，也最好以原状评定。如果必要，应在评价香味前对评价员说明情况，然后决定哪些是有关的，哪些是无关的。

（3）用具。所有用具必须洗涤干净，没有异香或异味，最好用同样容器盛样品，用后可弃去的器具也应认真检查是否有异味。

（4）水。制备样品时要用饮用水，不用蒸馏水或软化水。由于城市供水中任何能被感知的味道对所有样品都是一样的，因而可忽略。

（5）试验条件。样品必须在同一条件、同一时间内做比较。提供给评价员的每个样品应有足够的量并处于适当的温度下，以便他们可以多次品尝，直至提出评价意见。样品是吞咽还是嚼后吐弃，由评价组组长决定。

（6）样品编号。全部样品必须可以随便拿取，并以任意的三位数标号以便区别。

（7）结果。在所有评价员结束评价之前，对于任何评定结果不得进行讨论。最可取的是评价员将结果写在预先发的纸上。

此外，对于在各种样品评味之间是否应当调整味觉的问题，人们看法不尽一致。如果评价最终样品，无须调整味觉；但假如评价香味强度高的香料香精，那么在每次结束后应当给以调整，使评价员的味觉复原。只有这样，才能充分发挥每个评价员的技能，这种技能只有始终一致地加以利用才能奏效。为了使评价员的味觉复原，可采用下列物料。①适用于大部分水果香精、食用香精和温和调味品的评价后：水（饮用水或充碳酸汽水）、无盐薄脆饼干、爆米花、新鲜面包（去掉硬壳的白面包）、脱脂乳和白脱奶。②适用于苦味、香味剧烈或有油性特征的或有后味的香精评价后：稀释白柠檬汁、苹果片和苹果汁（稍加糖的）。③适用于强烈而辛辣的香辛料评价后：天然酸牛奶、稀释糖浆（10%蔗糖）和土豆泥。

（三）色泽检验

色泽是香料香精重要的外观质量指标之一。香料色泽的鉴定是比较待测试样与标准比色液的色泽是否相符（液体试样），或在指定范围内确定试样是否达到质量标准（固体试样）。色泽检验的要求：通过观察待测样品的颜色是否与标准样品相符，从而从外观上确定待测样品是否符合质量标准。对液体标准样色泽的选择，除特殊的选用具有代表当前生产水平的产品作标准样外，一般采用无机盐配成标准色样供检验对比。为了得到准确的色泽情况，较为先进的方法是用比色仪或标准品进行比对。

标准比色液的配制：分别用移液管量取一定体积的重铬酸钾标准溶液，依次加入 17 个 100 mL 容量瓶中，以 2%硫酸水溶液稀释至刻度，即可得到从水白到橘黄的 17 个色标。标准比色液的颜色、色标号以及所需重铬酸钾标准溶液的体积和浓度见表 5-3。

色泽检测方法：①对固体香料，将试样置于洁净的白纸上，用目测法观察其色泽是否在指定范围内。②对液体香料，将试样与标准比色液分别置于相同规格的比色管中至同刻度处，沿垂直方向观察色泽。

表 5-3　标准比色液的配制

颜色	色标号	重铬酸钾标准溶液	
		体积/mL	浓度/（mg/mL）
水白	0	0	0.10
无色	1	2.3	0.10
	2	3.3	0.10
	3	5.0	0.10
浅柠檬黄	4	7.4	0.10
	5	11.0	0.10
淡柠檬黄	6	16.0	0.10
	7	23.0	0.10
柠檬黄	8	39.0	0.10
	9	48.0	0.10

续表

颜色	色标号	重铬酸钾标准溶液	
		体积/mL	浓度/（mg/mL）
深柠檬黄	10	71.0	0.10
	11	11.2	1.00
橘色	12	20.5	1.00
	13	32.2	1.00
黄橙	14	38.4	1.00
	15	51.5	1.00
橘黄	16	78.0	1.00

第二节　理化检测

香料的应用性能在很大程度上取决于其理化性质，通过理化性质的检测可以了解香料的质量和应用性能的好坏。香料的理化性质参数很多，主要包括相对密度、折光指数、旋光度、溶解度、熔点、冻点、沸程、蒸发后残留物含量、过氧化值、含酚量、酸值或含酸量、酯值或含酯量、羰值和羰基化合物含量等。

一、相对密度检测

相对密度（relative density）指一定温度（t℃）下，一定体积的香料质量与相同温度下同样体积的蒸馏水质量之比，用 d 表示。测定原理是在一定温度（t℃）下先后称量密度瓶内同体积的香料和水的质量。具体操作测定方法参照 GB/T 11540《香料 相对密度的测定》，结果按式（5-1）计算：

$$d=\frac{m_2-m_0}{m_1-m_0}$$

（5-1）

式中：m_0 为测得的空密度瓶的质量，g；m_1 为测得的装有水的密度瓶的质量，g；m_2 为测得的装有香料的密度瓶的质量，g。

精油的测定计算结果保留到小数点后三位，单离及合成香料的测定计算结果保留到小数点后四位。平行试验结果允许差：精油为 0.001，单离及合成香料为 0.0004。

二、折光指数检测

折光指数（refractive index）指当具有一定波长的光线从空气射入保持在

恒定的温度下的液体香料时，入射角的正弦与折射角的正弦之比。测定原理是按照所用仪器的类型，直接测量折射角或者观察全反射的临界线，香料应保持各向同性和透明性的状态。具体操作测定方法参照 GB/T 14454.4《香料　折光指数的测定》，采用阿贝折光仪测定。

三、旋光度检测

旋光度（optical rotation）指在规定的温度条件下，波长为 589.3 nm±0.3 nm（相当于钠光谱 D 线）的偏振光穿过厚度为 100 nm 的香料时，偏振光振动平面发生旋转的角度，用毫弧度或角的度数来表述。若在不同厚度进行测定时，其旋光度应换算为 100 nm 厚度的值。比旋度（specific optical rotation）指香料溶液的旋光度与单位体积中香料的质量之比。具体操作测定方法参照 GB/T 14454.5《香料　旋光度的测定》，旋光度和比旋度结果分别按式（5-2）和式（5-3）计算：

$$\alpha_D^l = \frac{A}{l} \times 100 \tag{5-2}$$

式中：α_D^l 为香料溶液的旋光度；A 为偏转角的值，毫弧度或角的度数；l 为旋光管的长度，mm；右旋用（+）表示，左旋用（-）表示。

$$[\alpha] = \frac{\alpha_D^l}{c} \tag{5-3}$$

式中：$[\alpha]$ 为香料溶液的比旋度；c 为香料溶液的浓度，g/mL。平行试验结果允许差为 0.2°。

四、溶解度检测

溶解度是指在规定温度下，1 mL 或 1 g 的单离及合成香料全部溶解于一定浓度的乙醇水溶液时所需该乙醇水溶液的体积毫升数。评估精油在乙醇中的混溶度，是指在 20 ℃时将适当浓度的乙醇水溶液逐渐加入精油中，评估混溶度和可能出现的乳色现象。在 25 ℃时，各种单离及合成香料在不同浓度的乙醇水溶液中有不同的溶解度。具体操作测定方法参照 GB/T 14455.3《香料　乙醇中溶解（混）度的评估》。

五、熔点检测

熔点（melting point）指熔点管中的试样开始熔化时的温度。熔程（melting range）指熔点管中的试样从开始熔化至全部熔化时的温度范围。其检测原理是以加热的方式使熔点管中的试样不断升温，通过目测法观察熔化的温度。

熔点管一般指用中性硬质玻璃制成的毛细管，一端熔封，管长约 100 mm，内径 0.9~1.1 mm，壁厚 0.10~0.15 mm。具体操作测定方法参照 GB/T 14457.3《香料 熔点测定法》，结果按式（5-4）计算：

$$\Delta t = 0.000\ 16\ (t_1 - t_2)\ N \tag{5-4}$$

式中：Δt 为校正值，℃；0.000 16 为水银在温度计中的平均膨胀系数，1/℃；N 为温度计暴露在传温液外的温度，℃；t_1 为温度计显示的熔点温度，℃；t_2 为辅助温度计所显示的温度，℃。

六、冻点检测

冻点（freezing point）指香料在过冷下由液态转变为固态释放其熔化潜热时，所观察到的恒定温度或最高温度。其检测原理是缓慢并逐步冷却试样，当试样从液态转化为固态时，观察其温度的变化。具体操作测定方法参照 GB/T 14454.7《香料 冻点的测定》。

七、沸程检测

沸程（distillation range）指在标准状态下（101.325 kPa，0 ℃），在产品标准规定的温度范围内的馏出物体积。其检测原理是用蒸馏法测定已知温度范围的被测物的馏出体积。具体操作测定方法参照 GB/T 14457.2《香料 沸程测定法》。

八、蒸发后残留物含量检测

蒸发后残留物，指将待测样品按有关产品标准中所规定的时间置于沸水浴中加热，蒸去其中挥发性的部分后所得到的残留物，以质量分数表示。其检测原理是：①精油。在沸水浴中蒸发其挥发性部分，称取残留物的质量。②单离及合成香料。在沸水浴中蒸发其挥发性部分，烘干至恒定质量后称取残留物的质量。具体操作测定方法参照 GB/T 14454.6《香料 蒸发后残留物含量的评估》。蒸发后残留物含量 x 按式（5-5）计算：

$$x = \frac{m_1 - m_0}{m} \times 100\% \tag{5-5}$$

式中：x 单位以%表示；m_1 为蒸发皿和残留物的质量，g；m_0 为蒸发皿的质量，g；m 为试样的质量，g。

蒸发后残留物含量的计算结果保留到小数点后一位。

九、过氧化值检测

过氧化值（peroxide value）指试样按规定的操作条件氧化碘化钾的物质的

量，以每千克活性氧的毫摩尔量表示。其检测原理是香料中的过氧化物与碘化钾作用，生成游离碘，以硫代硫酸钠溶液滴定，计算过氧化物含量。具体操作测定方法参照 GB/T 33918《香料 过氧化值的测定》。过氧化值 P 按式（5-6）计算：

$$P=\frac{(V-V_0) \times c \times 1000}{2m} \tag{5-6}$$

式中：P 的单位为 mmol/kg（毫摩尔每千克）；V 为试样测定所用的硫代硫酸钠标准溶液的体积，mL；V_0 为空白试样所用的硫代硫酸钠标准溶液的体积，mL；c 为硫代硫酸钠标准溶液的浓度，mol/L；m 为试样的质量，g。

十、含酚量检测

含酚量的检测原理，是把已知体积的香料含有的酚类化合物转化为水溶性的碱性酚盐，然后测出未被溶解的香料体积。具体操作测定方法参照 GB/T 14454.11《香料 含酚量的测定》。含酚量 w 按式（5-7）计算：

$$w = 10（10-V） \tag{5-7}$$

式中：w 以体积分数表示；V 为未被吸收的油相的体积，mL。如果测定过程中加入了 2 mL 二甲苯，则从体积 V 中减去 2 mL。

含酚量的计算结果表示为最近似的整数，平行试验结果允许差为 1%。

十一、酸值或含酸量检测

酸值（acid value，AV）指中和 1 g 香料中所含的游离酸所需氢氧化钾的毫克数。其检测原理是用氢氧化钠标准溶液或氢氧化钾乙醇标准溶液中和游离酸。具体操作测定方法参照 GB/T 14455.5《香料 酸值或含酸量的测定》。酸值（AV）和含酸量（A）结果分别按式（5-8）和式（5-9）计算：

$$AV=\frac{V \times c \times 56.1}{m} \tag{5-8}$$

式中：V 为滴定过程中耗用的氢氧化钠标准溶液或氢氧化钾乙醇标准溶液的体积，mL；c 为氢氧化钠标准溶液或氢氧化钾乙醇标准溶液的浓度，mol/L；m 为试样的质量，g。

平行试验结果允许差如下：酸值在 10 以下为 0.2；酸值在 10~100 为 0.5；酸值在 100 以上为 1.0。

$$A=\frac{V \times c \times M}{10m} \tag{5-9}$$

式中：V 为滴定过程中耗用的氢氧化钠标准溶液的体积，mL；c 为氢氧化钠标准溶液的浓度，mol/L；m 为试样的质量，g；M 为酸的相对分子质量。

含酸量的计算结果保留到小数点后一位。平行试验结果允许差如下：含酸量在10%以下为0.2%；含酸量在10%以上为0.5%。

十二、酯值或含酯量检测

酯值（ester value，EV）指中和1g香料中所含的酯在水解后释放出的酸所需氢氧化钾的毫克数。其检测原理是在规定的条件下，用氢氧化钾乙醇标准溶液加热水解香料中存在的酯，过量的碱用盐酸标准溶液回滴。具体操作测定方法参照GB/T 14455.6《香料 酯值或含酯量的测定》，酯值（EV）和含酯量（E）结果分别按式（5-10）和式（5-11）计算：

$$EV = \frac{56.1 \times c \times (V_0 - V_1)}{m} - AV \tag{5-10}$$

式中：c为盐酸标准溶液的浓度，mol/L；V_0为空白试验所耗用的盐酸标准溶液的体积，mL；V_1为试样测定所耗用的盐酸标准溶液的体积，mL；m为试样的质量，g；AV为按GB/T 14455.5测得的酸值。当酯值小于100时，计算结果保留两位有效数字；当酯值等于或大于100时，计算结果保留三位有效数字。

$$E = \frac{(V_0 - V_1') \times c \times M_r}{m} - AV \tag{5-11}$$

式中：V_0、c、m、AV意义同上；V_1'为新测定过程中耗用的盐酸标准溶液的体积，mL；M_r为指定酯的相对分子质量。含酯量的计算结果用%表示，结果保留小数点后一位。平行试验结果允许差如下：酯值在10以下为0.2，含酯量在10%以下为0.2%；酯值在10~100为0.5，含酯量在10%以上为0.5%；酯值在100以上为1.0。

十三、羰值和羰基化合物含量检测

羰值（carbonyl value）指中和1g香料与盐酸羟胺经肟化反应释放出的盐酸时所需的氢氧化钾的毫克数，常用的检测方法包含盐酸羟胺法、游离羟胺法、中性亚硫酸钠法。盐酸羟胺法的检测原理是羰基化合物与盐酸羟胺反应转化成肟，用氢氧化钠标准溶液滴定这一反应释放出的盐酸。游离羟胺法的检测原理是羰基化合物通过与盐酸羟胺和氢氧化钾混合物所释放出的游离羟胺反应转化成肟，用盐酸标准溶液滴定过量的碱，滴定可用比色滴定法或电位滴定法。中性亚硫酸钠的检测原理是用中性亚硫酸钠溶液与醛或酮在沸水浴中反应释放出氢氧化钠，逐渐用酸中和使反应完全。具体操作测定方法参照GB/T 14454.13《香料 羰值和羰基化合物含量的测定》。

第三节 化学分析

官能团是决定有机化合物的化学性质的原子或原子团，常见官能团包括羟基、羧基、醚键、醛基、羰基等。有机化学反应主要发生在官能团上，官能团对有机物的性质起决定作用，如—X（X为卤原子）、—OH、—CHO、—COOH、—NO$_2$、—SO$_3$H、—NH$_2$、RCO—，这些官能团就决定了有机物中的卤代烃、醇或酚、醛、羧酸、硝基化合物或亚硝酸酯、磺酸类有机物、胺类、酰胺类的化学性质。

一、官能团定性分析

官能团的定性分析常与光谱分析配合，根据化合物的光谱特征峰，测定物质含有哪些官能团，从而确定化合物的类别。常见的光谱分析有红外图谱（infrared spectroscopy，IR）、质谱（mass spectrum，MS）、核磁图谱（nuclear magnetic resonance spectroscopy，NMR）、紫外图谱（ultraviolet and visible spectrum，UV）等。利用IR测定羟基、羰基、酯基等；利用GC-MS测定活泼氢、羰基、羧基、胺基等；利用NMR测定烃基、活泼氢、醚基、环氧基及过氧化物等；利用UV测定共轭多烯、芳烃、多核稠环芳烃以及它们的衍生物。

以解析红外光谱为例，其解析步骤为：①根据确定的分子式，计算不饱和度，预测可能的官能团；②观察红外光谱的官能团区，找出该化合物可能存在的官能团；③查看红外光谱的指纹区，找出官能团的相关吸收峰，最后才确定该化合物存在某官能团；④判断是否为芳香族化合物，若为芳香化合物，找出苯的取代位置；⑤根据红外光谱指纹区的吸收峰与已知化合物的红外光谱或标准图谱对照，确定是否为已知化合物。在分析时应特别注意吸收峰的位置、强度和峰形。吸收位置是红外吸收最重要的特点，但在鉴定化合物分子结构时，应将吸收峰的位置辅以吸收峰强度和峰形综合分析。每种有机化合物均显示若干吸收峰，对大量红外图谱中各吸收峰强度相互比较，归纳出各种官能团红外吸收强度的变化范围。只有熟悉各官能团红外吸收的位置和强度处于一定范围时，才能准确推断出官能团的存在。对于任何有机化合物的红外光谱，均存在红外吸收的伸缩振动和多种弯曲振动。因此，每一个化合物的官能团的红外光谱图在不同区域显示一组相关吸收峰，只有当几处相关吸收峰得到确认时，才能确定该官能团的存在。

二、官能团定量分析

官能团定量分析就是根据官能团的物理特性或化学特性进行含量测定，是有机化合物系统分析的重要环节。通过对试样中某组分的特征官能团进行定量测定，从而确定组分在试样中的百分含量。通过对某物质特征官能团的定量测定，来确定特征官能团在分子中的百分比和个数，从而确定或验证化合物的结构。官能团定量分析具有的特点：①一种分析方法或分析条件不可能适用于所有含这种官能团的化合物；②速度一般都比较慢，许多反应是可逆的，很少能直接滴定；③反应专属性比较强。

官能团定量分析的方法包含酸碱滴定法、氧化还原法、水分测定法、沉淀滴定法、气体测量法、比色法。

（一）酸碱滴定法

有机酸或碱可直接用标准碱或标准酸溶液滴定。由于有机物在水中溶解度小、酸碱性较弱，滴定一般在非水介质中进行。例如，测定有机弱碱时，在冰醋酸中以高氯酸溶液滴定，用指示剂（如甲基紫）或电位法指示终点；测定有机弱酸时，在正丁胺、乙二胺或苯–甲醇中以甲醇钠溶液滴定，用指示剂（如偶氮紫）或电位法指示终点。用酸碱滴定法测定官能团操作简便易行，因此应用较广。有些不能直接滴定的官能团，可借助化学反应，以滴定消耗或生成的酸或碱间接测定。

（二）氧化还原法

氧化还原法用得最多的是碘量法，其优点是终点敏锐，具有化学倍增效应，因此精确度较高，且适用于微量分析。例如，测定甲氧基时可利用下列反应：$ROCH_3+HI \rightarrow CH_3I+ROH$，$CH_3I+5HI+3Br_2 \rightarrow CH_3Br+3HBr+3I_2$，其中 R 为烷基，可见 1 当量甲氧基相当于 6 当量碘。由于碘量法具有这些优点，除了对一些直接可以发生氧化或还原反应的官能团采用此法外，也可借助某些取代反应、卤素加成反应或置换反应，用碘量法间接测定有机官能团。常用的还原滴定法是亚钛盐滴定法，如用亚钛盐溶液滴定硝基、亚硝基等。

（三）水分测定法

通过借助测量某些官能团在化学反应中所消耗或产生的水分来测定这些官能团的含量。测定溶液中水分的方法是卡尔·费歇尔滴定。水分测定法分析有机官能团时，在某些情况下具有特殊优点，如用此法经水解反应测酸酐时，可在游离酸、无机酸、缓冲盐或酯类共存时测定；腈化物一般不易借助通常的皂化法测定，但是在三氟化硼催化下很容易水解，由滴定反应后残余的水量，即可测知氰基含量。

（四）沉淀滴定法

有机物与某些沉淀剂在一定条件下反应，形成难溶产物，可以利用这些沉淀剂来确定有机官能团。例如，在水溶液中用四苯硼化钠$(C_6H_5)_4BNa$沉淀季铵盐，反应式为：$R_4N+Cl^- + (C_6H_5)_4BNa \rightarrow R_4NB(C_6H_5)_4 \downarrow + NaCl$。利用沉淀反应测定有机官能团时，常用重量分析和沉淀滴定法。在重量分析中，过滤收集沉淀，经干燥后称量。例如，上述的季铵盐沉淀可在 105 ℃ 干燥后称量，从而计算出季铵盐含量；在甲醇溶液中制备 2,4-二硝基苯腙沉淀，洗涤后在 75 ℃ 干燥称量，从而可测出羰基含量。在沉淀滴定法中，用沉淀剂配成标准溶液，直接滴定样品，以电位法、电流法或电导法确定终点。例如，某些植物碱盐类可以在水溶液中直接用四苯硼化钠溶液进行电位滴定。

（五）气体测量法

某些有机官能团可以借助测量化学反应中产生或消耗的气体来测量。气体的测量可以采用恒压下测量物体体积的变化或恒容下测量气体压力的变化。例如，脂肪族伯胺与亚硝酸作用析出氮气，将氮气用二氧化碳作载气送入盛有浓氢氧化钾溶液的量氮计中，二氧化碳被吸收而氮气则收集于量气管中，由它的体积即可算出试样中伯胺基含量，反应式为：$RNH_2 + HONO \rightarrow ROH + N_2 \uparrow + H_2O$，这是范斯莱克法测定 α-氨基酸的原理。不饱和键可借助催化氢化反应中氢的消耗量测定。

（六）比色法

通过化学反应，生成有色物质，再进行比色法测定。比色法灵敏度和专一性都较高，适于痕量分析。有机官能团的显色反应包括：①形成含发色团产物的缩合反应，例如引入偶氮基的偶联反应，引入多硝基苯环的反应，引入醌式结构反应等；②形成有色产物的氧化还原反应，如无色四唑盐与还原性有机官能团反应，转化为有色；③与金属离子形成有色络合物的反应，如酯基转化为羟肟酸后，遇 Fe^{3+} 形成红色络合物，可借此用比色法测定酯基。

第四节　仪器分析

目前较为先进的食品风味分析技术有气相色谱法、液相色谱法，色（气、液）谱-质谱联用测定法、气相色谱-嗅闻检测技术、气相色谱-离子迁移谱、电子鼻检测技术、电子舌检测技术、核磁共振技术、红外光谱技术等，深入了解这些仪器检测分析方法在食品风味中的研究进展，可以为今后食品风味物质的研究提供相关依据。

一、气相、液相色谱技术

气相色谱法（gas chromatography，GC）是指用气体作为流动相的色谱法，比较适合于易挥发有机化合物的测定，是目前香料香精研究中应用最广的分析方法之一。GC 工作原理是利用物质的吸附能力、溶解度、亲和力、阻滞作用等物理性质的不同，对混合物中各组分进行分离、分析的方法。它是基于不同物质在相对运动的两相中具有不同的分配系数，当这些物质随流动相移动时，就在两相中进行反复多次分配，使原来分配系数只有微小差异的各组分得到很好的分离，依次送入检测器测定，达到分离、分析各组分的目的。GC 的特点是：气体流动相的黏度小，传质速率高，能获得很高的柱效；气体迁移速率高，分析速度就快，一般几分钟可完成一个分析周期；气相色谱具有高灵敏度的检测器，检测限达 10^{-14} g，检出浓度为 μg/kg，适用于痕量分析；分析样品可以是气体、液体和固体。

全二维气相色谱法（comprehensive two-dimensional gas chromatography，GC×GC）是将两个极性不同的柱子串联起来，两个柱子具有不同的操作温度，控制两个柱子的温差，会使待测化合物的出峰时间和顺序发生变化，其目的是使分离不理想的化合物能够分离检出。该方法具有分辨率高（是两根色谱柱各自分辨率平方和的平方根）、峰容量大（是两根色谱柱各自峰容量的乘积）、灵敏度高（比通常的一维色谱高 20~50 倍）、分析时间短、定性可靠性增强等特点，并能够产生结构化的二维轮廓图，对化合物的鉴定有极大的帮助。因此，该技术在复杂体系样品如香气、精油等的分离分析中占有越来越重要的地位，也被广泛应用于食品的调味、包装和保鲜工艺等方面，如调料、酒类、食品用纸、塑化剂、油类等对食品风味的影响。利用该方法分离样品中的化合物，需要样品本身至少具有两个具体化学性质，如挥发性、极性或者手性，才能够将性质相似的化合物进行分离。因此，该技术较适用于复杂样品的分离，但相对不成熟，需要进一步改进。

液相色谱法（liquid chromatography，LC）的原理同 GC，只是流动相是液体，它是在 GC 原理的基础之上发展起来的一项新颖、快速的分离技术。在食品风味分析中，它适用于挥发性较低的化合物，如有机酸、羰基化合物、氨基酸、碳水化合物、核酸等的分析测定。该方法最大特点是物质在低温情况下可进行分离，在处理热不稳定的物质时尤为重要，此外它也可用来分析产生香味而察觉不到挥发性的组分。待测物不被破坏，可以收集，利用待测物对光的作用，可用荧光、紫外、示差等检测器检测。

高效液相色谱法（high performance liquid chromatography，HPLC）又称高压液相色谱法、高速液相色谱法、高分离度液相色谱法、近代柱色谱法等，是在经典液相色谱的基础上，于 20 世纪 60 年代后期引入了气相色谱的理论和实验方法而快速发展起来的。它以液体为流动相，采用高压输液系统，将具有不同极性的单一溶剂或不同比例的混合溶剂、缓冲液等流动相，泵入装有固定相的色谱柱，在柱内各成分被分离后，进入检测器进行检测，从而实现对试样的分析。根据分离机制的不同，HPLC 可分为四大基础类型：分配色谱、吸附色谱、离子交换色谱、凝胶色谱。HPLC 具有高压、高速、高效、高灵敏度、应用范围广等特点。

二、色（气、液）谱-质谱联用技术

色谱-质谱联用仪和计算机对分析检测数据信息的处理，大大促进了风味化学研究技术的发展。利用色谱-质谱联用仪，不需要标样，只要与标准谱图的资料信息进行对比，即可对待测物进行定性测定，是一种快速准确的分析仪器，也是目前分析鉴定中应用最广泛、最权威的分析仪器之一。由于色谱-质谱联用仪结合了色谱对复杂化合物的高分离能力与质谱独特的选择性、灵敏度、相对分子质量及结构信息于一体的特点，因而具有广泛的应用领域。目前风味物质分析中常用的色谱-质谱联用技术主要有气相色谱-质谱联用技术和液相色谱-质谱联用技术。

（一）气相色谱-质谱联用技术

气相色谱-质谱由 GC 和高分辨质谱仪直接连接而成，能把从气相色谱仪依次溶出的各种成分的裂解离子精密测定到 1/10 000 质量单位并确定分子式。目前常见的设备有气相色谱-质谱联用仪（gas chromatography-mass spectrometry，GC-MS）、气相色谱-三重四级杆串联质谱联用仪（gas chromatography triple quadrupole mass spectrometer，GC-MS/MS）、气相色谱-飞行时间质谱（gas chromatography time-of-flight mass spectrometry，GC-TOF-MS）、全二维气相色谱-四极杆飞行时间质谱（comprehensive two-dimensional gas chromatography/quadrupole-time-of-flight mass spectrometry，GC×GC-QTOF-MS）等，这些设备在风味物质检测分析中具有鲜明的特点。GC 在所有的分离型仪器中是最好的，用它来研究分析香味挥发物这类气态物质是最合适的；MS 是用来鉴别未知化合物最强有力的技术，TOF 对食品复杂组分分离鉴定具有显著的优势，并且两者都能够和 GC 相连。目前这些技术已经广泛应用于各类食品风味检测中，如肉风味、水果芳香物质、酒挥发性物质、调味品风味测定等。

在 GC-MS 和 GC-MS/MS 应用方面，利用 HS-SPME-GC-MS（HS-SPME 为顶空固相微萃取的缩写）技术在柿子酒、猕猴桃酒、葛根酒三种发酵酒中共检测鉴别出 7 类 49 种香气成分。其中柿子酒、猕猴桃酒、葛根酒分别检测到香气成分 33、37、38 种，关键风味化合物 12、12、16 种，修饰风味化合物 7、12、6 种，潜在风味化合物 7、4、7 种。三种发酵酒共检出 21 种共有化合物，其中相对含量和相对香气活度值较高的均为醇类和酯类物质，检测结果为陕西发酵酒产品品质的改善提供了理论依据。GC-MS 在灵敏度和选择性方面是不可替代的，GC-MS 通过将目标化合物的片段与现有数据库中的标准参考物的片段进行比较，可以有效地获得挥发性化合物的结构信息。但该技术无法确定化合物的气味特性和化合物对样品的贡献度，分析时间较长，因此需要继续探究优化和简化工作流程。与 GC-MS 相比，GC-MS/MS 方法灵敏度高，可以避免气相色谱及单级质谱的定性错误，能有效排除复杂基质干扰，从而使检测结果更加准确可靠。

GC-TOF-MS 和 GC×GC-QTOF-MS 对于食品中复杂组分的分离提取鉴定有非常明显的效果，大幅度提高了人们对于食品中微量成分的认识，它还具有许多优点，比如灵敏度高、分辨率高等。TOF 具有高采集频率，能实现与全二维气相色谱的最佳配合，极大地提高了检测分析的灵敏度。利用 GC-TOF-MS 从三种茯砖茶中共分离鉴定出 93 种香气成分，占检出挥发性成分总量的 90% 以上，主要由酮类、醛类、碳氢类、杂氧类、醇类、酸类、酯类、含氮类八类化合物构成。在鉴定出的香气化合物中共有香气组分 50 个，其中含量较高的组分有反，反-2,4-庚二烯醛、甲基庚烯酮、2-戊基呋喃、香叶基丙酮、(E，E) -3,5-辛二烯-2-酮、6-甲基-3,5-庚二烯-2-酮等。

（二）液相色谱-质谱联用技术

液相色谱-质谱联用技术（LC-MS）自 Horning 于 20 世纪 70 年代进行开创性研究工作以来，经过几十年的发展后已趋向成熟，各种商品化仪器相继问世，应用日益广泛。它集液相色谱的高分离效能与质谱的强鉴定能力于一体，对研究对象不仅有足够的灵敏度、选择性，同时还能够给出一定的结构信息，分析快速而且方便。LC-MS 在定量研究方面多采用选择反应监测（SIM），因为它具有高灵敏度、高选择性、分析快速、适用于热不稳定化合物的分析等特点。

高速液相色谱-质谱联用（HPLC-MS）是色谱-质谱联用的一个新动向，这种联用比起气相色谱-质谱对样品的适用范围要更广些，特别是对难气化、易分解的大分子试样更具优越性。利用 HPLC-MS 技术进行食品风味物质的研究目前得到较广泛的开展，它主要用于绘制风味物质的指纹图谱，从而为产品的质量控制和标准制定提供理论依据和指导。

（三）气相色谱-嗅闻检测技术

气相色谱-嗅闻检测技术（gas chromatography-olfactometry，GC-O）是将气相色谱的分离能力与人类嗅觉独特的敏感性和选择性相结合的分析技术。1964 年首次提出改装气相色谱仪，经过改装后的气相色谱仪主要用于记录气体流出物中嗅闻到的香气，以确定挥发性气味活性。GC-O 嗅闻检测法的原理是在气相色谱柱末端安装分流口，分流样品到检测器/鼻子。色谱峰/气味的相应关系由闻香师来确定，闻香师在嗅闻仪闻味口辨别从色谱柱流出的物质，并确定其香型和强度。当 GC-O 与不同的分析方法相耦合，它就变成了一种精确的、具有描述性的评价和衡量气味强度的方法，主要的分析方法包括频率检测法（frequency detection methods，FD）、芳香萃取物稀释分析法（aroma extraction dilution analysis，AEDA）、Charm 分析法（combined hedonic aroma response method）、时间-强度法（time intensity method，TIM）。在选择检测方法上，我们应根据研究目的，闻香人员的水平、分析计划所需的时间等因素来考虑。比如 FD 检测能够用最少的时间来确定香味活性化合物而不要求闻香人员经过特殊的训练，而 TIM 则比 FD 检测法具有更好的精确性。

GC-O 不仅可以作为一种工具进行应用，还提供了一种感官分析手段，当 GC-O 与分析技术相结合，对风味成分能够进行更详尽的描述，且将感官特征进行量化。GC-O 的引入是分析食品风味研究的一个突破，它能够区分多种气味活性化合物及其特征效应化合物，这些挥发物的检出与它们在样品中的浓度有关。食品中某些风味物质含量占总含量的比例很低，一般检测器很难检测到其存在，而一些无贡献组分的检测结果却很高。在这种情况下，GC-O 能够迅速检测到这些微量物质以及一些对风味有显著影响的物质。GC-O 广泛应用于食品、香料、香精等各类风味的研究，可以对食品中气味化合物的鉴定和重要性排序，为今后在新产品开发中进行风味研究提供有效的参考依据和创新方法。例如用 GC-O 法鉴别金华火腿中的风味活性物质，可以有效地将原本样品风味轮廓中的 88 种化合物精简到 22 种比较重要的化合物，它们对金华火腿的整体风味贡献很大，是金华火腿重要的风味化合物。利用 GC-O-MS 研究了加热方式对鸡汤香气的影响，得到不同加热方式下风味成分组成的变化，GC-O-MS 检测到 36 种主要挥发性化合物和 17 种气味物质，其中低温制备的鸡汤中主要气味物质含量最高。通过应用 GC-O-MS 技术，可以更精确、更有效地检测风味物质，促进风味食品的开发。

三、气相色谱-离子迁移色谱技术

离子迁移谱（ion mobility spectrometry，IMS）技术最早在 1970 年以等离子体色谱（plasma chromatography）的形式出现，也被称为气体电泳。它是一种检测、识别及监测不同基质中痕量化合物的技术，该技术是在大气压或接近大气压的中性气相中，利用不同气相离子在电场中迁移率的差异来分离检测化学离子物质。与现有常规检测技术（如气相色谱、质谱、红外光谱等）相比，IMS 具有检测响应快速、检测限低（检测限达 10^{-6} g/L 水平）、可靠性高、便携及成本低廉、简单易操作等优点。因此，IMS 不仅广泛应用于实验室分析和研究，也适用于现场实时检测分析。近年来，随着对 IMS 测量原理的理解以及联用技术的发展，各种商品化的 IMS 仪器层出不穷，IMS 已被广泛开发应用到食品安全/环境分析、医学诊断、药物分析等诸多领域。

气相色谱-离子迁移谱（gas chromatography-ion mobility spectrometry，GC-IMS）技术是基于气相中不同的气相离子在电场中迁移速率的差异对离子进行标识的一项分析技术，是一种快速便捷且低成本的分析手段。与目前使用最广泛的 GC-MS 相比，GC-IMS 最突出的特点是分离效率高，GC-MS 分析一般需要几十分钟才能得到结果，GC-IMS 三维光谱分析用更少的时间获得更准确的分析结果，其中包含保留时间、漂移时间和信号强度。这些优点使其在食品分类、食品新鲜度鉴定、生产过程的质量控制以及食品中关键香气和异味化合物的表征等方面有着广泛的应用。采用 GC-IMS 技术研究 8 个产区香椿挥发性成分差异，共鉴定出 56 种化合物，醇类和醛类的相对含量较高，并基于化学计量学主成分分析和偏最小二乘判别分析可以很好地区分 8 个产区香椿样品，筛选出 12 种 [VIP（变量投影重要性）>1] 标志挥发性化合物，其中(E)-2-己烯醛-D、乙酸乙酯-D、苯酚、糠醛、苯乙醇是主要的差异代谢物，为香椿挥发性香气差异研究提供了有益的依据。

IMS 作为 GC 检测器在精确定量分析方面有局限性，因为 IMS 的响应是非线性的，这意味着提供 10^{-6} g/L 水平的浓度可能会带来挑战。在过去的几年里，利用 GC-IMS 研究食品风味有了很大的进展，采用了多种化学计量学技术来处理二维 GC-IMS 数据，为 GC-IMS 拓展到食品风味的不同应用领域做出了重要贡献，但缺乏如美国国家标准与技术研究院（National Institute of Standards and Technology，NIST）标准参考质谱数据库这样的数据库，是 GC-IMS 在食品风味分析中不太受欢迎的一个原因。随着技术的发展，为了实现快速、灵敏、自动化的表征，建立一个完整的 GC-IMS 数据库是很有必要的。鉴于食品风味的多样性，可通过 GC-IMS 与其他技术相结合，优化现有技术。例如，利用 GC-MS 和 GC-IMS 技术在 4~10 月的红油香椿中分别鉴定出 109 种和 49 种挥发性成分，主要为萜烯类、醛类、含硫类和醇类等化合物。GC-MS 技术检测出的大多为大分子（C_6~C_{20}）且含量较高的挥发性成分，而 GC-IMS 检测出的大多为小分子（C_4~C_{10}）、挥发性强且含量低的挥发性成分。两种技术结合扩大了红油香椿样品中挥发性成分的检测范围，并且更加全面地反映红油香椿样品中挥发性成分随生长期的变化情况，为红油香椿的种植、品质评定以及综合开发利用提供科学依据。

四、电子鼻技术

电子鼻是 20 世纪 90 年代发展起来的新颖的分析、识别和检测复杂嗅味和挥发性成分的仪器。与普通化学分析仪器（如色谱仪、光谱仪、毛细管电泳仪）相比，电子鼻得到的不是被测样品中某种或某几种成分的定性或定量结果，而是样品中挥发性成分的整体信息，也称"指纹信息"。它模拟人的鼻子"闻到"的是目标总体气息，不仅可以根据各种不同的气味检测到不同的信号，而且可以将这些信号与经过训练后建立的数据库中的信号加以比较，进行判断识别，因而具有类似鼻子的功能。它在生产实践中得到了广泛的应用，尤其是在食品行业中的应用，如酒类、烟草、饮料、肉类、奶类、茶叶等具有挥发性气味的食品的识别和分类，主要用于进行等级划分和新鲜度的判断。

　　电子鼻的响应时间短、检测速度快、测定评估范围广、重复性好。与气相色谱法相比，电子鼻的操作快速简便，样品不需前处理，也不需任何有机溶剂进行萃取，因此是一项有利于环境保护，不影响操作人员健康的"绿色"分析技术。测定一个样品通常只需几分钟至几十分钟，而且对未知样品具有人工智能的识别作用，与人的嗅觉相比，测定结果更客观、可靠。电子鼻的体积越做越小，成本也大幅降低，从台式到便携式，到现在手持式电子鼻的出现。随着传感技术的进展和人们对嗅觉过程的深入了解，电子鼻的功能必将日益增强，越来越多地应用于食品风味成分检测分析中，有望与感官评价同步进行。

五、电子舌技术

　　电子舌技术是近年来发展起来的一种分析、识别液体"味道"的新型检测手段，也被称为味觉传感器技术或人工味觉识别技术，其设计思想来自人类感受味觉的机制。电子舌是一种利用低选择性、非特异性、交互敏感的多传感阵列为基础，感测未知液体样品的整体特征响应信号，应用化学计量学方法，对样品进行模式识别和定性定量分析的检测技术。电子舌主要由味觉传感器阵列、信号采集和模式识别三个部分组成，味觉传感器阵列相当于人体中的舌头，阵列中每个独立的传感器就像是舌面上的味蕾，能感受不同的呈味物质；信号采集系统模拟人体神经感觉系统，对传感器输出的信号进行采集、处理、转换并存储在计算机中；模式识别单元发挥人体中大脑的作用，从获取的信号里提取特征值，进行数据分析处理并通过相应模式识别方法区分辨识，从而获得呈味物质的感官整体信息即仪器"味觉"。因此，电子舌也称为智能味觉仿生系统，是一类新型的分析检测仪器。

　　电子舌在食品领域的应用研究已非常广泛，主要应用于酒类及饮料、果蔬、肉类产品、乳制品、调味品、油脂等食品溯源、新鲜度测量、品质分级和质量安全监控等方面。电子舌系统不需要对样品进行复杂前处理，能对不同种类的食品进行检测，同时能避免人为判定误差，重复性好，可以实现简单、快速无损地在线检测未知液体样品的整体特征，短时间内将样品精确区分。另外，随着现代技术的发展，电子舌人工智能检测系统将与生物芯片、纳米材料等相结合，在食品行业的众多领域发挥着越来越重要的作用。

六、红外吸收光谱技术

　　红外吸收光谱法简称红外光谱法，当一定频率（能量）的红外光照射分子时，如果分子中某个基团的振动频率和外界红外辐射频率一致时，光的能量通过分子偶极矩的变化而传递给分子，这个基团就吸收一定频率的红外光，产生振动跃迁。将分子吸收红外光的情况用仪器记录就得到该试样的红外吸收光谱图，利用光谱图中吸收峰的波长、强度和形状来判断分子中的基团，对分子进行结构分析。红外光谱法也是常用于风味化合物结构鉴定的一种光谱法，对于纯净的化合物，测定其红外光谱图与标准谱图进行对比，可判定待测化合物的官能团及分子结构。

七、核磁共振技术

核磁共振技术（nuclear magnetic resonance，NMR）可以直接研究溶液和活细胞中分子质量较小（20 000 Da 以下）的蛋白质、核酸及其他分子的结构，而不损伤细胞。核磁共振的基本原理：原子核有自旋运动，在恒定的磁场中，自旋的原子核将绕外加磁场做回旋转动，叫作进动；进动有一定的频率，它与所加磁场的强度成正比。若在此基础上再加一个固定频率的电磁波，并调节外加磁场的强度，使进动频率与电磁波频率相同，这时原子核进动与电磁波产生共振，叫作核磁共振。核磁共振时，原子核吸收电磁波的能量，记录下的吸收曲线就是核磁共振谱（NMR-spectrum）。由于不同分子中原子核的化学环境不同，将会有不同的共振频率，产生不同的共振谱。记录这种波谱即可判断该原子在分子中所处的位置及相对数目，用以进行定量分析及相对分子质量的测定，并对有机化合物进行结构分析。

核磁共振一般通过化学位移可推测质子的种类核基团，通过各类质子的峰面积比可以知道各类质子的数目比，对推断分子结构式很重要。通过自旋分裂的观察，可了解各种质子相互作用的情况，进而推断各类质子的数目和基团类型，对结构鉴定非常必要。因其具有快速方便、准确且专属性强的优点，已被广泛用于食品领域，近年来常用于食品中碳水化合物、氨基酸、脂肪酸的分析。将核磁共振分析结果与质谱、红外光谱等化学分析相结合，对鉴定化合物结构比较容易。质谱、光谱、核磁共振谱的综合应用，已成为现代最有威力的有机鉴定方法之一。

随着仪器分析手段的不断进步，食品风味的分析方法也取得了巨大进展，人们对风味组分的了解也越来越多。食品风味物质的分析技术随着科技的发展愈来愈先进，但各类方法都有其擅长和局限之处，在风味物质的研究中，应综合各种因素，合理选择适宜的分析检测方法，这样才能达到理想的效果。

参考文献

［1］叶颖君，安琪，戴前颖. 感官评价分析方法在茶叶中的应用［J］. 茶业通

报, 2021, 43 (3): 115-119.

[2] 刘红艳, 毕永贤, 钱舒敏, 等. 不同感官评价方法在化妆品中的应用 [J]. 香料香精化妆品, 2019 (5): 79-82.

[3] FRANK O, OTTINGER H, HOFMANN T. Characterization of an intense bitter-tasting 1H, 4H-quinolizinium-7-olate by application of the taste dilution analysis, a novel bioassay for the screening and identification of taste-active compounds in foods [J]. Agricultural Food Chemistry, 2001, 49 (1): 231-238.

[4] 万景瑞, 蒋鹏飞, 史冠莹, 等. 三种发酵酒活性成分、抗氧化活性及其香气成分对比分析 [J]. 食品工业科技, 2020, 41 (21): 253-260, 265.

[5] 颜鸿飞, 王美玲, 白秀芝, 等. 湖南茯砖茶香气成分的 SPME-GC-TOF-MS 分析 [J]. 食品科学, 2014, 35 (22): 176-180.

[6] 田怀香, 王璋, 许时婴. GC-O 法鉴别金华火腿中的风味活性物质 [J]. 食品与发酵工业, 2004 (12): 117-123.

[7] 贺习耀, 王婵. 加热方式对鸡汤风味品质影响的研究 [J]. 食品科技, 2013, 38 (10): 77-82.

[8] 张乐, 张雅, 史冠莹, 等. GC-IMS 结合化学计量学分析 8 个产区香椿挥发性成分差异 [J]. 食品科学: 1-18 [2022-10-26]. http://kns.cnki.net/kcms/detail/11.2206.TS.20220414.1201.066.html.

[9] 史冠莹, 赵丽丽, 王晓敏, 等. 红油香椿生长期主要活性物质及挥发性成分动态变化规律 [J]. 食品科学, 2022, 43 (2): 276-284.

第六章 食用香料香精的安全性评价与法规标准

香料香精作为一种非常重要的食品添加剂,在食品行业中发挥着举足轻重的作用,但长期以来因其用量少,同时具有自我限量的特性,因而不像化学合成甜味剂、防腐剂、色素那样受到人们的强烈关注。然而近二十年来的研究成果表明,食品香精并不是完全安全的,使用不当也会引起一定的食品安全隐患,而且部分香精经长期积累后会具有潜在的致癌性,如丙烯酰胺、氯丙醇等对人体的生殖毒性、致癌性等。目前国际上允许使用的食品用香料香精多达上千种,因此世界各国都对香料香精的使用制定了严格的法规标准加以管理。首先是重视法规建设,法规内容符合行业实际,有利于推动行业发展;其次是重视标准建设,以此确保香料香精的安全。

第一节 食用香料香精的安全性

食用香料香精种类很多,但在食品中的使用量一般很少,添加过多除了会影响到食品的安全性外,也会使人们难以接受,因此,食用香料香精又被称为"自我限量"的食品添加剂。随着食品工业的发展,香料香精的应用量与应用范围日益扩大,在食品的生产和消费中起着十分重要的作用,人们在日常生活中与之接触机会逐渐增多,涉及人的安全问题,越来越引起人们的关注。

一、食用香料香精存在的安全性问题

(一)原材料的安全性问题

食用香料香精的原材料是影响其安全性的最主要因素之一。香料的生产绝不能使用未经许可的品种,更不能使用化工原料的香料单体来替代食品级香料。然而,一些不法生产者为了牟取暴利,采用伪劣原料或非食品级的原料进行生产,致使食用香料香精的安全性问题日益凸显,成为制约食用香料香精发展和推广的首要问题。

(二)加工工艺的安全性问题

加工工艺是影响食用香料香精安全性的又一可能因素。丙烯酰胺对人体具

有神经毒性、生殖毒性以及潜在的致癌性，会对大脑以及中枢神经造成损害，并被国际癌症研究机构（International Agency for Research on Cancer，IARC）列为"可能对人致癌物质"。目前，对食品中丙烯酰胺形成机制的研究并没有确切结论，然而由氨基酸和还原糖在高温加热条件下通过美拉德反应生成丙烯酰胺这一反应机制已经得到了确认。对于肉味香精来说，热反应是制备香精的重要加工工艺，但是对于绝大部分热反应型香精的安全性评价以及各种成分的毒性分析数据却很少，因而热反应型香精在生产过程中是否有可能生成丙烯酰胺以及产品中丙烯酰胺的含量等问题，还需要学者进行进一步的研究。

对于以肉类为原料制备得到的热加工型肉味香精来说，其可能产生的毒害物质不仅包括丙烯酰胺，还有杂环胺类物质。杂环胺主要是肉类在热加工过程中产生的一类致癌致突变物质，可导致多种器官肿瘤的生成。如何通过改善加工工艺避免杂环胺类的生成或者降低杂环胺类在热加工肉类香精中的含量，是香料香精生产面临的安全性问题之一。

随着水解植物蛋白（HVP）作为天然调味香料在食品中大量使用，其自身带来的安全性问题也逐渐引起人们的重视。传统水解植物蛋白的生产工艺，是将植物蛋白质用浓盐酸在109 ℃回流酸解，在这个过程中，为了提高氨基酸的得率，需要加入过量的盐酸。若此时原料中还留存脂肪和油脂，则其中的三酰甘油就同时水解生成丙三醇，并进一步与盐酸反应生成氯丙醇。氯丙醇具有生殖毒性、致癌性和致突变性，是继二噁英之后食品污染领域的又一热点问题，被列为食品添加剂联合专家委员会（Joint FAO/WHO Expert Committee on Food Additives，JECFA）优先评价项目。因此，如何优化工艺降低水解植物蛋白过程中氯丙醇的生成，是食用香料香精安全甚至食品添加剂安全领域亟须解决的问题。

（三）储藏过程中的安全性问题

食品在储藏过程中会遇到不同的安全性问题，例如受微生物污染而引起的变质等，食用香料香精同样面临着相同的安全隐患。食用香料香精储藏时受到的微生物污染主要受环境、包装及形态等因素影响。食用香料香精的形态主要包括精油、酊剂、浸膏、粉末等，不同的物质形态在储藏过程中受微生物污染程度的差别很大。有实验证明，在相同条件下粉末状香精的大肠菌群生成量要低于浸膏，因而粉末状香料香精的保质期应当更长，安全隐患也更小。这主要是因为液态和膏状香精的含水量大大高于粉末状香精，其中的水分活度更高，更适于微生物的生长。因此，在香料香精的储藏过程中不可忽视微生物污染问题，应根据产品的种类采用适宜的储藏方式和储藏条件，以最大限度减少微生物污染的影响，防止食品安全事故的发生。

（四）使用过程中的安全性问题

虽然食用香料香精被认为是可"自我限量"的添加物质，但是随着食品工业的日益发展，香料香精使用逐渐普遍，消费者的味蕾对于香味的识别阈值也在逐年提高，从而可能造成食用香料香精在使用过程中逐渐增量。不仅如此，某些特殊的香料香精例如苯甲酸的使用安全性问题也日益突出。苯甲酸又名安息香酸，具有微弱香脂气味，属于芳香族酸。它既是食品工业中普遍使用的防腐剂，也可以作为食用香料香精使用，一般在巧克力、柠檬等口味的食品中作为香精使用。防腐剂是食品安全监督非常受关注的一种食品添加剂，而苯甲酸既是防腐剂又是香料的特殊性，使其使用会受到多方的限制，也较容易出现安全性问题，并有可能因为将苯甲酸用作香精而导致不知情地扩大了苯甲酸适用范围或者超量使用。例如近年来出现的冰激凌、面包以及乳制品中苯甲酸过量的问题，就属于香精使用过程中的问题。尽管一般情况下苯甲酸被认为是安全的，但有研究显示苯甲酸类有叠加毒性作用，对于包括婴幼儿在内的一些特殊人群而言，长期过量摄入苯甲酸也可能带来哮喘、荨麻疹、代谢性酸中毒等不良反应，在一些国家已被禁止在儿童食品中使用。因此，香料香精使用过程中的安全性问题同样不容忽视。

二、食用香料香精安全性评价

食用香料香精通常包括有效成分含量（即活性）和毒性两方面。在符合香料安全性要求的同时，应保证香料有效成分含量达标，并在规定的使用方式和使用剂量下，对人体以及环境不造成危害。影响香料安全性的因素有很多，主要包括香料自源性安全性、微生物含量、农药残留量、重金属含量等因素。合成香料的安全性在生产中通过控制产品纯度易于实现，但天然香料种类繁多，产地、季节、气候、生产方法等对香料成分均可能产生影响。香料应用领域广，各应用领域对香料安全性要求各异，导致香料安全性评价及防范难度大，因此有必要在天然香料种植、采摘、加工、使用等一系列过程中进行安全控制和详细记录，建立溯源档案，以保证天然香料的安全性。

香料香精有时直接应用于人体或环境。评价香料对人体和环境的危害性是香料安全性评价的首要环节。香料自源性安全性包括香料对人体的皮肤刺激性、过敏性、光毒性、基因毒性，对呼吸系统的安全性、毒理性等系列数据。随着人类环境保护意识的增强，香料对环境的影响因素，包括香料的持久性、在生物体内的蓄积性及对水生生物的毒性等，也是香料安全性需测试的范围。在对香料上述指标进行定性定量评价的基础上，可确定该香料是属于禁用、限量使用还是安全使用。此外，还需要考虑香料中溶剂残留量、重金属含量、农药残留量、杀虫剂残留量、放射性物质残留量等指标，以确保所有指标处于应用安全范围。

由于安全性是食品的命脉，因而食用香料香精的使用范围以及最大使用量，需要通过安全性评价来进行预测。根据国家卫生和计划生育委员会发布的GB 15193.1—2014《食品安全国家标准 食品安全性毒理学评价程序》、欧盟香料香精专家委员会编写的《热反应香精安全评价系统指南》及相关文献的介绍，食用香料香精的安全性评价可包括以下几个部分：

第一部分：化学结构与毒性关系的确定。

第二部分：特殊组分例如砷、铅、镉等重金属元素和丙烯酰胺以及杂环胺类等有毒特殊成分的测定。

第三部分：进行必要的毒理学实验，包括急性口服毒性实验、联合急性实验、基因诱变实验［例如埃姆斯测验（Ames test）］、试管中染色体破损实验和90天啮齿动物喂给实验等，必要时还应包括慢性毒性实验（包括致癌实验）。

第四部分：根据现有的测定数据和毒理学数据对此香料香精进行评价。

通过以上程序，可以对某种香料香精的安全性进行有效评价，对产品的生产以及消费者的消费有良好的指导作用。

香料主要用于食品、医药、化妆品、香烟等产品中，产品包装、储存条件必须严格要求，以避免包装物、外界环境（如氧气、光、热及微生物）等导致有效成分的变化和污染物增加。包装材料需采用食品药品级别的，如不能保证重复使用时仍能达到该级别，则严禁重复使用。通常少量的精油可直接存放在深色玻璃瓶中，量大的精油应使用铝制容器或是涂有锡作内衬的金属卷筒容器网内。为避免香料在储存过程中受到环境影响后发生化学反应，导致香精品质下降，通常将精油储存在低温、干燥、避光环境中，避免暴露于空气中。在外包装上应有详细的标签，注明植物品种、部位、产地、采摘时间、提取方法、商品名、化学名称、有效成分含量等信息。

第二节　食用香料香精法律法规

食品香味或称风味对于食品的接受和消费起重要作用，从而对人类的生活质量起重要作用。食品的香味由食品原料中固有的香味物质或由食品加工过程中生成的香味物质产生，也可以加入由食品香料和香味添加物构成的食品香精来达到。食用香料香精的安全性历来得到人们的关心，为了保障人身安全，在国际组织和一些国家中都有相应的法律法规。

一、国外法律法规

随着现代食品工业的崛起，世界各国使用的香料香精品种越来越多，香料香精在食品工业中的地位日益突出。由于香料香精的添加可能会带来某种健康风险，尤其是食用香料香精诱发的食品安全事件的发生，使开展食品安全监管较早的日本以及欧美国家更多地把注意力放在香料香精的安全监管上，并将香料香精纳入食品安全监管体系。例如，早在 1947 年，日本厚生省公布的食品卫生法就包含对食品中所用化学物认定的制度；美国 1958 年即对食品用香料进行立法管理；欧洲大多数国家采用国际香料工业组织（International Organization of the Flavor Industry，IOFI）的规定对香料香精进行管理。在发达国家的推动下，国际食品法典委员会（Codex Alimentarius Commission，CAC）、欧盟等国际性和区域性组织逐步形成了较为完善的食品安全监管法律法规体系，其他国家也相互借鉴，逐步建立了自己的质量安全监管体系，香料香精质量安全监管逐渐常态化。

由于各国饮食习惯、风味喜好、消费需求各不相同，食品加工方式以及对某些香料香精安全性的认识也存在差异，因此对香料香精的使用规定和质量要求也不尽相同，这种使用规定上的差异客观上成为香料香精国际贸易中有效的技术措施和手段。但随着经济全球化进程，国际上对香料香精的监管政策日渐趋同，世界各国均将强化香料香精质量安全监管作为保证食品安全的一项重要举措。2008 年，欧洲议会和欧盟理事会发布系列指令（EU No. 1331/1332/1333/1334），提出食用香料的使用要求，并不断对相关规定进行完善和强化；2012 年，IOFI 也修订了《实践法规》中关于食用香料香精的部分；2017 年，CAC 修订了 CAC/GL 66—2008《食用香料应用指南》；2019 年，美国食品药品监督管理局（Food and Drug Administration，FDA）修订联邦法规（Code of Federal Regulations，CFR）21 Part101，要求标注食品中添加的香料；2020 年，美国 FDA 和美国食用香料与萃取物制造者协会（Flavor and Extract Manufacturers Association，FEMA）再次更新 "一般认为安全物质（Generally Recognized as Safe，GRAS）列表"；2021 年，欧洲议会和欧盟理事会进一步修订 "化学品注册、评估、授权和限制的欧盟法规"（Registration Evaluation Authorisation and Restriction of Chemicals，REACH），将高度关注物质 REACH 符合分析增加至 219 项，提高化学品生产、贸易、使用安全的要求。由此可见，世界范围内食品安全监管不断强化。国外香料香精产业发展较早，凭借科技和产业的优势，在安全监管强化的背景下，朝着规模化、集约化、绿色化方向发展，产业集中度也越来越高，正主导着世界香料香精产业的高速发展。

二、国内法律法规

现阶段，我国实施并完成了"十三五"发展规划，全面建成小康社会，食品安全水平全面提升。在安全食品供给的前提下，居民对风味享受提出更高的要求，这种需求侧的变化，快速融入国内食品产业发展过程中，给国内香料香精产业带来广阔的发展空间。

（一）严格监管，促进产业保持高质量发展

香料香精产业是食品行业的上游产业，食品安全要求香料香精必须安全。自 2009 年《中华人民共和国食品安全法》颁布实施以来，按照国家提出的"最严谨的标准"要求，国内食品安全监管全面强化。2016 年中共中央政治局审议通过"健康中国 2030"规划纲要，该规划纲要要求进一步加强食品安全监管。2016 年 8 月国家食品药品监督管理总局发布《食品生产许可审查通则》（食药监食监〔2016〕103 号）对食品及香料香精的生产加以规范。2016 年 11 月，国家卫生和计划生育委员会发布《食品安全标准与检测评估"十三五"规划（2016—2020 年）》，规划提出改革和加强新食品原料、香料新品种、食品相关产品新品种等"三新食品"管理，进一步规范食品用香料香精新品种审批程序。2017 年 2 月，国务院《"十三五"国家食品安全规划》提出严把食品生产经营许可关。对食品及食用香料香精生产等具有较高风险的相关产品、食品经营（不含销售食用农产品）依法严格实施许可管理。2018 年 12 月全国人民代表大会常务委员会再次修订的《中华人民共和国食品安全法》，2020 年 1 月国家市场监督管理总局发布的《食品生产许可管理办法》，均明确强调强化香料香精的管理。2021 年发布的《国家"十四五"规划纲要》，进一步突出了全面强化食品安全监管的要求。

在党中央的统一部署下，我国逐步形成了以《中华人民共和国食品安全法》为核心，以《中华人民共和国食品安全法实施条例》《食品生产许可管理办法》《食品经营许可管理办法》《食品安全抽样检验管理办法》《食品召回管理办法》《进出口食品安全管理办法》《进口食品境外生产企业注册管理规定》等为配套政策的国家食品安全监管体系，建立健全食品安全国家标准体系，加强标准化建设，发布与香料香精相关的系列食品安全国家标准，提升香料香精产品质量，促进产业健康发展。

（二）政策支持，助力产业融入发展快车道

为了促进香料香精产业的发展，适应食品产业发展需求，2011 年 3 月国家发展和改革委员会发布《产业结构调整指导目录（2011 年本）（修正）》，将安全型食用香料列入石化化工行业鼓励类目录。2016 年 1 月，科技部、财政部、国家税务总局发布《高新技术企业认定管理办法》，将"天然产物有效

成分的分离提取技术"列入国家重点支持的高新技术领域,为天然香料的精加工提供政策支持。2016年8月,工业和信息化部发布《轻工业发展规划(2016—2020年)》提出,"十三五"期间以市场为导向,以提高发展质量和效益为中心,以深度调整、创新提升为主线,以企业为主体,以增强创新、质量管理和品牌建设能力为重点,大力实施增品种、提品质、创品牌的"三品"战略,改善营商环境,从供给侧和需求侧两端发力,推进智能和绿色制造,优化产业结构,构建智能化、绿色化、服务化和国际化的新型轻工业制造体系,为建设制造强国和服务全面建成小康社会的目标奠定基础。2019年10月,国家发展和改革委员会发布《产业结构调整指导目录(2019年本)》,目录中将香料、野生花卉等林下资源人工培育与开发、天然食用香料、天然香料新技术开发与生产列入鼓励类目录。

积极产业政策的引导促进了国内香料香精产业的高速发展。中国香料香精化妆品工业协会实施《香料香精行业"十三五"发展规划》期间,我国香料香精市场规模稳定增长,据统计,2020年国内香料产量约21.8万t,香精产量约31.7万t,销售额约449亿元,行业整体运行势头向好,年产值达亿元以上的企业、上市公司数量继续增加,多措并举加快人才培养和行业交流,提高国内香料香精企业实力,不断增强企业国际竞争力。我国已成为全球最主要的香料香精供应国和消费国及生产基地,香料香精市场规模占全球市场约五分之一,国内香料香精公司紧跟世界科技和行业发展潮流,学习引进国外先进香料品种和生产技术,企业生产水平和产品品质稳步提高,呈现出良好的发展态势。同时产业集聚化发展进一步加强,更加注重绿色、协调、可持续发展,国际化程度也在持续加强。国内香料香精产业已进入高速发展的快车道,2021年中国香料香精化妆品工业协会制定《香料香精行业"十四五"发展规划》,预计到2025年,我国香料香精行业主营业务收入将达到500亿元,年均增长2%以上,香精产量达到40万t,香料产量达到25万t,香料香精生产质量合格率达到98%以上。

在国家宏观政策的引领下,全国各省积极出台政策促进香料香精相关产业快速发展。例如,四川省围绕川菜发展需求,聚焦当地花椒特色,2018年四川省人民政府办公厅印发了《关于推进花椒产业持续健康发展的意见》引导花椒产业发展,四川省林业厅发布《四川花椒适生区划》,制定《推进四川花椒产业持续健康发展工作方案(2018—2022年)》,推动花椒产业规模迅速扩大;同时配套出台《农产品精深加工产业培育方案》和《关于大力推动农产品加工园区发展的意见》,引导花椒产业升级,推动区域品牌优势形成,成为四川香料香精产品中的核心原料和产品。2020年,四川省食用香料香精整体销量排名全国第三,香料香精及下游配套产品年产值超过600亿元。在香料香精产业的强力支持下，四川省食品产业特色优势明显，产业发展势头迅猛，2020 年食品相关规模以上企业营业收入跃居全国第三。

三、国内香料香精行业相关产业政策

（1）《产业结构调整指导目录（2019 年本）》。该目录将绿色食品生成允许使用的食品添加剂开发列入农林业鼓励类目录。

（2）《香料香精行业"十四五"发展规划》。2021 年，中国香料香精化妆品工业协会发布《香料香精行业"十四五"发展规划》提出，大力发展天然香精香料市场，优化配置形成中国香精香料行业产业链。到 2025 年我国香料香精行业主营业务收入达到 500 亿元，年均增长 2%；香精产量达到 40 万吨，香料产量达到 25 万吨；生产质量合格率达到 98% 以上。

（3）《"十三五"国家食品安全规划》。2017 年 2 月，国务院发布的《"十三五"国家食品安全规划》提出，牢固树立和贯彻落实创新、协调、绿色、开放、共享的新发展理念，坚持最严谨的标准、最严格的监管、最严厉的处罚、最严肃的问责，全面实施食品安全战略，着力推进监管体制机制改革创新和依法治理，着力解决人民群众反映强烈的突出问题，推动食品安全现代化治理体系建设，促进食品产业发展，推进健康中国建设。规划的提出，对食品及食品添加剂行业健康规范发展将起到积极的促进作用。

（4）《中华人民共和国国民经济和社会发展第十三个五年规划纲要》。2016 年 3 月，全国两会发布《中华人民共和国国民经济和社会发展第十三个五年规划纲要》，在"推进健康中国建设"章节提出保障食品药品安全，实施食品安全战略，完善食品安全法规制度，提高食品安全标准，强化源头治理，全面落实企业主体责任，实施网格化监管，提高监督检查频次和抽检检测覆盖面，实行全产业链追溯管理。

（5）《轻工业发展规划（2016—2020 年）》。2016 年 8 月，工业和信息化部发布的《轻工业发展规划（2016—2020 年）》提出，"十三五"要以市场为导向，以提高发展质量和效益为中心，以深度调整、创新提升为主线，以企业为主体，以增强创新、质量管理和品牌建设能力为重点，大力实施增品种、提品质、创品牌的"三品"战略，改善营商环境，从供给侧和需求侧两端发力，推进智能和绿色制造，优化产业结构，构建智能化、绿色化、服务化和国际化的新型轻工业制造体系，为建设制造强国和服务全面建成小康社会的目标奠定基础。进一步优化企业兼并重组环境，支持食品、塑料制品、家用电器、皮革、造纸、家具等规模效益显著行业企业的战略合作和兼并重组，培育一批核心竞争力强的企业集团，发挥其在产品开发、技术示范、信息扩散和销售网络中的辐射带动作用。

（6）《食品安全标准与检测评估"十四五"规划（2021—2025 年）》。国家卫生健康委员会印发了《食品安全标准与监测评估"十四五"规划》，明确了"十四五"期间我国食品安全国家标准的制修订项目，规定制修订不少于100 项食品安全国家标准。

（7）《促进食品工业健康发展的指导意见》。2017 年 1 月，国家发展和改革委员会、工业和信息化部联合发布的《促进食品工业健康发展的指导意见》指出，围绕提升食品质量和安全水平，以满足人民群众日益增长和不断升级的安全、多样、健康、营养、方便食品消费需求为目标，以供给侧结构性改革为主线，以创新驱动为引领，着力提高供给质量和效率，推动食品工业转型升级、膳食消费结构改善，满足小康社会城乡居民更高层次的食品需求。到2020 年，食品工业规模化、智能化、集约化、绿色化发展水平明显提升，供给质量和效率显著提高。

第三节　食用香料香精标准体系

香料香精行业虽然是个小行业，但对下游应用领域的影响很大，也直接关系到消费者的生活品质。由于该行业小微企业数量多，水平参差不齐，必须以法规标准加以规范，重视标准建设。政府相关部门要给予行业协会和骨干企业参与相关国家安全标准的制修订话语权。行业协会和骨干企业在有条件的情况下，要努力做好团体标准和行业标准的制定工作。例如，天然香料香精是香精行业乃至食品行业一个重要的发展方向，但相关标准仍有缺失，使香料香精行业和食品行业发展受到一定影响，应根据行业发展需要，加快制定相应的产品、检测等标准。

一、国内香料香精标准

香料香精行业所属协会为中国轻工业联合会与中国香料香精化妆品工业协会，所属行政主管部门为国家市场监督管理总局和国家发展和改革委员会。国家市场监督管理总局负责起草食品（以及食品添加剂）安全、化妆品监督管理的法律法规草案，制定食品行政许可的实施办法并监督实施，制定食品、化妆品监督管理的稽查制度并组织实施，组织查处重大违法行为；国家发展和改革委员会行使宏观管理职能，主要负责制定产业政策、行业规划，审批、核准、审核重大建设项目；中国轻工业联合会与中国香料香精化妆品工业协会是行业自律组织，主要开展全行业基本情况的调查、收集和整理工作，相关行业法规和政策的建议。目前已制定香料香精标准共计 154 项，其中国家标准 50 项，行业标准 104 项，这些标准大致可以分为基础标准、产品标准、规范标准及检验方法等（图 6-1）。

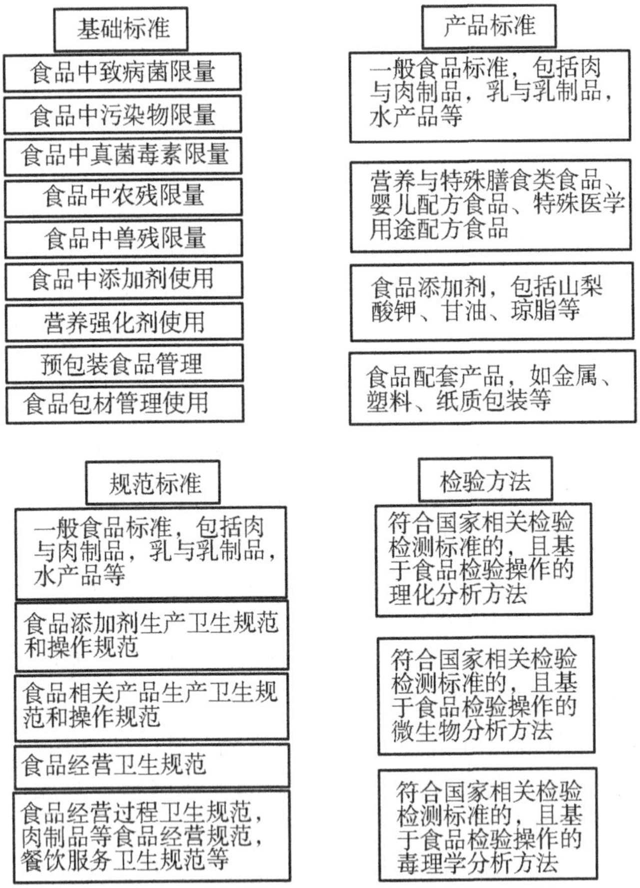

图 6-1 食品安全国家标准体系

2020 年，国家卫生健康委员会、国家市场监督管理总局联合发布了《食品安全国家标准 食品用香精》（GB 30616—2020）等 38 项食品安全国家标准和 4 项修改单。食用香料香精一直在食品加工过程中扮演着重要角色，在改善食品风味上的作用不容忽视，但过度过量使用反而会产生相反效果，阻碍相关行业的发展。食品用香精相关使用标准的不断完善，也促使企业在食品生产中合法合规地添加食品用香料香精，保障食品安全。修订后的食品用香精标准中修改了食品用香精、食品用热加工食用香料香精、食品用香精辅料、液体香精、乳化香精的定义，标准样品、浆（膏）状香精、拌和型粉末香精的术语和定义，胶囊型粉末香精的术语。其中食品用香精的定义中补充了浓缩调配混合物范围"不包括增味剂"，同时删除了食品用热加工食用香料香精，将食品用热加工香味料归类于食品用香料中，更加切合实际分类；食品用热加工香味料的定义中增加了"食品用热加工香味料必定含有非酶褐变产物"要求，进一步对成分进行了明确要求；食品用香精辅料从其作用的角度重新对其进行定义，改为"为发挥食品用香精作用和（或）提高其稳定性所必需的任何基础物质（例如抗氧化剂、防腐剂、稀释剂、溶剂等）"。液体香精和乳化香精从物质形态重新定义，简化了定义内容。

提到香精，消费者很自然地会想到香料，两者在食品加工中一直互为表里。在修订中，新版食品用香精标准的术语和定义中新增了食品用香料。食品用香料指添加到食品产品中以产生香味、修饰香味或提高香味的物质，主要包括天然食用香味物质、天然食用香味复合物、食品用热加工香味料、烟熏食用香味料、食品用合成香料。此外，在此次发布的 38 项食品安全标准和 4 项修改单中还包括（GB 29938—2020）《食品安全国家标准 食品用香料通则》。相关术语和定义的完善为食品用香精提供了更为准确的范围，使标准不断规范。在新版标准中，技术要求下的原料要求增加了"食品用热加工食用香料香精的原料和工艺要求符合附录 A 的规定"；感官要求新增"乳化香精不进行色状的检定"；理化指标中修订了需要检测无机砷的情况，当砷的含量>3 mg/kg 时，再测定无机砷含量，无机砷含量应≤1.5 mg/kg，还删除了液体香精的微生物指标。此外，新版标准还修订了食品用香精的标签要求。按照 GB 29924《食品安全国家标准 食品添加剂标识通则》进行标示，凡因含有食品用热加工香味料而无法检测相对密度和折光指数的液体香精，其产品标签上应标示出本产品含有的食品用热加工香味料；不再要求"含有来自海产品成分的食品用香精"在产品标签上注明"本产品含有海产品成分"。

香味不仅仅是各种香料香精调配混合物的体现，更是衡量食品质量的关键指标。在各类食品标准中，感官要求除了外观，往往还有对产品风味的要求。在这一过程中，香精的组成辅料作用不言而喻。在新版标准中，食品用香精允许使用的辅料增加了三乙酸甘油酯、柠檬酸三乙酯和异丙醇，允许使用的其他辅料名单中删除甜菜红、高粱红、柑橘黄、天然胡萝卜素、木糖醇、罗汉果甜苷、赤藓糖醇。

标准修订的落实将体现在食品行业的各个领域，例如烘焙食品、方便食品、肉制品、调味品等。作为食品香味来源的提供者，食品用香料香精在食品工业生产中具有重要作用，在食品生产的各个领域中都可见其身影。香料香精相关标准的完善，亦助力食品行业的不断发展。

（一）通用类和基础类

GB 2760《食品安全国家标准 食品添加剂使用标准》

GB 29924《食品安全国家标准 食品添加剂标识通则》

GB 29938《食品安全国家标准 食品用香料通则》

GB 30616《食品安全国家标准 食品用香精》

GB/T 12729.1《香辛料和调味品 名称》

GB/T 14455.1《精油 命名原则》

GB/T 15691《香辛料调味品通用技术条件》

GB/T 21171《香料香精术语》

GB/T 21725《天然香辛料 分类》

GB/T 39009《精油 命名》

NY/T 901《绿色食品 香辛料及其制品》

《关于实施〈食品添加剂使用标准〉（GB 2760—2014）问题的复函》（国卫办食品函〔2015〕469号）

《关于食品用香精等标准有关问题的通知》（食药监办食监一函〔2014〕455号）

（二）产品标准

GB 1886.16《食品安全国家标准 食品添加剂 香兰素》

GB 1886.22《食品安全国家标准 食品添加剂 柠檬油》

GB 1886.23《食品安全国家标准 食品添加剂 小花茉莉浸膏》

GB 1886.24《食品安全国家标准 食品添加剂 桂花浸膏》

GB 1886.29《食品安全国家标准 食品添加剂 生姜油》

GB 1886.33《食品安全国家标准 食品添加剂 桉叶油（蓝桉油）》

GB 1886.35《食品安全国家标准 食品添加剂 山苍子油》

GB 1886.36《食品安全国家标准 食品添加剂 留兰香油》

GB 1886.38《食品安全国家标准 食品添加剂 薰衣草油》

GB 1886.48《食品安全国家标准 食品添加剂 玫瑰油》

GB 1886.51《食品安全国家标准 食品添加剂 2,3-丁二酮》

GB 1886.113《食品安全国家标准 食品添加剂 菊花黄浸膏》

GB 1886.118《食品安全国家标准 食品添加剂 杭白菊花浸膏》

GB 1886.124《食品安全国家标准 食品添加剂 广藿香油》

GB 1886.140《食品安全国家标准 食品添加剂 八角茴香油》

GB 1886.167《食品安全国家标准 食品添加剂 大茴香脑》

GB 1886.190《食品安全国家标准 食品添加剂 乙酸乙酯》

GB 1886.194《食品安全国家标准 食品添加剂 丁酸乙酯》

GB 1886.196《食品安全国家标准 食品添加剂 己酸乙酯》

GB 1886.197《食品安全国家标准 食品添加剂 乳酸乙酯》

GB 1886.199《食品安全国家标准 食品添加剂 天然薄荷脑》

GB 1886.200《食品安全国家标准 食品添加剂 香叶油（又名玫瑰香叶油）》

GB 1886.202《食品安全国家标准 食品添加剂 乙酸异戊酯》

GB 1886.204《食品安全国家标准 食品添加剂 亚洲薄荷素油》

GB 1886.207《食品安全国家标准 食品添加剂 中国肉桂油》

GB 1886.208《食品安全国家标准 食品添加剂 乙基麦芽酚》

GB 1886.263《食品安全国家标准 食品添加剂 玫瑰净油》

GB 1886.264《食品安全国家标准 食品添加剂 小花茉莉净油》

GB 1886.265《食品安全国家标准 食品添加剂 桂花净油》

GB 1886.270《食品安全国家标准 食品添加剂 茶树油（又名互叶白千层油）》

GB 1886.271《食品安全国家标准 食品添加剂 香茅油》

GB 1886.272《食品安全国家标准 食品添加剂 大蒜油》

GB 1886.273《食品安全国家标准 食品添加剂 丁香花蕾油》

GB 1886.274《食品安全国家标准 食品添加剂 杭白菊花油》

GB 1886.275《食品安全国家标准 食品添加剂 白兰花油》

GB 1886.276《食品安全国家标准 食品添加剂 白兰叶油》

GB 1886.277《食品安全国家标准 食品添加剂 树兰花油》

GB 1886.278《食品安全国家标准 食品添加剂 椒样薄荷油》

GB 28314《食品安全国家标准 食品添加剂 辣椒油树脂》

GB 29974《食品安全国家标准 食品添加剂 糠基硫醇（咖啡醛）》

QB/T 4810《香料 罗汉果浸膏》

（三）检测方法标准

GB 5009.74《食品安全国家标准 食品添加剂中重金属限量试验》

GB 5009.75《食品安全国家标准 食品添加剂中铅的测定》

GB 5009.76《食品安全国家标准 食品添加剂中砷的测定》

GB/T 11539《香料 填充柱气相色谱分析 通用法》

GB/T 11540《香料 相对密度的测定》

GB/T 14454.1《香料 试样制备》

GB/T 14454.2《香料 香气评定法》

GB/T 14454.4《香料 折光指数的测定》

GB/T 14454.5《香料 旋光度的测定》

GB/T 14454.6《香料 蒸发后残留物含量的评估》

GB/T 14454.7《香料 冻点的测定》

GB/T 14454.11《香料 含酚量的测定》

GB/T 14454.12《香料 微量氯测定法》

GB/T 14454.13《香料 羰值和羰基化合物含量的测定》

GB/T 14454.14《香料 标准溶液、试液和指示液的制备》

GB/T 14455.3《香料 乙醇中溶解（混）度的评估》

GB/T 14455.5《香料 酸值或含酸量的测定》

GB/T 14455.6《香料 酯值或含酯量的测定》

GB/T 14455.7《香料 乙酰化后酯值的测定和游离醇与总醇含量的评估》

GB/T 14457.2《香料 沸程测定法》

GB/T 14457.3《香料 熔点测定法》

GB/T 33918《香料 过氧化值的测定》

GB/T 12729.2《香辛料和调味品 取样方法》

GB/T 12729.3《香辛料和调味品 分析用粉末试样的制备》

GB/T 12729.4《香辛料和调味品 磨碎细度的测定（手筛法）》

GB/T 12729.5《香辛料和调味品 外来物含量的测定》

GB/T 12729.10《香辛料和调味品 醇溶抽提物的测定》

GB/T 12729.11《香辛料和调味品 冷水可溶性抽提物的测定》

GB/T 12729.12《香辛料和调味品 不挥发性乙醚抽提物的测定》

GB/T 12729.13《香辛料和调味品 污物的测定》

GB/T 30385《香辛料和调味品 挥发油含量的测定》

GB/T 27579《精油 高效液相色谱分析 通用法》

GB/T 33917《精油 手性毛细管柱气相色谱分析 通用法》

GB/T 27580《精油和芳香萃取物 残留苯含量的测定》

GB/T 17527《胡椒精油含量的测定》

NY/T 2013《柑橘类水果及制品中香精油含量的测定》

SN/T 2360.22《进出口食品添加剂检验规程 第 22 部分：香料香精》

二、企业标准体系

（一）企业标准体系简介

企业标准体系是企业内部的标准按其内在联系形成的科学的有机的整体。企业标准体系以技术标准为主体，还应包括管理标准和工作标准。企业标准体系包括企业应贯彻和采用的国家或行业基础标准，以及本企业制定的企业标准。企业标准化应在上级标准化法规和企业的方针目标，以及各种相关国际、国家法律和法规指导下形成。

企业标准化工作用技术标准、管理标准和工作标准覆盖了企业所有管理工作。技术标准是对标准化领域中需要协调统一的技术事项所制定的标准，在企业中一般包括生产对象、生产条件、生产方法及包装储运等技术要求。企业技术标准的存在形式可以是标准、规范、规程、守则、操作卡、作业指导书等，表现形式可以是纸张、电子文档、光盘或其他电子媒体、照片、标准样品或它们的组合。标准体系包括现有的标准和预计应发展的标准，现有标准体系反映出当前的生产、科技水平，生产社会化、专业化和现代化程度，经济效益，产业和产品结构，经济政策，市场需求，资源条件等；标准体系中也展示出规划应制定标准的发展蓝图。

企业标准体系的建立和实施必须紧密围绕实现企业的总方针总目标的要求，特别是国家有关标准化的法律法规和国家、行业、地方的有关企业生产、经营、管理和服务的强制性标准的规定。因此，企业标准体系内的所有标准都要在本企业方针、目标和有关标准化法律法规的指导下形成，包括企业贯彻、采用的上级标准和本企业制定的标准。

（二）企业标准制定流程

企业标准制定的流程主要包括：①前期咨询、报价；②签署合同；③根据客户提供资料编写编制及备案所需全部资料；④提供草案给客户，根据客户意见进行修订；⑤组织资料申请备案或网上备案公示；⑥客户确认，开具发票，付款。

企业标准编制主要步骤为：①收集相关资料，需要数据支撑的要先对产品做相关的检验检测，得出相应的数据；②组织人员起草编制标准，标准不能与相关的法律法规相抵，同时不能低于相关的国家标准或是行业标准；③编制完成后反复确认修改，确保标准的相符性、合理性、可操作性；④在"企业标准信息服务平台"进行网上备案；⑤备案完成后，直接下载文本，文本会自动生成专属的二维码和水印。此外，企业标准是三年一复审，如果有相应的国家标准、行业标准或地方标准发布实施后，应该及时复审、修订或者废止，确保其继续有效。

制定企业产品标准应当遵循下列原则：①符合国家有关法律、法规和规章的规定；②符合国家产业发展方针、政策；③符合强制性的国家标准、行业标准和地方标准要求；④满足保障人体健康、人身财产安全的要求，保护动植物生命健康和安全；⑤保护消费者合法权益，保护环境，合理利用资源和节约能源；⑥保证产品质量和产品安全；⑦完整反映产品的质量特征和功能特性；⑧食品企业产品标准应当明确所使用的原辅料和添加剂。

（三）企业标准备案

《中华人民共和国标准化法实施条例》第十七条规定：企业生产的产品没有国家标准、行业标准和地方标准的，应当制定相应的企业标准，作为组织生产的依据。企业标准由企业组织制定（农业企业标准制定办法另定），并按省、自治区、直辖市人民政府的规定备案。

　　企业标准备案需要满足的条件：①符合国家有关法律、法规和规章的规定；②符合国家产业发展方针、政策；③符合强制性的国家标准、行业标准和地方标准要求；④满足保障人体健康、人身财产安全的要求，保护动植物生命健康和安全；⑤保护消费者合法权益，保护环境，合理利用资源和节约能源；⑥保证产品质量和产品安全；⑦完整反映产品的质量特征和功能特性。

　　产品标准备案程序：①申请人在企业产品标准发布后 30 日内向质监部门提出备案申请，提交申请材料。②质监部门对申请材料进行审查，材料齐全的出具接收材料回执；不属于备案范围、材料不齐全或者不符合法定形式的，当场告知补正材料。③质监部门在 7 个工作日内对申请材料进行审查，符合规定要求的，准予备案，并发备案通知；不符合规定要求的，不予备案并书面告知申请人。

　　其中有下列情形之一的，不予备案：①标准（包括复审确认有效或修订），未经法人代表或法人代表授权的主管负责人批准、发布的；②备案材料不齐全的；③标准发布或复审后无正当理由超过 30 日备案期限的；④不符合国家标准 GB/T 1.1《标准化工作导则 第 1 部分：标准化文件的结构和起草规则》中规定的标准编写要求的；⑤标准违反有关法律、法规规定或强制性标准的；⑥标准备案后，未经标准备案部门的同意，擅自修改或降低企业标准的取消备案资格，并追究责任。

参考文献

[1] 杜世祥. 食品香料安全性评价 [J]. 中国食品添加剂, 2003 (2)：16-18.

[2] 汤晨, 张蕾, 仇智宁. 试论食用香精香料安全性 [J]. 粮食与油脂, 2012, 25 (7)：50-51.

[3] 徐易, 曹怡, 金其璋. 食用香料香精安全性与国内外法规标准 [J]. 中国食品添加剂, 2009 (2)：49-54.

[4] 陈娟, 尹学琼. 香料香精的安全性及防范措施与评价标准 [J]. 日用化学工业, 2014, 44 (2)：100-104.

[5] 欧盟修订食用香精香料法规 [J]. 食品与发酵工业, 2012, 38 (9)：173.

[6] 钟全斌, 吴威. 我国食品用香料香精法规标准存在的问题和对策 [J]. 上海标准化, 2009 (8)：40-41.

[7] 中国香料香精化妆品工业协会. 香料香精行业"十四五"发展规划 [J]. 日用化学品科学, 2022, 45 (3)：1-6.

[8] 邹志飞, 林海丹, 易蓉, 等. 我国食品添加剂法规标准现状与应用体会 [J]. 中国食品卫生杂志, 2012, 24 (4)：375-382.

[9] 范长军, 屠锦娣. 食品生产企业标准体系建设及思考 [J]. 中国标准化, 2022 (8)：19-24.

第七章　食用香料香精产业发展环境及发展趋势

食用香料香精在当今人们生活的各个方面均得到了广泛应用，对食品、日化、烟草等消费品风味、风格的塑造与创新发挥着灵魂作用，食用香料香精产业也随之成为相关工业领域的重要配套产业。尽管食用香料香精产业经济规模不大，但所服务的下游产业规模巨大，且下游产业的产品创新高度依赖于食用香料香精产业。与此同时，随着我国城市化建设的发展，人们的饮食结构也随之发生变化，由此带动了预包装食品需求的迅速增长，从而推动了食用香料香精产业的发展。未来食品饮料行业整体将朝着精细化方向发展，产品不断推陈出新，食用香料香精必将存在广阔的发展空间。

第一节　国外食用香料香精产业发展格局

近年来，国际香料香精贸易销售呈不断增长的趋势。目前香料香精销售额在世界精细化工大行业中仅次于医药行业，居第二位。总体来看，全球香料香精产业呈现高度垄断、高额投入的"双高"格局，国际十大香料香精公司多集中于发达国家。但受发达国家市场日趋饱和、需求增速放缓，而发展中国家和地区市场强劲增长的影响，全球香料香精产业向发展中国家转移、安全与天然理念日益深化也成为不可逆转的趋势。

一、国外食用香料香精市场情况

（一）全球市场情况

随着世界各国尤其是发达国家经济的发展，人们生活水平不断提高，对食品、日用品等产品品质要求愈来愈高，促进了食用香料香精行业的稳定增长。根据国际香料工业组织（IOFI）统计，20 世纪 90 年代以来，食用香料香精产业集中程度进程明显加快，尤其以欧洲为代表的老牌食用香料香精核心生产区域优势日趋稳固，所占市场份额不断提升。如图 7-1 所示，2018 年全球食用香料香精产量达到 96.27 万 t，其中，欧洲地区产量 24.3 万 t，占全球份额 25.25%，为全球最大食用香料香精生产市场。2025 年全球食用香料香精产量将达到 174.19 万 t, 届时欧洲地区食用香料香精产量和市场占比将分别达到 49.65 万 t 和 28.50%。

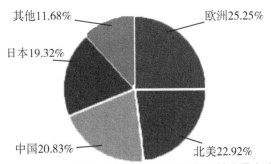

图 7-1 2018 年全球主要地区食用香料香精产量占比

（数据来源：2021 年国际香料工业组织 IOFI 统计数据）

2006—2019 年全球食用香料香精市场产值规模如图 7-2 所示，2006 年全球销售额为 180 亿美元，发展到 2019 年完成了 100 亿美元的增长量，达到 281 亿美元，年复合增长率为 4.29%，增长趋势稳定，发展良好。

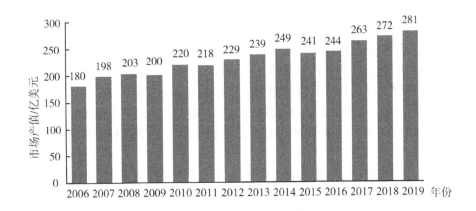

图 7-2 2006—2019 年全球食用香料香精市场产值规模

（数据来源：2021 年 Leffingwell & Associates 统计数据）

食用香料香精产业与人民生活密切相关。随着时代发展，下游行业持续增长及消费者对于新兴口味需求越来越多样化，市场需求量也在逐步增长。根据 Leffingwell & Associates 预测，2025 年全球香料香精需求将达到 337 亿美元（图 7-3）。全球食用香料香精配套食品产量将达到 3.17 万亿美元，日化产品产量将达到 4350 亿美元。

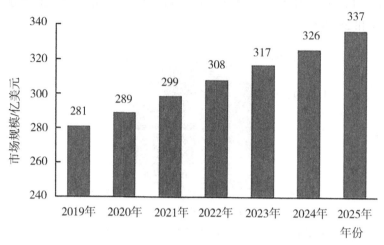

图 7-3　2019—2025 年全球食用香料香精市场规模及预测

（数据来源：2021 年 Leffingwell & Associates 统计及预测数据）

（二）各地区市场情况

随着经济发展和本地市场占有率提高，当前西欧、美国、日本等发达地区的市场趋近饱和，其在本土的销售额仅占 30%～50%，食用香料香精的销售重心逐步向发展中国家转移，亚洲市场的需求量提升潜力高。同时，北美与西欧市场发展时间较长，产业机制成熟，随着新兴口味不断出现以及消费群体对口味需求多样化，该区域仍有市场潜力。根据 Leffingwell & Associates 数据判断，至 2025 年全球食用香料香精市场规模将达到 337 亿美元，年均增长率将达到5.1%。其中，亚洲市场将以最高的年均增长率成为食用香料香精市场发展的主要动力。

近年来，虽然新冠疫情对世界经济造成了一定程度的冲击，但食用香料香精市场供需情况呈现平稳发展的态势，全球各地区发展仍正向增长。如图 7-4 所示，2020 年全球食用香料香精市场稳定增长，其中亚洲食用香料香精市场销售额以 122 亿美元位列第一，北美和中美以 74 亿美元位列第二，西欧以 49 亿美元位列第三。非洲、中东和欧洲中东部地区食用香料香精产值虽然较低，但增长率和同时期的美洲中北部地区持平，均维持在 4%～5% 之间，发展潜力较大。西欧地区市场的食用香料香精值排第三位，但同比增速偏低，说明其消费市场已趋于饱和状态，亚洲、非洲和欧洲中东部地区等第三世界国家和地区成为大宗市场主要经销区域，其中以亚太地区的需求最为强劲，最近几年达到 7.4% 的增长率，远高于世界平均增长率。

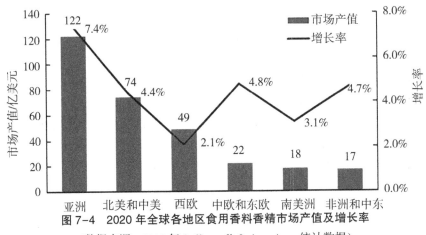

图 7-4　2020 年全球各地区食用香料香精市场产值及增长率

（数据来源：2022 年 Leffingwell & Associates 统计数据）

（三）各行业情况

在过去几年，食用香料香精在全球香料香精应用占比中持续提高。食用香料香精主要应用于饮料、乳制品、方便食品等领域，饮料行业是食用香料香精最大的终端市场，占比约 34%，其次为乳制品和方便食品，占比约 12% 和 11%，如图 7-5 所示。根据国际香料工业组织预测，由于新冠疫情对市场结构和人民生活的影响，方便食品和预调制食品等快速消费类产品需求将增大。应用于甜品的食用香料香精增长最快，2018 年销量为 8.29 万 t，2018 年到 2025 年复合增长率可达 9.69%，到 2025 年这一数字将达到 15.83 万 t。

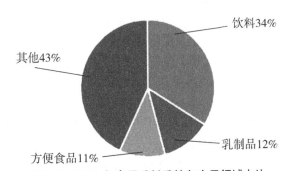

图 7-5　2018 年食用香料香精各应用领域占比

（数据来源：2020 年国际香料工业组织 IOFI 统计数据）

二、国外食用香料香精产业竞争格局

食用香料香精行业是食品、日化、烟草等行业的重要原料配套产业，具备品种多、用量少、专用性强和配套性强的特点。一方面，消费者对于高质量和差异化的产品需求不断提升，推动行业规模稳定发展。另一方面，产品生命周期不断缩短，定制化产品的比例高，导致行业一直处于激烈竞争阶段，企业兼并重组等行为时常发生。

20 世纪 80 年代，发达国家食用香料香精产业处于高度分散状态。90 年代以来，行业加速集中，企业核心市场地位日趋稳固，2017 年前十大生产企业市场占有率接近 80%（图 7-6）。目前，全球食用香料香精行业呈现高度垄断格局，国际十大食用香料香精公司多集中于发达国家，代表企业为瑞士奇华顿（Givaudan）、芬美意（Firmenich），美国国际香料香精公司（IFF）、森馨（Sensient Flavors），德国德之馨（Symrise），法国曼氏（Mane）、罗伯特（Robertet），日本高砂（Takasago）、长谷川（T. Hasegawa）等。

图 7-6　2017 年全球食用香料香精公司市场份额

（数据来源：2019 年 Leffingwell & Associates 统计数据）

随着市场竞争的加剧，行业头部企业加大资源整合力度，加强专利布局和研发投入，拓宽产品范围，完善产业链，使得行业护城河加深，市场集中度有进一步提升的趋势。尤其是 2018 年 IFF 收购以色列香精企业花臣（Frutarom）后，全球食用香料香精市场已形成"四超多强"的供给格局，奇华顿、芬美意、IFF 和德之馨等四家企业位于行业第一梯队。2021 年全球市场上有 500 多家企业，这四家的市场份额约占 54%。

奇华顿公司成立于 1768 年，总部位于瑞士日内瓦，是世界领先的食用香料香精公司，为食品、日用品、香水和化妆品产业提供香精和香料。2021 年在全球 52 个国家拥有 185 个分支机构，79 家生产工厂，69 家创新和研究中心，16 842 名员工。年研发投入为 5.62 亿瑞士法郎，占收入的 8.4%，基本和 2020 年度持平。在企业对企业的市场中，奇华顿向全球的食品、消费品、香水和化妆品公司提供产品，50% 的销售额来自跨国客户，50% 来自本地和区域客户。2021 年奇华顿的销售额为 66.84 亿瑞士法郎，与 2020 年相比增长

7.1%。其中37%的销售额来自欧洲、非洲、中东，27%的销售额来自北美，25%的销售额来自亚太地区，11%来自拉丁美洲；57%的收入来自成熟市场，43%来自高增长市场。从产品上看，销售收入分为两大块：香氛和美容部（Fragrance & Beauty），提供日用香精、香水、香原料和活性美容产品，2021年营业收入为30.91亿瑞士法郎，同比增加了0.67亿瑞士法郎；风味和健康部（Taste & Wellbeing），提供食用香精，2021年营业收入为35.93亿瑞士法郎，同比增长了1.95亿瑞士法郎。

芬美意公司成立于1895年，总部位于瑞士日内瓦，是世界上最大的私营家族食用香料香精企业，在香气和风味领域面向企业，从事研究、创意、生产和销售日化香精、食用香精和香原料。芬美意主要为客户提供创意配方，广泛和高品质的香原料，以及包括生物技术、封装、嗅觉科学和味觉调制在内的专有技术。公司拥有10 000多名员工，83家分支机构，包括45家制造基地和6家研发中心，年研发投入10%，拥有有效专利4000多项，拥有包括一项诺贝尔化学奖（鲁日奇卡，1939年）在内的39项研发奖项。2020年集团营业额为39亿瑞士法郎，2021年超过43亿瑞士法郎。

国际香料香精公司（IFF）成立于1833年，总部位于美国纽约，是美国最大的食用香料香精公司，截至2020年底，在47个国家和地区设有242个工厂、实验室和办事处，拥有13 700名员工，其中研发人员约有2600名，研发投入占销售额的7%，高于2019年的6.7%，2000—2020年共获授权美国专利430项。2020年销售额为50.84亿美元，略低于2019年的51.40亿美元；其中食用香料香精销售额为31.10亿美元，同比下降了3%，日用香料香精销售额为19.74亿美元，同比增长了2%。由于与杜邦营养和生物科学（Nutrition & Biosciences）的业务合并，2021年销售额暴涨至116.56亿美元，业务分为4个部门：营养部、健康与生物科学部、香氛部和制药部。

德之馨公司成立于1874年，总部位于德国霍尔茨明登，向全球150多个国家超过6000家客户销售34 000种食用香料香精产品。全球拥有40多个分支机构，11 151名员工。2021年销售额为38.26亿欧元，增长率为9.6%，其中食用香精（风味、营养与健康部）销售额为23.35亿欧元，增长10.6%；日用香精（香水和个护部）销售额为14.91亿欧元，增长7.9%。从区域看，EAME（欧洲、非洲和中东）、北美、亚太和拉美分别占40%、27%、21%和12%。研发费用为2.21亿欧元，占销售额的5.8%，其中食用香精1.13亿欧元、日用香精1.08亿欧元。2021年有42项新的专利应用。

头部企业的竞争力优势主要在于：

（1）市场敏感度高。食品行业的强劲增长导致了口味创新成为新产品的重点。消费者口味和偏好的变化以及即食产品的趋势为制造商带来了创新以满足消费者需求的机会，食用香料香精企业的产品在口味创新方面具有重要作用。新型食用香料香精产品能给下游的食品行业产品带来一定差异化，提升客户黏性，抢占市场份额。食品用食用香料香精在下游企业生产成本占比较低，虽然食用香料香精企业通过抱团和合并取得了一定的定价话语权，但为了满足食品行业日益增长的产品创新需求，在竞争中占得先机，仍然需要时刻关注市场动向，并以产品问题综合解决方案的方式与食品企业建立长期稳定的合作。头部企业的市场敏感度高，技术、资金和人员储备有显著优势，能够更快速地研发和生产满足食品行业需要的新产品。例如，奇华顿公司的全球研究团队跟随潮流，开展民族志研究并进行详细的定性和定量研究，以了解消费者所需，获取创新灵感；针对全球市场崇尚天然的趋势和巨大需求，奇华顿公司2022年宣布推出全新品牌"Human by Nature"，体现了公司"心系自然馈赠，畅享感官体验"的愿景。

（2）研发投入高，技术先进。食用香料香精企业的技术水平对于产品的竞争力影响很大。世界食用香料香精巨头均十分重视研发，一般研发投入占总收入的6%到10%，这些资金主要用于各种新产品、新技术的开发等方面，有力地促进了相关技术的发展和应用。新技术的开发与应用有助于创造行业引领者间的良性竞争，从而促进市场增长。例如，芬美意公司的研发支出一直占销售收入的10%，拥有有效专利4000多项，2014年率先在行业推出白色生物技术香原料，专利技术 ScentMove ©用于指导香氛创作、设计和创新；IFF 拥有世界上最大的独立研究香气和味觉的研发中心。

（3）企业规模大，人员实力强。食用香料香精头部企业的生产、销售、研发等分支机构遍布全球，生产、安全、环保和分析检测等设备完善，产品种类丰富，能够全方位满足客户需求，企业由原来单纯的材料供应商转变为产品方案综合解决商。食用香料香精产品的研发需要高技术水平的员工，如调香师是调配香精产品的核心技术人员，其水平决定了香精配方水准。头部企业以优厚的待遇、良好的职业发展前景，吸引了世界各地大批行业顶级人才的加盟，形成了行业技术人才的垄断，能够满足更多元化和个性化的市场需求。例如，芬美意公司旗下网罗了有机化学、生物技术、工艺工程、植物生物学、微生物学与皮肤生物学、心理物理学、受体生物学、材料科学、分析化学、数据科学等领域的科学家，以采用多学科研究方法创新香氛和食用风味产品。

（4）通过收购等方式形成垄断地位。企业之间的兼并联合重组一直是跨国公司重要发展战略之一，为应对产品高端化的趋势，加强在食用香料香精行业的优势地位，聚焦食用香料香精业务，巩固技术优势，提高产品竞争力，国际香料巨头的并购整合浪潮如火如荼，协同效应、规模优势、产业集中度不断提升。例如，IFF 在 2018 年 5 月以 71 亿美元的价格收购了以色列天然香精原料巨头花臣（Frutarom），并在 2021 年初完成了和杜邦营养的业务合并；芬美意公司在 2019 年 9 月宣布收购法国罗伯特香料香精公司（Robertet）17% 的股权；奇华顿公司在 2020 年 2 月收购美国香精公司恩格乐（Ungerer & Company），2021 年 12 月收购美国香水创作公司（Custom Essence）和天然色素公司 DDW。除了收购同行企业以扩大规模和补足业务短板，大型企业还通过资金优势不放过其他任何有助于扩大自身竞争力的可能。例如，2021 年 4 月奇华顿公司宣布以 120 万瑞士法郎的价格收购法国人工智能公司 Myrissi，后者是一项专利人工智能技术的开发商，该技术能够将香精渲染成调色板和图像，以吸引消费者并预测最终消费者的情绪反应，此次收购有助于公司扩大其基于人工智能的新型香精开发能力。

（5）在全球配置资源。目前食用香料香精产业在欧、美、日等发达市场的业务趋于饱和，向发展中国家和新兴市场转移成为新的利润增长点。全球食用香料香精大公司纷纷实施产品结构调整，将合成香料生产转移至发展中国家或地区，其本土或国外投资的公司则以生产高附加值的香精为主，目前已基本形成发展中国家和地区提供低端产品和资源性产品、发达国家提供高端产品的市场格局。通过这样的配置，跨国公司既能发挥自身管理、技术、资金等方面优势，又能借助新兴市场的低人力、交通、资源成本，维持高额的利润。近年来国际前十大香料企业均入驻中国，陆续加大对华投资，建设研发中心和生产基地，力求开拓中国市场。例如，奇华顿公司在常州高新区投资建设日化香精工厂，投资超过 1 亿瑞士法郎，年产值 1 亿美元以上；芬美意公司在江苏省张家港保税区建设世界级食用香精工厂，投资金额约为 7500 万美元，规划产能每年 25 000 t，一期产能达到 12 000 t，是芬美意公司在全球最大的食用香精工厂；IFF 2016 年在张家港成立国际香料（张家港）有限公司，2019 年 1 月正式投产；德之馨食用香料香精（南通）有限公司是德之馨公司在华投资的第二家生产基地，2019 年建成并于 2020 年 7 月正式投产；2018 年，法国曼氏集团在浙江平湖经济技术开发区开工建设曼氏（中国）食用香料香精有限公司，总投资 9000 万美元，占地 100 亩；爱尔兰食品配料公司凯爱瑞（KERRY）于 2017 年、2018 年、2020 年分别收购浙江杭曼食品科技有限公司、天宁香料（江苏）有限公司和山东天博食品配料有限公司，年产能约 7000 t，2020 年销售额约 5.5 亿元，逐渐进入香精第一梯队。

中国市场的快速发展，吸引世界食用香料香精巨头纷纷在中国设立工厂或者建立世界级的研发中心。这些行业巨头凭借其长期的技术积累、先进的生产工艺、丰富的市场开拓经验、雄厚的资本力量和管理、人才等方面的综合优势，不断扩大生产经营规模，拓展发展领域，持续占据国内香精应用的中、高端市场，这给国内企业的生存和发展带来较大压力。尤其是本地工厂和研发中心的建立，有利于跨国巨头利用我国资源、人力、交通和政策优势，降低企业成本，便捷对接国内食品生产企业，开发地域特色产品，抢占国内市场份额。

第二节　国内食用香料香精产业发展格局

香料香精工业在中国是市场广、用量大的产业，被称为朝阳工业。中国拥有得天独厚的天然香料资源，是世界最大的天然香料生产国，具有原料成本低的优势。经过多年发展，我国食用香料香精产业取得了长足进步，行业整体运行势头向好，产业聚集程度不断强化，年产值亿元以上的企业、上市公司数量持续增加。我国香料行业"十四五"规划中指出，目前，我国食用香料香精产业处于产业结构转型升级、转变发展方式、由追求速度增长向高质量增长转变的关键时期。"十三五"期间，我国食用香料香精市场规模占全球市场约五分之一，已成为全球最主要的香料供应国和香精消费国及生产基地。但我国食用香料香精工业起步较晚，基础薄弱，工业技术落后，仍处于产业发展的初级阶段，研发投入及人才培养严重不足，技术创新能力不强，同国际先进水平有较大差距。

一、国内食用香料香精市场情况

（一）全国情况

中国食用香料香精行业的生产和发展，同食品工业、日化工业、口服医药工业等配套行业的发展相适应，下游行业日新月异的变化，促使食用香料香精工业不断发展，市场规模不断扩大。与此同时，随着居民生活水平的提高、消费结构的升级，消费者在追求健康、营养、卫生的同时，逐渐寻求口味的时尚与新颖，市场需要更多的新元素来满足人们愈来愈挑剔的味觉感受，食用香料香精需求呈现快速增长的发展态势，这为我国食用香料香精制造业的快速发展提供了广阔的市场空间。

据中国香料香精化妆品工业协会统计，2005 年至 2019 年国内食用香料香精行业市场规模持续增长。如图 7-7 所示，2005 年全国食用香料香精产品年销售额约为 130 亿元，发展到 2010 年销售额增长至 200 亿元，年均增长 7%，远高于世界平均增长水平（约 5%）。中国食用香料香精产业虽然在增长率上实现了巨大飞跃，但是和欧美等发达国家相比还存在较大差距，2019 年我国食用香料香精产品的销售额约为 449 亿元，而国际食用香料香精龙头企业产品年销售额约为 454 亿元，我国食用香料香精总产值不及国际一家龙头企业产值，存在着巨大的上升和发展空间。

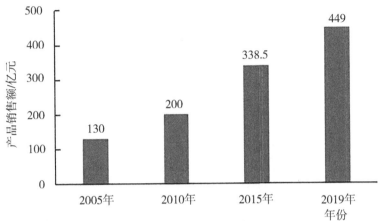

图 7-7　2005—2019 年中国食用香料香精产品销售额
（数据来源：2021 年中国香料香精化妆品工业协会统计数据）

2010—2024 年食用香料香精市场需求量及预测情况如图 7-8 所示，2010 年国内食用香料香精行业需求量为 53.6 万 t，至 2017 年上升为 117.4 万 t，年均增长率约 20%，需求情况逐年上升，从侧面说明了与人民生活密切相关的食品等食用香料香精需求行业发展迅速。2024 年预计需求量将增长至 175.1 万 t。

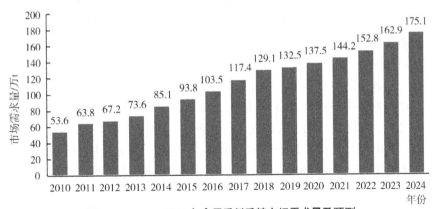

图 7-8　2010—2024 年食用香料香精市场需求量及预测
（数据来源：2021 年中国香料香精化妆品工业协会统计数据）

（二）各省情况

食用香料香精行业和国民生活密切相关，发展趋势和经济发展态势基本吻合，从地域分布来看，国内食用香料香精制造企业主要集中在华东地区和华南地区，其中广东、浙江、江苏、四川、上海等地的发展速度较快，企业数量和销售收入均位居行业前列。据统计，近年国内食用香料香精累计产量排名居前五位的地区为上海、广东、江苏、浙江和天津，已成为食用香料香精厂商主要的竞争区域（图7-9）。

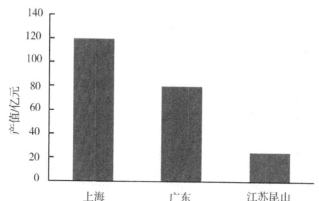

图7-9　2017年全国食用香料香精行业集中度较高地区产值

（数据来源：中国香料香精化妆品工业协会"十四五"发展规划）

从全国来看，华东地区是中国经济体量最大和发展最快的区域，尤其是长三角地区，近年来经济发展速度一直高于全国平均值。从食用香料香精产业集聚程度来说，上海、广东、江苏等地产业集中度较高。上海食用香料香精产业发展起步较早，集中了国内外的知名食用香料香精企业，世界排名前十位的食用香料香精公司中有7家公司在上海设立工厂，2017年上海地区食用香料香精产值超过120亿元。广东省经济发展能力在全国排前列，也是食用香料香精生产企业数量最多的省份（接近半数），对于食用香料香精行业的发展拥有很好的基础和优势。但是从企业规模来看，除了个别重点企业生产规模较大之外，绝大多数还是中小企业。据中国香料香精化妆品工业协会估计，2017年广东省食用香料香精年产值超80亿元。江苏省是食用香料香精产业较为集中的地区之一，而昆山市则是我国食用香料香精产业最为集中、产值最高的县级市之一。昆山市有食用香料香精生产企业20多家，基本上是中小企业，主要分布在千灯镇、玉山镇和周市镇。据当地行业协会统计，2017年香料香精产值约25亿元。

除了上海、广东、江苏（昆山）以外，河南省也是食用香料香精产业较为集中的地区之一。河南省近年来高度重视食用香料香精产业发展，培育了王守义十三香、莲花味精、南街村集团等知名食用香料香精生产企业，建设了王岗镇等香辛料原料种植基地和全国最大的干椒交易市场——柘城县辣椒大市场，交易辐射到全国26个省、市、自治区，并于2021年成立了郑州香料香精化妆品行业协会，带动河南食用香料香精行业健康、快速发展。

（三）行业情况

　　基于庞大的人口基数和日益提高的国民收入，中国等发展中国家市场已成为食品、日化品等行业市场规模增长最为迅速的市场，并带动了食用香料香精产品的庞大需求。同时，在经济全球化趋势之下，国际食用香料香精巨头也纷纷在中国投资设厂，进一步助推了国内食用香料香精市场规模的增长。中国食用香料香精占全球食用香料香精市场总需求的比例约36%，未来这一比例将得到维持。在我国食品工业快速发展的态势下，占比已超过40%。随着我国居民的可支配收入提高、居民消费结构升级以及城镇化建设步伐加快，食用香料香精行业快速增长。2011—2018年我国食用香料香精规模年均复合增长率为8.4%，2019年市场规模为183.9亿元，同比增长5.1%，食用香料香精在我国香料香精整体市场中的份额占比达到40.6%，是香料香精消费需求占比最大的产品类别之一。不同食用香料香精在各应用领域的需求量有所差别（图7-10），其中，饮料领域需求占比最大，达到50%左右；其次为烘焙领域，需求占比约为23%；调味品领域需求占比为17%；其他领域需求占比为10%。

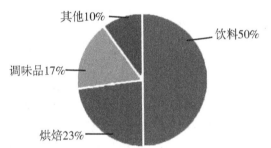

图7-10　我国食用香料香精各应用领域需求量占比
（数据来源：2020年国家统计局数据）

二、国内食用香料香精产业竞争格局

　　"十三五"期间，我国的食用香料香精生产企业超过1000家，总体数量与"十二五"期间基本持平，年产值达亿元以上的企业数量略有增长，继续保持多种所有制共同发展、投资主体多元化的产业格局。我国食用香料香精企业的分布具有典型的地域化特征，是市场充分竞争的结果，在一定程度上也受到政策影响。食用香料香精生产企业主要集中在东南沿海地区，如上海地区集中了国内外的知名食用香料香精企业，世界排名前十的食用香料香精公司中有7家在上海设立工厂；广东省有接近半数的生产企业，但除了个别重点生产企业规模较大外，绝大多数还是中小企业。随着近年来的监管趋严，尤其一线城市对化工产业的政策收紧，食用香料香精企业也开始或主动、或被动地寻求向二线城市，或是向经济相对欠发达的中西部地区发展。江西省金溪县食用香料香精行业的稳定、快速发展，是近年来承接食用香料香精产业转移较为成功的案例，具有一定的代表性。据地方协会统计，金溪县天然芳樟醇、天然樟脑粉产量约占全球80%；蓝桉系列、天然茴香产品占据国内市场1/3以上份额；黄栀子和无患子种植面积均居全国第二位，杉木油产量占全国的70%以上。

食用香料香精头部国内厂家主要包括华宝香精股份有限公司（简称华宝股份）、浙江新和成股份有限公司（简称新和成）、福建青松股份有限公司（简称青松股份）、爱普香料集团股份有限公司（简称爱普股份）等。2020年国内外主要香料香精生产企业产值见表7-1，华宝股份和爱普股份营业收入主要来源于国内，而新和成和青松股份的营业收入主要来源于出口。

表7-1 2020年国内外主要香料香精生产企业产值

序号	国外头部企业	2020年产值/亿元	序号	国内头部企业	2020年产值/亿元
1	奇华顿（Givaudan）	454	5	福建青松股份	38.65
2	国际香料香精公司（IFF）	323.5	6	上海爱普股份	26.68
3	芬美意（Firmenich）	267.55	7	西藏华宝股份	20.94
4	德之馨（Symrise）	242.6	8	浙江新和成	19.56

华宝香精股份有限公司前身是华宝食用香料香精（上海）有限公司，成立于1996年，主要从事烟用香精、食品用香精、日用香精及食品配料的研发、生产、销售及服务，目前在国内外共拥有39家下属企业，是一家国际化、现代化大型企业集团。2014—2020年，年销售额位居国内食用香料香精行业首位。2020年营业收入20.94亿元，相比2019年下降了4.16%，其中食用香精占比91.24%（包含烟用香精，且以烟用香精为主）。截至2020年底，公司有研发技术人员211名（其中调香师49名），专利169项，实现销售的香精配方上万个，2020年研发投入占比7.33%。

浙江新和成股份有限公司是全球食用香料香精品牌企业，依托化学合成与生物发酵两大技术平台，近几年不断丰富香料品种，满足不断变化的市场需求，主要产品包括芳樟醇系列、柠檬醛系列、叶醇系列、二氢茉莉酮酸甲酯、覆盆子酮、女贞醛等，覆盖日化、食品和医药等多个领域。2020年公司叶醇系列产品产销规模进一步释放，全年食用香料香精业务实现营业收入19.56亿元，相比2019年增长了9.06%；毛利率55.47%，同比降低0.94%。近5年公司研发费用均占到销售收入的5%以上。荣获国家技术发明奖二等奖2项，国内有效专利达192项，国外授权专利25项，主持、参与制定国家/行业标准31项。

福建青松股份有限公司成立于2001年，是我国松节油深加工龙头企业，主要产品包括合成樟脑及其中间产品和副产品、冰片系列产品和食用香料香精等。在细分产品方面，公司是全球规模最大的合成樟脑及其中间产品的供应商之一。2020 年公司营业收入 38.65 亿元，相比 2019 年增长了 32.90%。

爱普香料集团股份有限公司是食用香料香精行业的制造企业，产品涵盖食用香精、日化香精、香料及食用香料香精。公司持续推进国际化战略，在美国的新泽西州设立了爱普香料美国公司，在印尼设立印尼爱普香料有限公司。2020 年公司营业收入 26.68 亿元，相比 2019 年增长了 7.82%，其中香精收入 5.16 亿元，香料收入 2.38 亿元。研发投入 0.34 亿元，占营业收入的 1.27%。

目前，我国食用香料香精工业处于产业结构转型升级、转变发展方式，由追求速度增长转为追求高质量增长的关键时期。国内食用香料香精公司紧跟世界科技和行业发展潮流，学习引进国外先进香料品种和生产技术，呈现出良好的发展态势。

天然香料方面。跨国公司全面进入中国市场并推动生物技术天然食用香料香精发展的同时，国内部分企业也依托天然香料资源，不断研发天然香料精细加工新工艺、新产品，提升国内天然香料精深加工层次及产品附加值，进军国际市场。受国际市场医药行业、欧美发达国家天然产品的需求影响，旋光性/单离提纯、生物发酵（如天然香兰素）、软化学加工（如天然覆盆子酮）等各种满足市场不同需求的精深加工天然香料在国内持续发展。例如昆山亚香香料股份有限公司等企业的丁香酚/阿魏酸发酵法生产的天然香兰素，已占国际市场的 30%；爱普股份通过发酵工艺生产的 3-羟基-2-丁酮、苯乙醇等天然单体食用香料，主要服务于以法国、德国为主的欧洲高端市场；黄山科宏生物香料股份有限公司则重点发展以全天然原料经软化学法生产的天然香料。

合成香料方面。进入 21 世纪，我国的合成香料工业迅猛发展，并逐渐成长为全球市场的核心供应来源。中国合成香料企业在传统合成香料的生产销售中具备明显的国际竞争力，突出体现在大宗品种规模优势、特定品种类别优势、领军企业形成一定规模等。例如，香兰素和乙基香兰素产能占全球 50% 以上；全球消费量前 30 位的大宗香料，国内企业产量在 50% 以上，其中 80%~90% 出口到国际市场。过去 10 年中，香料生产不断集中，国内出现了一大批在国内外市场表现优异的合成香料民族生产企业，如浙江新和成、嘉兴市中华化工有限责任公司、厦门中坤化学有限公司、格林生物科技股份有限公司、安徽华业香料股份有限公司、安徽金禾实业股份有限公司、瀛海（沧州）香料有限公司、万香科技股份有限公司、黄山科宏生物香料股份有限公司等；同时不断有大型化工企业进入合成香料领域，并在合成香料开发和生产方面制定长远发展规划，如万华化学集团股份有限公司、广东新华粤石化集团股份公司、兄弟科技股份有限公司、浙江医药股份有限公司等。我国合成香料在技术改造、科研开发方面继续取得新成就。例如，对于香兰素、2-苯乙醇、水杨醛和内酯类等全球需求量大的合成香料，国内企业已经开发出先进的绿色生产工艺，并成功投产；β-萘甲醚、β-萘乙醚、乙酸三环癸烯酯、丙酸三环癸烯酯等重要的合成香料品种在国内实现规模化生产，并进入主流供应行列；白花醇、天然级香兰素、巨豆三烯酮、香紫苏内酯以及更多的含硫及杂环化合物实现了产业化；生物合成技术在香料行业的发展也不断加速，带来更加丰富多彩的产品。

食用香精方面。骨干企业纷纷加大技术创新、产品开发和市场推广力度，推动食品用香精行业向健康功能、天然风味、快速迭代、跨界创新的方向发展。国内企业将现代生物技术、发酵技术、催化技术、高精分析技术等高新技术应用于食品风味食用香料香精生产，开展提取、酶解、乳化体系的基础研究工作，形成了技术体系。针对饮料、乳品、烘焙、糖果、休闲食品等多个食品细分领域，骨干企业在应用技术服务和市场推广方面取得良好成效。

在快速发展的同时，国内食用香料香精行业也面临一些问题，主要表现在国内企业的市场竞争力不足，难以占据中高端市场。原因分析如下：

（1）行业集中度较低。2020 年我国食用香料香精企业营业收入前五位的市场占比仅为 15% 左右（不考虑外资公司在中国市场份额），与国外寡头垄断的格局相比集中度仍较低。未来看，在国内食用香料香精管控趋严、环保壁垒抬升以及国内消费升级驱动下，小型企业生存空间受到挤压，龙头企业市场占有率仍有较高提升空间，这也给行业内技术领先和快速发展的企业带来了整合机遇。在行业快速增长的背景下，充分发挥资本市场功能、通过兼并重组做大做强，将成为国内优质企业快速发展的捷径。但是，世界前十大食用香料香精公司均已进入中国市场，持续占据国内香料香精应用的中、高端市场，进一步加剧了国内香料香精市场的竞争，预计短期内我国食用香料香精行业集中度小、中小企业在中低端市场竞争激烈的格局将延续。

（2）科技和人才基础薄弱。我国食用香料香精行业在基础共性技术研究方面仍显不足，如香气情感特征、人工智能调香、风味的化学结构基础、香料安全评估、天然香料植物育种培育、微生物产香等方面；国内在香精自动化设备设计开发等方面与国际先进水平存在显著差距；在加香产品创新应用领域、关键性新香料的开发和天然香料的精深加工等开发应用方面，缺乏技术积累和竞争力。大专院校、科研院所在应用方面的研究又缺乏市场引导，与行业发展需求有所偏差，行业科技成果转化率不高。食用香料香精企业普遍受限于规模，科研团队少、小、弱，而原有的科研院所在改制之后，行业的系统化、基础化研究缺失，导致行业人才基础薄弱。考虑到待遇和发展前景，优秀的专业技术人才往往更愿意选择加入大型跨国企业。

（3）技术和设施落后。国际巨头在技术方面具有深厚底蕴，国内企业更多的是处于跟随者的角色。例如近年来随着人工智能技术的进步，国际巨头加强了这方面的布局，通过自研或收购的方式获得相关技术，用于指导产品创新，国内企业在这方面基本空白。行业企业的生产、安全、环保和分析等设备参差不齐，国内食用香料香精龙头企业的设备相对先进和齐全，但大多数中小企业的设备较为落后。

（4）研发投入低，产品低端，同质化严重。国内食用香料香精企业大多属于中小型企业，技术含量相对较低，研发投入少或无研发，香精配方人才紧缺，加之管理规范性较差、品质和安全意识相对薄弱，产品大部分集中于低端市场，同质化严重，价格竞争激烈，利润空间狭小，在与跨国公司竞争中处于劣势。行业发展缺乏指导，市场信息不对称，部分地区、部分企业投资和投产出现盲目性，导致了重复建设和同质化竞争。例如，合成香料近年来的高速发展，让更多的化工企业看好其前景，重复投资，造成 C5 系列（含柠檬醛系列）、松节油系列、麝香系列等产品面临产能过剩、自相压价的恶性竞争局面；另外，国内香料新品种的开发和应用进展缓慢，附加值高的关键性香料仍然由欧美日等发达国家和地区的企业把控。

（5）企业产业链短，产品覆盖面窄，销售规模较小。国际龙头企业如奇华顿和芬美意，销售规模庞大，产品结构丰富，在天然香料、合成香料和香精配方均有布局，产业链完善。国内香精企业中，华宝股份、中国波顿、爱普股份等在食用香精、日化香精和烟用香精领域各有所长；香料企业中，新和成、金禾实业和嘉兴市中华化工有限责任公司以合成香料为主，青松股份以天然香料为主，亚香股份在天然香料和合成香料均有所布局。与国际龙头企业相比，我国食用香料香精企业规模较小，产品类型较为单一，抗市场波动能力较差，产业链一体化程度仍有较大提升空间。

第三节　制约食用香料香精产业发展的因素

香料香精在不同加香产品中的用量只有 0.3%~3%，但它对产品质量优劣却起重要作用，因此，香料香精被称为加香产品的"灵魂"。与国际市场相比，我国在市场竞争、产业结构、产业技术、品牌建设、绿色转型、政策保障等方面还存在不足，严重制约了我国食用香料香精产业的发展。

一、市场竞争

尽管随着社会经济的不断发展，国内外食用香料香精市场将持续保持巨大的发展空间，但是目前整个市场几乎被国外企业垄断，尤其是具有高附加值的关键食用香料香精和高端产品，仍然由发达国家和地区的企业把控，同时印度、东南亚也纷纷参与食用香料香精市场竞争。我国是全球食用香料香精产业最为重要的市场，为了抢占中国市场，国际食用香料香精领军企业如奇华顿、芬美意、德之馨、曼氏等持续加大在华投资，建立多家研发中心和生产工厂。相比而言，国内食用香料香精企业虽然数量众多，但以中小企业为主，主要参与中低端市场竞争，高端市场竞争力严重缺乏。近年来，国内各省市越发重视食用香料香精产业发展，上海、广东在产业整体规模上在全国已处绝对优势，江苏的产业集群发展已初显成效，广西、江西、云南、四川则以地方特色原料为切入点走上了发展特色食用香料香精产业之路。

二、产业结构

从全球食用香料香精产业的结构来看，欧洲、美国、日本是目前全球最领先的食用香料香精产业中心，拥有全球前十大食用香料香精企业，垄断了近80%市场份额，呈现出极高的市场集中度。近年来，国内食用香料香精行业进入了稳定快速发展的时期，规模以上企业数量持续增加，并涌现出一批具有较强竞争力的上市公司，但是与国际大公司相比企业规模仍然差距较大，集中度不够。以河南为例，河南食用香料香精产业依托本省食品工业的快速发展，在国内具有一定发展优势，但是结构不合理的问题依然突出，难以满足河南食品工业快速发展的需要，食用香料香精产业与食品工业协同发展效应尚未得到充分体现。主要表现在：一是产业链条结构不合理。精深加工企业少，产业链短，延伸不够；科技创新型企业少，产业链短板明显。二是企业结构不合理。随着食用香料香精产业发展的日趋成熟，集中度逐渐提高是必经之路。河南食用香料香精生产企业众多，主要为中小型企业，与发达国家食用香料香精产业的集中度相比存在巨大差距，与国内先进省市相比也存在一定差距。三是产品结构不合理。河南的食用香料香精产品大多是低附加值的原料产品和初加工产品，高附加值的高端产品十分缺乏。

河南食用香料香精产业存在的产业链结构、企业结构、产品结构不合理，已经严重制约了河南食用香料香精产业的持续健康发展，与河南食品工业整体发展水平不平衡的矛盾越发突显。

三、产业技术

国外食用香料香精企业巨头高度重视风味生理机制、风味成分分析新技术、香原料开发新技术、调香基础理论等方面的风味科学基础研究以及新工艺、新产品开发，每年研发投入高达销售总额的10%，而且还培养出诺贝尔奖获得者，从而铸造了行业极高的竞争壁垒，形成了产品差异化竞争优势。部分国内领先的食用香料香精企业则在天然原料的旋光/单离提纯、生物发酵、软化学法处理，以及合成香料的绿色工艺方面取得了重要进展，形成了特色技术、特色产品，具备了一定市场竞争力。

从专利角度来看，我国近年来食用香料香精专利的数量虽然高于国外，但是专利质量、专利转化及技术壁垒效果与国外食用香料香精企业巨头拥有的专利相比，依然存在巨大差距。从学科建设来看，我国在食用香料香精相关的学科布局方面还有待完善，基础研究的投入、高水平人才的培育不够，难以为食用香料香精产业的自主创新提供原动力。在市场竞争日趋激烈的背景下，如何提升产业技术水平和创新能力，将是目前我国食用香料香精转型发展中急需解决的核心问题，同时也是发展中将面临的巨大挑战。

四、品牌建设

品牌建设是食用香料香精产业更高层次、更高水平的发展要求，是引领产业转型升级的重要抓手。《香料香精行业"十四五"发展规划》指出，坚持品牌战略，培育更多的优势香精品牌。以河南为例，河南食品工业在长期发展中，培育出了"双汇""思念""三全"等一批知名品牌，为河南食品工业的高质量发展起到了有力的推动作用。河南食用香料香精产业并未充分利用食品工业的发展优势，做到协同发展。尽管培育出了"十三香""南街村"等具有一定区域影响力的品牌，但是河南食用香料香精产业依然以中小企业为主，集中度低，技术水平低，绝大部分企业难以对产品进行品牌化经营，与通过品牌建设提升产品质量和附加值的要求，占据产业链、价值链高端的产业高质量发展要求还存在巨大差距，品牌战略在产业转型发展中的核心作用尚未得到充分体现。因此，我国食用香料香精产业在优化产业结构、提升产业技术创新水平的基础上，必须要强化品牌意识，积极寻找适合自主品牌发展的定位和模式，努力打造具有较高国内、国际影响力和知名度的食用香料香精品牌，引领河南食用香料香精产业的高质量发展。

五、绿色转型

近年来，我国食品工业集团化发展趋势明显，带动了以骨干企业为中心的产业集中度提升和产业集群快速发展，技术装备升级加快推进，信息化、智能化水平不断提升，推动资源综合利用水平进一步提高，节能减排取得积极成效，循环经济模式加快发展。但是，食用香料香精产业作为食品工业的核心配套产业，企业数量众多，小微企业占比极高，在环境、资源约束日益加剧的情况下，这些企业的装备水平还比较落后，资源消耗和环境污染较为严重，副产物综合利用水平不高，清洁生产相对滞后。整体来看，绿色转型仍是食品工业

"十四五"需要发力的重点方向，加之疫情带来生产消费变化、出口限制等问题，未来一段时期内，中小食用香料香精企业将持续面临较大的生存压力。

六、政策保障

政策机制是保证产业持续健康发展的基础。食品安全在国家发展战略中的基础作用，促使世界各国政府在食用香料香精方面出台的政策主要以强化安全监管为主，并从政策层面不断完善已经建立的食品安全监管体系，呈现出通过政策引导持续强化安全监管的趋势。我国在强化食品安全的同时，也制定一些政策引导食用香料香精产业的发展。在宏观政策的引导下，地方政府应因地制宜地配套相应的政策并不断完善体系机制，以保证食用香料香精产业的健康发展。食品工业快速发展，带动了我国食用香料香精产业的发展。但我国食用香料香精产业的发展主要是依托食品相关的产业政策，无论是省级政府机构还是地市政府机构，均很少针对食用香料香精出台相关的政策，政府对食用香料香精产业发展的引导和推动作用明显不够，食用香料香精产业发展和食品产业的发展需求存在明显差距。因此，我国仍需从保证产品安全和引导产业发展两个层面，不断完善政策保障机制，为食用香料香精产业的健康发展提供良好的政策环境。

第四节　食用香料香精产业发展趋势

我国香料香精行业具有品种多、用量小，专用性和配套性强，同时兼具技术性和艺术性双重要求的特点。当前我国香料香精行业仍然处于发展阶段，行业技术水平工艺等与国外先进水平等尚有较大差距，但随着生活水平的提高，未来香料香精行业产品附加值将被逐步提高，更接近天然香味的天然香料也将比合成香料更具发展潜力，产品也将逐步向高端化、高品质化发展。因此，香料香精市场规模将继续稳步增长。

一、工业一体化和科技创新明显加快

香料香精行业涉及多个学科和领域，一些有远见的企业已逐步向科、工、贸一体化发展，同国内外的研发机构、科研院所相结合，建立联合研发基地，强化和提升技术、科研与产品的关系，由仿制向发明过渡。基础研究是产业创新、产品创新的根本源泉，只有提升基础研究和原始创新能力，才能赢得发展主动权。国家要持续加大政府财政对基础研究的支持力度，充分利用国内高校和科研院所的相关科学研究和人才资源，积极引进国外在食用香料香精科技研发方面有领先优势的科研机构、科技企业、研发团队等，共同围绕风味科学领域的核心科学问题，开展集中攻关研究；同时创新管理模式，促进基础研究成果向实用化、工程化转化的速度和效率，重点从风味物质基础、风味物质相互作用、风味感知神经生物学机制等方面开展深入研究工作。

围绕我国食用香料香精高质量发展的需要，科研部门以关键共性技术、前沿引领技术、现代工程技术、颠覆性技术创新为突破口，努力进行技术攻关，实现关键核心技术突破，提升产业自主创新能力，最终引领产业科技进步。后续重点攻关方向：①原料科学种植。根据我国各地的气候类型与生态条件，在全国各地建设良种繁育基地和标准化种植基地等优势特色原料基地。同时加大芳香植物资源的挖掘、品种选育和规模化种植的科技投入，形成芳香植物新品种创制与引种驯化技术。②产品精深加工。加大生物发酵、酶工程等生物技术在获得高附加值天然香料香精中的规模化应用，开展超临界萃取、分子蒸馏、多级萃取、多级分离技术的集成应用，实现原料的全价利用。③特色风味创新。创香是香料香精行业乃至整个食品工业的核心技术，需要强化风味科学基础理论，同时培养高水平风味创新人员。

二、"单一型"转向"复合型"

目前我国食用香料香精产品大多为低附加值的原料产品和初级加工产品，同质化低端竞争问题突出，下游高附加值的高端产品严重缺乏，产品结构极不合理。我国食用香料香精产业需要通过先进技术手段的科学应用，不断提升产业的生产加工水平，最终实现产品结构的优化。从产品结构上看，将会有越来越多的香料香精企业用现代生物技术、发酵技术、催化技术、分离技术、高精分析技术等来调整天然香料、合成香料、香精三大类产品的比例，使产品质量明显提高。此外，具有特色和代表性的产品比例会增大，香料香精"同质化"现象将会得到遏止。

三、市场竞争激烈加剧

在全球香料香精市场，欧美发达国家市场需求趋向饱和，未来行业新增需求主要在亚太地区发展中国家市场，其中又以中国市场最为突出，已成为全球香料香精企业必争之地。目前全球前十大知名香料香精企业均已在中国建立生产工厂，香料香精上下游产业链布局完善。另外还有众多中小规模的外资企业，早已布局深耕中国市场，其中以日本企业最多，除知名的高砂香料和长谷川香料外，还有日本高田香料、曾田香料、长冈香料、小川香料、日本香精工业、理研香料工业株式会社和稻畑香料株式会社等。此外，还有部分香料香精公司的收购行为，如联合利华公司收购百事福公司、卡夫集团收购纳贝斯克公司等，相应地影响到上下游供应商。

四、产业政策扶持加强

香料香精行业是国民经济中科技含量高、配套性强、与其他行业关联度高的行业，是日化、食品饮料等行业的重要原料配套产业，与居民生活水平提高、促进内需和消费密切相关。随着居民生活水平的提高，香料香精行业的整体发展水平也越来越高，行业规模越来越大。在此背景下，产业政策将进一步加强。例如国家发展和改革委员会《产业结构调整指导目录（2019年本）》将"天然食品添加剂、天然香料新技术开发与生产"列入轻工行业鼓励类目录。国务院《"十三五"国家食品安全规划》坚持最严谨的标准、最严格的监管、最严厉的处罚、最严肃的问责，全面实施食品安全战略，推动食品安全现代化治理体系建设，促进食品产业发展，"推进健康中国建设"对食品及食品添加剂行业健康规范发展将起到积极的促进作用。

五、全球产业转移将带来新契机

受发达国家市场日趋饱和、需求增速放缓，而发展中国家和地区市场强劲增长的影响，全球主要香料香精公司逐步将生产基地转移至发展中国家和地区。中国市场快速发展，吸引世界香料香精巨头纷纷在中国设立工厂或者建立世界级的研发中心，成为全球香料香精工业跨国转移的重点地区，为我国香精香料行业的发展注入了活力。以中国为代表的亚太地区香料香精市场需求增长强劲，正成为与北美地区并驾齐驱的香料香精市场。在此形势下，国内香料香精市场供给和需求双向增长，行业发展较快，市场规模不断扩大。